中 国 城 市 生 态 园 林 规 划 与 建 设 技 术 发 展 丛 书

城市困难立地生态园林建设方法与实践

张　浪　主编

韩继刚　常务副主编

崔心红　李跃忠　王　政　胡优华　副主编

中国林業出版社

图书在版编目(CIP)数据

城市困难立地生态园林建设方法与实践 / 张浪主编. -- 北京 : 中国林业出版社, 2021.1（2022.11重印）
（中国城市生态园林规划与建设技术发展丛书）
ISBN 978-7-5219-1009-4

Ⅰ. ①城… Ⅱ. ①张… Ⅲ. ①城市—生态型—园林设计—立地条件—研究 Ⅳ. ①TU986.2

中国版本图书馆CIP数据核字(2021)第027458号

建筑家居分社

责任编辑：樊　菲

出版　中国林业出版社（100009　北京市西城区德胜门内大街刘海胡同 7 号）
网址　http://www.forestry.gov.cn/lycb.html
电话　（010）8314 3610
发行　中国林业出版社
印刷　北京博海升彩色印刷有限公司
版次　2021 年 1 月第 1 版
印次　2022 年 11 月第 2 次
开本　1/12
印张　22
字数　380 千字
定价　198.00 元

未经许可，不得以任何方式复制或抄袭本书的部分或全部内容。
版权所有　侵权必究

本书编写委员会

主　　编： 张　浪

常务副主编： 韩继刚

副　主　编： 崔心红　李跃忠　王　政　胡优华

编　　委（以姓氏笔画为序）：

朱　义　朱歆华　刘　梅　孙　哲　张　琪　张冬梅　张桂莲
陈洪范　郑思俊　郝冠军　郝瑞军　贾　虎　徐忠华　高　磊
黄　芳　黄军华　崔心红　梁　晶　滕吉艳　潘会玲

编写人员（以姓氏笔画为序）：

王　凤　王　政　王　亮　付学斌　有祥亮　朱　义　朱小红
朱歆华　伍海兵　仲启铖　刘　梅　刘　慧　孙　哲　李　玮
李晓策　李跃忠　杨　博　张　浪　张　琪　张冬梅　张尚玉
张桂莲　陈洪范　罗玉兰　郑思俊　郝冠军　郝瑞军　胡优华
袁字美　贾　虎　夏　檑　徐忠华　殷　明　高　磊　黄　芳
黄军华　崔心红　梁　晶　韩继刚　鲁　娜　富婷婷　臧　亭
滕吉艳　潘会玲

序　一

城市园林绿化是国土绿化的重要组成部分，是生态文明和美丽中国建设的重要途径。党的十八大报告将生态文明建设放在突出地位。2015年，中央城市工作会议也强调了经济转型发展与城市生态修复的内在联系，并将“大力开展生态修复”作为重要内容。2017年，国务院印发《全国国土规划纲要（2016—2030年）》，要求在实施城市化地区综合整治中，盘活城市低效用地，保障人居环境安全；加强城市水体、湿地、废弃地等生态修复，构建“绿网、水网”健康生态网络体系。现阶段，我国城市生态建设呈现土地整理、环境治理、生态修复交叉重叠的特征，面临的问题更加复杂。

随着我国进入新型城市化发展阶段，人口密集、土地资源稀缺的特大城市园林绿化建设与土地资源紧缺矛盾日趋凸显。以上海为例，2005年主城区范围内80%以上的绿地建设都是在废弃地与旧住宅、工厂搬迁地等“城市困难立地”上开展的。因此，城市困难立地的生态园林建设，将是未来10年我国城市转型发展期面临的最大挑战。

城市困难立地普遍存在着土层薄、硬化程度高、填杂物多、原生地表具有多重污染等现象，导致土壤生态系统被破坏，严重阻碍植物的生长发育。除此之外，极端气候因子影响以及城市环境下高密度人为活动干扰，也使得植物根系生长受限，可选城市绿化适生植物物种非常有限，且成活难、恢复慢。显然，传统园林绿化技术已无法支撑城市高效园林建设。为此，上海市园林科学规划研究院前瞻性地提出了“城市困难立地”概念，并围绕城市困难立地生态园林建设关键技术开展了系统性攻关。

本书总结了团队近年来在城市困难立地分类分级、土壤快速修复改良、适生植物物种选育和适配，以及生态园林建设后评估等方面的初步研究成果，对新时代我国城市困难立地生态园林建设，必将具有很好的引领作用和指导意义。

中国工程院院士
南京林业大学原校长　曹福亮

2020年9月

序　二

联合国经济和社会事务部发布的《世界城镇化展望》（2018年修订版）表明，目前世界上有55.3%的人口居住在城市地区，至2050年，预计将增长到68.4%。其中，近90%的城市人口增长将来自亚洲和非洲地区，中国人口增长规模届时将达到2.55亿。至2019年末，我国城镇常住人口达84 843万人，占总人口的60.60%。尽管发达国家与发展中国家的城市化进程相比快慢各异，但都面临着人口向城市的快速集中、自然资源短缺、生态退化和环境污染等问题。因此，构建包含绿地、森林、湿地等要素的城市绿色空间体系，已成为应对“城市病”导致的生态危机的重要途径和对策。近年来，随着生态城市、韧性城市理论和发展模式的建立，城市低碳生态以及城市系统鲁棒性、多样性和适应性等城市特性的构建，提升了城市应对全球气候变化和极端自然灾害风险的能力，为实现城市生态安全和可持续发展战略奠定了基础。城市园林绿化，作为唯一有生命的绿色基础设施，在实现城市可持续发展战略中发挥了不可替代的重要作用。我国城市发展正逐步向依托存量空间更新方向转变，城市困难立地已成为目前城市园林绿化建设的后备土地资源，但也面临着生境退化与人工恢复植被的适配性弱、水土污染、土壤质量低劣等因素的制约，其中的技术问题急需科技攻关加以解决。

德国学者E. Ramann于1893年编著的《森林土壤学和立地学》中，提出了“立地”一词。“困难立地”的概念，于20世纪90年代前后在我国林业科学研究中得到普遍采用。在恢复生态学中，困难立地一般指脆弱生境，即生态系统遭受自然或人为干扰超出阈值时，自身的系统稳态被打破，极难通过自然恢复或常规植被恢复技术进行正向演替的生境。本人在开展我国贵州喀斯特山地退耕还林工程区困难立地植被恢复与生态重建的研究工作中，探讨了喀斯特困难立地人工植被恢复的新方法和新技术。喀斯特山地生态脆弱区普遍存在着人工造林成活率和保存率低、土壤季节性干旱频发、土壤蓄水保肥能力差等问题。通过适生树种筛选、生物质材料覆盖和生物炭基肥施用等一系列生态修复措施可显著提高植被恢复的生态效益。

张浪博士及其创新团队，针对现阶段我国特大型城市向存量空间更新发展背景下园林绿化建设面临的生态问题及关键技术瓶颈，率先提出了城市困难立地的概念，涵盖了我国城市建设与更新过程中开展园林绿化建设的特殊立地类型，阐述了自然型、退化型和人工型等典型城市困难立地的分类，是对林业科学中困难立地概念的拓展和延伸。城市困难立地概念的提出，为新时期城市绿化行业应对城市发展模式转型提供了科学依据。

《城市困难立地生态园林建设方法与实践》一书，内容涵盖城市困难立地的缘起、概念、理论基础、方法学建构以及典型类型生态园林建设案例，涉及调查评价、目标设定、技术评价、体系建构和评估反馈等相关技术环节，融合风景园林学、林学、环境科学和生态学等学科理论，同时具有造园造林、环境工程和生态工程等多领域技术耦合特点。

该书作为研究城市困难立地领域的首部专著，在构建城市困难立地的概念、理论框架与方法体系方面具有较强的创新性，也是作者团队多年来在城市园林绿化理论与实践研究中取得的最新成果展示。该书的出版，为新时期城市园林绿化建设相关的科研人员、工程技术人员以及行业管理工作者，提供了兼具理论意义和实用价值的参考书。

中国生态学会常务理事

江苏省中国科学院植物研究所所长、教授

2020年9月

前　言

上海，在我国快速城市化的背景下，城市建设土地供需矛盾非常尖锐，城市发展已经率先进入到城市更新阶段。在多年实践工作的基础上，我们首次提出了基于城市生态园林化建设的“城市困难立地”概念。回顾改革开放，特别是最近20年以来，毫不夸张地说，“城市困难立地绿化”一直贯穿着上海的绿化林业工作。从延中绿地的“拆屋建绿”，到外环绿带、世博园区绿地建设以及黄浦江生态贯通等；从金山化工园区盐碱地绿化，到沿海临港新城、老港防护林带建设等，这些重大生态工程无不是在城市困难立地上建起来的。这也使我们逐渐认识到，城市困难立地为城市生态网络的构建提供了宝贵的土地空间资源，城市困难立地绿化已逐渐成为城市更新发展阶段提升城市生态环境质量的重要途径。特别是在城市化已进入新发展阶段、“建设用地减量、生态用地增加”的背景下，城市困难立地生态园林建设对于城市可持续发展、土地资源高效利用的重要性，是不言而喻的。

然而，城市困难立地生态园林建设需要土壤修复与改良、适生植物筛选与配置等多学科相关理论和技术的集成创新应用，而这一领域涉及的基础理论研究与关键技术研发，在很多方面还都处于空白状态。与城市更新发展的迫切需求相比，科技支撑明显不足。看到这些问题后，上海市绿化和市容管理局副局长顾晓君，明确要求上海市园林科学规划研究院尽快把近年来有关城市困难立地绿化的科研成果总结成书，以满足社会的需要。在顾晓君副局长的关心和指导下，上海市园林科学规划研究院组织包括本院以及华艺生态园林股份有限公司、上海地产三林滨江生态建设有限公司等单位的相关科技人员成立了编写组，由张浪担任主编。全书的编写工作分工如下：第1章由张浪、朱义、韩继刚编写，第2章由张浪、朱义编写，第3章由张浪、郑思俊、王政、徐忠华、李玮、贾虎、梁晶、富婷婷、杨博、李晓策、臧亭、张桂莲、仲启铖、朱义、殷明编写，第4章由伍海兵、梁晶编写，第5章由有祥亮、张冬梅、罗玉兰、夏檑编写，第6章由胡优华、王亮、潘会玲、鲁娜、袁字美编写，第7章由朱歆华、刘慧、朱小红、张尚玉、付学斌、高磊、王凤编写，第8章由仲启铖、张桂莲编写，第9章由张桂莲、仲启钺、张浪编写，结语由张浪编写。刘梅、孙哲、李跃忠、张琪、陈洪范、郝冠军、郝瑞军、黄军华、黄芳和滕吉艳等负责校对。

需要说明的是，本书是对近年来有关城市困难立地生态园林建设相关研究成果的一个阶段性总结，成果的理论基础及系统性、完整性都还存在着不足，编写也较为仓促，内容难免粗陋。书中不足甚至错误之处，还请读者批评指正。

2020年9月

目 录

hallenging
Urban
Site

第1章

城市困难立地的概念及主要类型

1.1

城市困难立地产生的背景

1.1.1　城市化与城市的可持续发展

城市是人口及其各种活动的聚集地。工业化和城市化是人类社会发展进程的重要标志，在这一过程中，物质文明和生产力都得到了极大的提高。21世纪以来，全球范围内的城市化进程明显加快，城市化以惊人的速度发展，城市人口急剧膨胀。2018年，世界城市人口占总人口比例已达55.3%。按照联合国的预测，2050年世界城市人口将占总人口的68.4%，全球城市化率将达67.2%。研究表明，土地利用和土地覆盖变化是影响城市化与区域生态环境改变的主要驱动力。其中，城市生态系统结构和格局特征变化过程是土地利用和土地覆盖领域研究的核心和热点问题。事实上，产业结构调整和经济发展方式转变已经成为城市化进入内涵式发展阶段的典型特征。

因此，城市化进程在推动人类社会发展、提高城市居民生活水平的同时，也导致了一系列严重影响城市生态安全及人居健康的“城市病”问题，如在场地、城市、区域、全球等不同尺度上造成的生态系统功能退化、环境污染加剧等，都给城市生态系统的良性循环及可持续发展带来巨大挑战。因此，如何在城市脆弱生态本底基础上进行生态修复、建设生态城市，已经成为一个摆在全人类面前的重大科学问题。

1.1.2　我国的生态文明与生态城市建设

1.1.2.1　国家对生态文明建设高度重视

中国正处在城市社会的急剧变迁之中，经历着世界历史上前所未有的社会、经济和文化转型过程。人类历史上没有一个国家像中国这样人口规模之大，发展速度之快。与此同时，发展过程中的不平衡现象也非常突出。自20世纪80年代以来，从计划经济向市场经济的转变将中国社会带入了转型期。从此，中国城市经济一直保持高速增长态势，并且长期延续了“高投入、高消耗和高排放”的粗放式增长模式。经济的高速发展为我们带来巨大财富的同时，也使我们在生态环境方面付出了极大的代价。一方面，对本土资源的无限制掠夺，加剧了一些原材料、能源、水、土地等资源的短缺，使得资源的承载力对经济发展的制约作用日益凸显；另一方面，自然生态系统遭到了严重破坏，城市环境污染非常严重并迅速向农村蔓延。

面对日趋严峻的资源紧缺和生态环境问题，中共十六届五中全会明确提出了“建设资源节约型、环境友好型社会”，并首次将其确定为国民经济与社会发展中长期规划的一项战略任务。《中共中央关于制定国民经济和社会发展第十一个五年规划的建议》中，也将“建设资源节约型、环境友好型社会”提到前所未有的高度。

2012年，党的十八大报告首次单篇论述“生态文明”，不再单独提及环境保护，而是把环境保护，资源节约，能源节约，发展可再生能源，水、大气、土壤污染治理，等等，一系列事项统一为“生态文明”的概念。中国特色社会主义事业总体布局由经济建设、政治建设、文化建设、社会建设“四位一体”拓展为包括生态文明建设的“五位一体”，明确指出应“构建国土生态安全格局”，增强生态系统稳定性。

2015年，中央城市工作会议强调了经济转型发展与城市生态修复的内在联系，并将“大力开展生态修复，让城市再现绿水青山”作为重要内容。2017年，国务院印发《全国国土规划纲要（2016—2030年）》，明确要求在实施城市化地区综合整治中，积极推动低效建设用地再开发，强化城市山体、水体、湿地、废弃地的生态修复，构建“绿网、水网”健康生态网络体系。

住房和城乡建设部于2017年3月印发了《关于加强生态修复城市修补工作的指导意见》，明确了“城市双修”是治理“城市病”、保障改善民生的重大举措，是适应经济发展新常态、大力推动供给侧结构性改革的有效途径，是城市转型发展的重要标志。

由此可见，我国对生态文明和生态城市建设给予了高度重视。但是，如何在城市高速发展进程中坚持可持续发展的原则，把城市人口、资源、社会经济与城市生态环境建设协调统一，促进城市全面发展，是现代城市发展所面临的不容回避的问题。其中，能否避免城市出现严重的生态危机，能否“时空压缩”以较快地赶上发达国家的生态城市建设水平，能否在借鉴国外经验的基础上以自己独特的方式提高城市生态建设水平、提高市民生态意识，更是需要在社会全面转型大背景下研究的重要问题。

1.1.2.2　生态城市建设要求城市园林绿化转型发展

目前，我国城市生态建设急需四类生态转型：从物理空间需求向生活质量需求转型，从污染治理需求向生理和心理需求转型，从城市绿化需求向生态服务功能转型，从面向形象的城市美化向面向过程的居民身心健康和城市可持续发展转型。其中，城市园林绿化无疑在生态城市建设中具有重要地位和作用。一方面，随着我国城市的快速发展，城市园林绿化建设取得了长足的发展。根据全国绿化委员会办公室发布的《2019年中国国土绿化状况公报》统计，到2019年底全国城市建成区绿地为219.7×10^4 hm^2，城市建成区绿地率、绿化覆盖率分别达37.34%、41.11%，城市人均公园绿地面积达到了14.11 m^2。以“300米见绿、500米见园”为目标，通过建设小微绿地、口袋公园等，均衡公园绿地布局，为城市公众提供了更多的生态休闲空间。但是，另一方面，随着生态城市建设的不断深化，城市园林绿化建设也面临着转型发展的问题。

因此，城市园林绿化建设作为生态城市建设的重要组成部分，正面临着从均一性的物理景观走向多样化的生态景观方向的重大调整。这对探索城市绿地景观建设新理论和实施新方法既是挑战也是机遇。

1.2

城市困难立地的提出

当城市发展到一定阶段，城市更新就成为城市提升发展机制中的重要环节，也是突破某些发展瓶颈、开拓新的发展空间的有效手段。率先进入高度城市化阶段的发达国家首先提出“城市更新（urban regeneration）”概念，比较有代表性的城市更新概念是由Peter Roberts和Hugh Sykes根据第二次世界大战以后英国城市化发展及伴随的城市问题提出的，并指出城市更新应该致力于在经济、社会和物质环境等方面对城市地区做出长远的、持续的改善和提高，主要以消灭贫民区和提升中心城区商业价值为目的。随着可持续发展理念的深入，城市更新理论和途径发展呈现多元化、多尺度特征，恢复城市中已经失去的环境质量和改善生态功能成为城市更新的重要目标。在城市更新背景下，土地整治或土地利用变化为提升城市生态系统安全格局和增强城市服务功能提供了契机。

城市空间扩展是城市地理学、景观生态学共同关注的热点研究之一，在城市用地形成、城市空间演变规律和模式、运用模型模拟城市未来空间扩展方面开展了大量研究。城市空间结构是在一定的经济、社会发展等基本驱动力作用下，综合了人口变化、经济职能分布变化以及社会空间类型等要素形成的复合性城市地域形式。改革开放以来，中国城市化发展特征整体表现为城市人口郊区化和工业郊区化的空间增长格局，城市扩展中生态安全问题越来越受到重视，运用景观生态学理论，通过辨别一些关键生态区域、廊道，城市扩展用地的生态安全性等级逐步建立起来。此外，包括预景（scenario）、干扰分析、GAP分析在内的多种分析方法，被应用于国内外许多城市自身及其所在区域的生态安全格局构建，支撑城市土地整治中生态安全格局的优化。同时，基于生态系统服务功能开展土地整治，对土壤、植被、水、生物多样性等生态因子影响的综合权衡与评价，成为现阶段我国指导区域尺度或重大工程土地整治的有效手段。应用InVest工具、VER模型等技术，对城市绿地、城市森林和城市湿地等生态基础设施（ecological infrastructure，EI）的功能定量化评价，成为国内外城市生态学研究与城市规划管理决策的有效沟通途径。

1.2.1“立地”及“困难立地”

“立地”一词作为术语首先用于林学，是指具有一定空间位置及与之相关的环境。德国科学家E. Ramann于1893年在其编著的《森林土壤学和立地学》一书中首先提出了“森林立地”的概念。20世纪以来，森林立地被用作评定森林生产力和指导营林的主要依据，并逐渐发展建立了“森林立地学”。随着生态学的兴起，其逐渐被纳入“森林生态学”范畴。森林立地目前一般指在一个空间地域内对林木产生影响的所有环境因子的综合体，生态学上称之为“生境”。森林立地因子是对林木生长发育有影响的环境因子，其综合体的特征称为“森林立地特征”。

对“困难立地”概念的阐述，前人研究中并没有给出科学准确的定义，但是在林学和恢复生态学中有相关的描述。

林学中的“困难立地”一般指砂石戈壁、崩岗区、盐碱地、海岛滩涂与水土流失严重等立地条件，也包括受损山地边坡、矿区塌陷区等人为活动造成的植被破坏区。这些地区通常需要投入辅助的人力、物力进行立地条件改良，才能够进行常规造林。

在恢复生态学中，与“困难立地”相近的概念是“受损生境”“退化生境”或“脆弱生境”。其一般是指生态系统遭受自然或人为干扰超过阈值时，在结构、过程、功能方面表现出受损症状，自身稳态被打破，系统崩溃、退化到人工荒漠程度，极难通过自然恢复或常规植被恢复进行正向演替的生境。

因此，总的来看，立地的“困难”一般具备如下四个特征：

①“立地”具有空间地域属性，主要对象是植被。

②第一生产力较低或生产力不稳定，尤其是建群种或关键种出现大规模退化或灭绝现象。

③遭受超过阈值的干扰（以人为干扰为主），或生态环境条件恶劣，生态系统脆弱，并表征受损或退化症状。

④生态系统稳定性极差，仅靠自然恢复和常规植被恢复措施，短期内无法恢复并形成正向演替。

1.2.2　城市困难立地的概念

由于城市所处的地带性生境、基础设施建设以及发展阶段等各有不同，在一定的时间和空间内可能会出现符合上述四个特征的立地条件。一般主要包括如下三种情况：①城市分布在盐碱地、山地丘陵、滩涂海岛、荒漠化、石漠化等困难立地区域；②城市依河流发展而来，河岸带湿地拓展不透水下垫面和排入污染物，导致受损湿地形成；③城市发展过程中的基础设施建设活动，形成的建（构）筑外立面、废弃地、工业搬迁地和垃圾填埋场等。至于这些立地资源是否都纳入城市困难立地范畴，还应该考虑不同城市发展阶段对园林绿化的不同定位与需求。

城市初级发展时期：当城市处于低层级或规模较小的发展阶段，城市的发展对区域生态环境没有产生阈值性损伤，并且在城市内部生态环境与区域也不存在明显差异时，园林绿化的主要功能是满足人类休闲娱乐和亲近自然的需求。

城市郊区化发展时期：当城市发展到一定规模，园林绿化被赋予了改善区域和城市生态环境的功能，但城市依然存在较多立地条件优良的土地资源，受投入和效益产出驱动，在立地条件比较差的区域开展园林绿化的意愿不强烈。

逆城市化或城市更新时期：城市范围内可开展园林绿化的优良立地资源越来越少，城市开始大规模产业结构调整与旧城区改造，生态环境质量越来越受到重视，园林绿化被定位为改善城市与区域生态环境的重要基础设施，必须在立地条件差的土地或空间资源上开展园林绿化活动。

目前，我国城市已经或者即将进入以"城市再开发"为主导的城市有机更新发展阶段，也就是逆城市化或城市更新时期。具备前述"困难"特征的立地在东部沿海经济发达地区城市中普遍存在，尤其是特大城市的棕地、废弃地等。由于土地资源紧缺，这些大量涌现的低效建设用地已经成为规划待建绿地、林地、湿地等生态空间面临的主要载体形式。因此，从城市化转型期园林绿化高质量发展角度，城市困难立地概念除了具备上述"困难立地"的四个特征外，还应将园林绿化的功能定位列为第五个特征，即将城市困难立地界定为城市发展逆城市化或城市更新时期的困难立地。

综上所述，广义上的城市困难立地（challenging urban site，CUS），是指城市区域环境中，不能满足地带性植被主要物种正常生长所需立地条件的场地空间的总称；狭义上的城市困难立地，是指受人为因素干扰后，城市所在区域地带性植被主要物种适生条件退化的立地总称。城市困难立地在客观条件上都存在植物生存、生长发育的障碍因子，缺乏维持自身生态系统健康稳定的基础条件，更难以提供高效的生态系统服务功能，这也导致城市困难立地绿化及其生态园林化和常规一般城市用地绿化及其生态园林化存在差异。狭义的城市困难立地基本特征包括：①城市区域环境中，由人为干扰形成；②不能较好满足地带性植被正常生长发育；③城市困难立地再开发利用中，为城市绿化提供空间。

在生态学研究领域中，有"特殊生境"或"逆境"的表述。关于"特殊生境"与"困难立地"两个概念的关系，其本质在于"生境"与"立地"两个概念之间的差异。由于"立地"的概念从诞生起就不仅仅指单纯的土壤或土地环境因子，与"生境"的概念一样也包括了水、气、温、光、热等其他环境因子。因此，对城市绿化而言，尤其是对城市绿化中的陆生植物而言，"特殊生境"与"困难立地"二者都可以用于表述其生长发育的环境因子条件，所以并无太大差异，有时是同时使用的。但是，考虑到城市更新发展阶段对城市绿化用地供给的条件状况以及对城市绿地的功能需求，传统林学上的"困难立地"概念无法反映这种时代背景。因此，通过对"困难立地"的具化和发展而形成的"城市困难立地"能更符合我国目前的国情。应该说，这一概念不是完全意义上的新概念，而属于传统林学领域"立地"概念的大范畴，重点表述的是受人为因素干扰导致立地条件"困难"的部分用地空间，属于"立地"或"困难立地"概念中的一个子领域或新分支。

1.3

城市困难立地的类型

众所周知，森林立地分类是造林和森林经营工作的基础，是实现科学造林、充分利用土地生产潜力、实现对现有森林资源科学管理和制定营林规划所必需的基础性工作，在整个林业科学中占有重要的地位。《1978—1985年全国科学技术发展规划纲要》把立地区划与分类列为第一项研究任务，并将全国土地利用动态监测作为一项长期工作。之后的1980—1990年间，我国先后完成了《中国森林立地分类》和《中国森林类型》两项研究，建立了森林立地区域、森林立地带、森林立地区、森林立地类型区、森林立地类型等0～5级的森林立地分类体系。

因此，对城市困难立地进行类型划分，无疑将为城市生态建设土地空间资源的拓展和最大化，为发掘低效土地空间资源的生态功能价值，以及为科学指导城市生态园林等城市园林绿化建设奠定科学基础。

1.3.1 城市困难立地类型划分依据

城市困难立地类型划分与森林立地分类的关系紧密，但是，两者在立地特征和植被重建目标方面存在明显差异。城市困难立地绿化主要是为了改善和提高人居环境质量，增强城市中自然或人工生态效益，保护重要的生物栖息地与生态空间，以及保障城市生态系统的稳定状态。城市困难立地类型划分应考虑所处地区的气候、地质地貌、土壤、生物资源等自然条件，同时还应考虑城市的发展水平与定位、人居环境质量需求等因素。

本书从支撑城市生态园林建设以及城市绿化途径的实践需求入手，在国内外城市生态用地分类研究的基础上，参考《城市用地分类与规划建设用地标准》（GB 50137—2011），从易识别、可操作的角度，提出城市困难立地类型划分的主要依据，主要包括以下几个方面：

（1）遵从森林立地分类基本原则

立地在大尺度格局上集中反映了气候肥力和土壤肥力，主要表征了纬度和经度的地带性差异；在中尺度格局上，山地、平原、高原、盆地等地形、海拔差异明显，导致区域性立地表层特征主要由土壤和水的共同特性决定。城市困难立地类型划分在大尺度和中尺度格局上遵从森林立地区划与分类基本原则。

（2）突出直接人为干扰影响

城市是以人类活动为中心的社会–经济–自然复合生态系统，其核心是人，发展的动力和阻力也是人，人与地（包括立地的水、土、气、生物和人工构筑物）的生态关系是核心问题。因此，城市困难立地类型划分应以人为干扰程度的强弱为重要依据。

（3）表征土壤、水对植被的刚性约束

立地类型划分的核心基础是立地与植被的相互关系，是对立地与植被共同组成的综合体类型进行划分。虽然影响植被生长的立地因子包括了多种非生物环境因子和生物因子，但是城市化在中小尺度上对立地产生了强烈影响，如微地形地貌、土壤（表土层）厚度及质量、地下水位及理化性状、水文与水质等方面。其中，土壤和水的特征是关键性指标。

1.3.2 城市困难立地类型划分体系

基于上述城市困难立地类型的划分依据，本书初步建立了基于园林绿化的城市困难立地类型划分体系（表1-1）。

（1）01自然型城市困难立地

自然型城市困难立地主要指城市及其近远郊范围内，立地条件受气候、地质等自然因素主导，林木生长产生障碍的生态用地。一般包括五种类型：011盐碱地、酸化地，012沙（荒）漠地，013自然水土流失地，014土层瘠薄岗地、山坡地，015贫养沼泽地。

（2）02退化型城市困难立地

退化型城市困难立地主要指城市及其近远郊范围内，立地条件受工业、工程建设、污染物排放等人为干扰因素主导，林木生长产生障碍或生态系统功能严重受损的生态用地。一般包括三个类型：021城镇搬迁地、022后管控闲置地、023受损湿地或水域。

（3）03人工型城市困难立地

人工型城市困难立地主要指城市及其近远郊范围内，林木立地在人类活动中完全由人工构建的生态用地或空间。一般包括：031垃圾填埋场、032立地绿化空间。

表1-1 基于园林绿化的城市困难立地类型划分体系

成因类型（一级大类）	立地类型（二级中类）	类型描述	范畴
01自然型	011盐碱地、酸化地	表层盐碱聚集、仅天然耐盐植物可以生长的土地和pH值＜5.0的酸化土地	广义
	012沙（荒）漠地	表层被沙、石砾覆盖，或沙、石砾覆盖面积达到70%以上且基本无植被覆盖的土地	
	013自然水土流失地	在水力、自重力、风力等影响因素作用下，易发生水土流失、土壤侵蚀的土地	
	014土层瘠薄岗地、山坡地	土层瘠薄、基本无植被覆盖的岗崩地和陡坡地	
	015贫养沼泽地	发育到灰分含量低、水和泥炭呈强酸性（pH值＜4.5）阶段、动植物难以存活的沼泽地	
02退化型	021城镇搬迁地	工厂、住区等搬迁后直接用于绿地建设的土地	狭义
	022后管控闲置地	城镇规划管控再开发的长期闲置建设用地，规划整治后用于绿地建设的土地	
	023受损湿地或水域	城镇化区域自然或人工湿地水域，由于受到人为干扰，功能丧失或低于功能定位标准、水生动植物难以存活的湿地水域	
03人工型	031垃圾填埋场	垃圾填埋封场后用于绿化的土地	狭义
	032立体绿化空间	以建筑体或构筑物的表面为载体，开展非占地空间绿化的场所	

注：上述二级中类立地类型叠加时，会产生复合型（即可生产独立的复合型，为一级大类），如地处盐碱地区域中的城镇搬迁场地。

参考文献

蒋有绪．试论建立我国森林立地分类系统[J]．林业科学，1990，26(3)：262-270.

陈小勇，宋永昌．受损生态系统类型及影响其退化的关键因素[J]．长江流域资源与环境，2004，13(1)：78-83.

邓红兵，陈春娣，刘昕，等．区域生态用地的概念及分类[J]．生态学报，2009，29(3)：1519-1524.

邓小文，孙贻超，韩士杰．城市生态用地分类及其规划的一般原则[J]．应用生态学报，2005，16(10)：2003-2006.

顾云春．森林立地分类原理的探讨[J]．林业科学，1991，27(3)：246-252.

胡聃，奚增均．生态恢复工程系统集成原理的一些理论分析[J]．生态学报，2002，22(6)：866-877.

黄巧华，朱大奎．中国的城市地貌研究[J]．地理与地理信息科学．1996，12(1)：55-58.

李加林，杨磊，杨晓平．人工地貌学研究进展[J]．地理学报，2015，70(3)：447-460.

李世东．世界重点工程生态研究[M]．北京：科学出版社，2007.

刘昕，谷雨，邓红兵．江西省生态用地保护重要性评价研究[J]．中国环境科学，2010，30(5)：716-720.

马世骏，王如松．社会-经济-自然复合生态系统[J]．生态学报，1984，4(1)：1-9.

潘红丽，刘兴良，李君成，等．困难地带生态恢复技术研究进展[J]．四川林业科技，2013，34(3)：21-25.

彭建，汪安，刘焱序，等．城市生态用地需求测算研究进展与展望[J]．地理学报，2015，70(2)：333-346.

彭少麟．恢复生态学与退化生态系统的恢复[J]．中国科学院院刊，2000，15(3)：188-192.

沈国舫．对《试论我国立地分类理论基础》一文的几点意见[J]．林业科学，1987，23(4)：463-467.

石家琛．论森林立地分类的若干问题[J]．林业科学，1988，24(1)：57-63.

苏伟忠，杨桂山，甄峰．长江三角洲生态用地破碎度及其城市化关联[J]．地理学报，2007，62(12)：1309-1317.

王高峰．森林立地分类研究评介[J]．南京林业大学学报，1986(3)：108-124.

王静，王雯，祁元，等．中国生态用地分类体系及其1996—2012年时空分布[J]．地理研究，2017，36(3)：453-470.

王如松．转型期城市生态学前沿研究进展[J]．生态学报，2000，20(5)：830-840.

王永安，王可安．关于中国森林立地分类与中国森林立地类型两项研究的特征及意义[J]．中南林业调查规划，1996(3)：46-49.

徐化成．国外森林立地分类系统的发展综述[J]．世界林业研究，1988，1(2)：33-41.

徐健，周寅康，金晓斌，等．基于生态保护对土地利用分类系统未利用地的探讨[J]．资源科学，2007，29(2)：137-141.

薛建辉，吴永波，方升佐．退耕还林工程区困难立地植被恢复与生态重建[J]．南京林业大学学报(自然科学版)，2003，27(6)：84-88.

杨承栋．对我国森林立地分类与评价问题的几点看法[J]．林业科学，1991，27(1)：60-64.

杨继镐．试论我国森林立地分类原则：与周政贤、沈国舫同志商榷[J]．林业科学，1988，24(1)：63-68.

张浪，陈伟良，张青萍，等．城市绿地生态技术[M]．南京：东南大学出版社，2013.

张浪，王浩．城市绿地系统有机进化的机制研究：以上海为例[J]．中国园林，2008，24(3)：82-86.

张浪，徐英．绿地生态技术导论[M]．北京：中国建筑工业出版社，2016.

张浪，姚凯，张岚，等．上海市基本生态用地规划控制机制研究[J]．中国园林，2013，29(1)：95-97.

张浪．基于基本生态网络构建的上海市绿地系统布局结构进化研究[J]．中国园林，2012，28(12)：65-68.

张浪．特大型城市绿地系统布局结构及其构建研究[M]．北京：中国建筑工业出版社，2010.

张万儒，盛炜彤，蒋有绪，等．中国森林立地分类系统[J]．林业科学研究，1992，5(3)：251-262.

张增祥，赵晓丽，汪潇，等．中国土地利用遥感监测[M]．北京：星球地图出版社，2012.

赵丹，李锋，王如松．城市生态用地的概念与分类探讨[J]．中国人口·资源与环境，2009，19：337-342.
周政贤，杨世逸．试论我国立地分类理论基础[J]．林业科学，1987，23(1)：61-67.
ZHANG L. Organic evolution of the urban green space system：a case study of Shanghai[M]．Shanghai：Shanghai Scientific and Technological Education Publishing House，2014.

第2章

城市困难立地生态园林建设理论研究

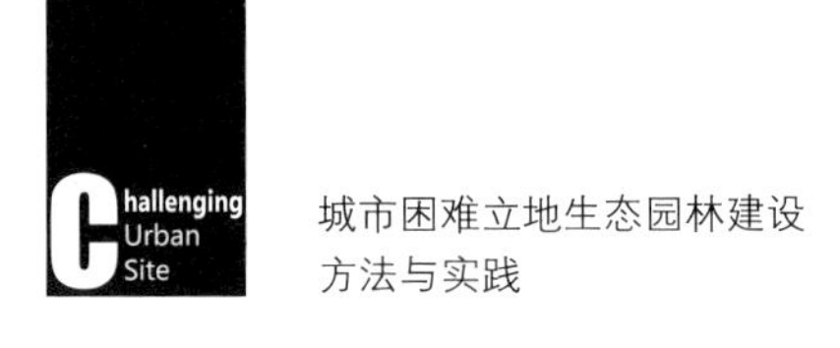

城市困难立地是在城市发展过程中出现的，城市困难立地生态园林建设的理论和实践也将在城市发展的过程中不断得到完善。就目前发展阶段而言，显然还无法对城市困难立地生态园林建设的理论进行系统研究，但是鉴于理论对实践的重要指导作用，对现有相关学科的基本概念以及相关理论进行梳理，初步构建城市困难立地生态园林建设的理论框架，无疑对生态城市建设的实际仍然具有重要价值。

2.1 城市困难立地生态园林建设问题认知

2.1.1 地区发展不平衡，重大基础科学问题和共性关键技术问题研究滞后

开展城市困难立地生态园林研究在我国还是一个全新的课题。就全国来讲，大部分地区还处于空白或者刚刚起步的阶段，而经济比较发达的长三角、珠三角以及京津冀地区则已经积累了一定的理论基础和技术储备。总体而言，地区发展极不平衡，其中上海有关困难立地生态园林研究和应用走在了全国的前列。特别是有关受损湿地、新成陆盐碱地和立体绿化的研发基础较好，形成了一批核心关键技术。另外，立体绿化在2010年上海世界博览会以后逐渐受到重视，并积累了比较丰富的科研成果和成功的示范案例。

就全国而言，虽然土壤污染、水体富营养化、立体空间拓绿等特殊绿化逐渐得到重视，但是现有研发成果在实践应用中往往仅能解决局部“点或片断”问题。因此，“单类型”“片断化”核心技术研发成果较多，但城市困难立地成因机制等重大科学问题以及生态修复和生态功能监测评估等共性关键技术问题的相关研究急需加强。另外，城市困难立地生态修复和园林化研究以人居环境营造为核心，与传统生态修复关键技术追求的目标和解决的问题都存在较大差异。因此，虽然传统生态系统修复研究比较系统，但是仍然无法满足城市困难立地生态园林发展的迫切需求。

2.1.2 科技提升生态环境管控水平已具成效，精细化城市管理存在不足

近年来，我国不断加强建筑垃圾、有机垃圾资源化与绿化行业相结合的循环利用研究工作，依靠科学技术提升城市生态环境管控水平的成效非常显著。但是，城市的精细化管理水平还有较大的提升空间，与国外水平的差距也非常明显。另外，市民感知和领导决策的可视化持续监测网络建设还处于短板状态。

2.1.3 研发基础资源发展迅速，制度建设与转化激励政策有待继续创新

在生态文明建设强力推进背景下，城市发展转向绿色基础设施建设的发展趋势已取得共识，城市困难立地

治理领域各行业科技投入力度持续加大，研发机构和人才团队爆发式增长，多学科复合、产学研结合的意识不断增强。但是，科技研发人、财、物资源分散在各行业企事业单位，造成本行业的研发资源片断化。同时，城市困难立地生态园林具有复杂的多学科复合特征，客观上要求进行多学科、产学研深度融合。这些都要求围绕目标完善顶层设计，持续创新，深化制度建设，转化激励政策。

2.2

城市困难立地生态园林建设理论基础

对城市困难立地生态园林建设相关的基本概念和基本理论进行梳理，是构建城市困难立地生态园林建设理论框架的基础。一方面，城市困难立地的产生与人类活动强度密切相关，是在城市化不断推进造成自然生境面积急剧缩减、人工构筑物大规模扩张过程中产生的。这一过程中，人们不断将自然生态系统景观逐渐改造为脆弱的城市生态系统景观，如图2-1所示。另一方面，进行城市困难立地生态园林建设，不仅是为了缓解和修复

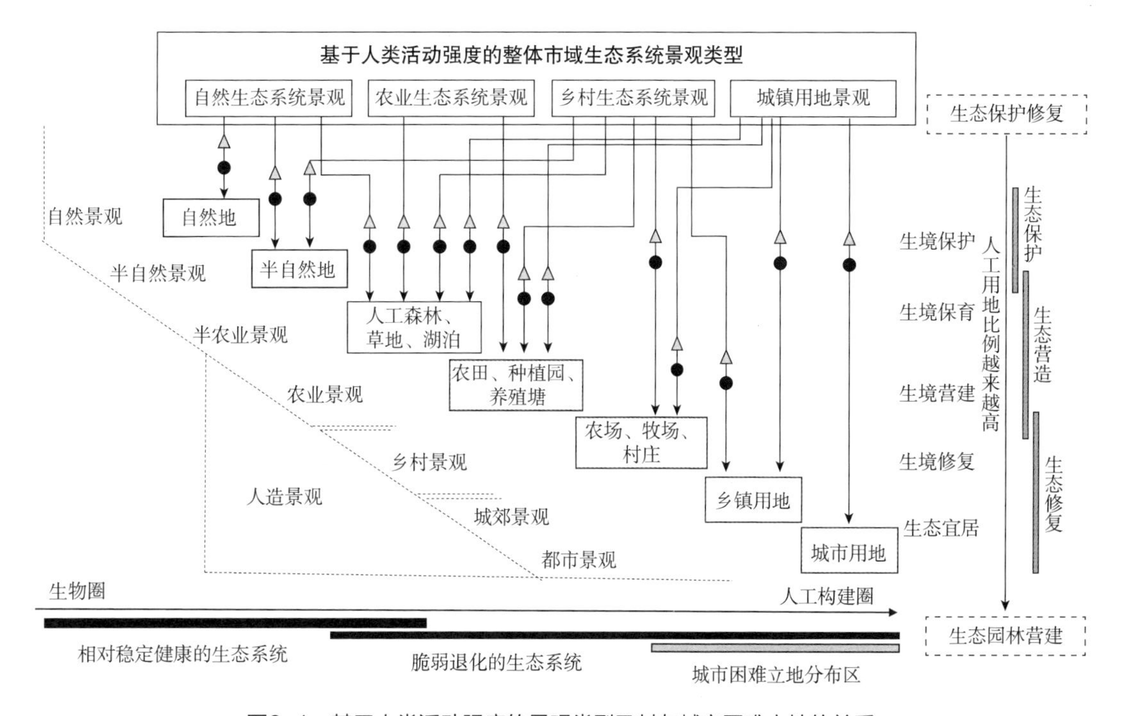

图2-1　基于人类活动强度的景观类型及其与城市困难立地的关系

城市化对生态环境造成的负面效应，更重要的是满足生态城市可持续发展的要求，这也是一个长期的和动态变化的过程。因此，应该看到的是，未来20～30年是我国城市化和城市群深入发展的重要阶段，在生态文明建设领域面临一系列重大问题：①水土地资源短缺与过度开发，水土生态承载力下降；②水体、空气、土壤等环境质量持续恶化；③极端天气事件频发和城市热岛效应导致的干旱、内涝、高温等；④山水林田湖草等生态空间面积缩减、碎片化，地域性自然景观格局发生明显改变；⑤物种丧失和生物多样性水平下降，生态系统稳定性和调节能力降低。

基于以上分析，城市困难立地的生态修复和生态园林建设理论以风景园林学为基础，系统整合以及涵盖了景观地理学、城乡规划学、环境科学与工程、生态学、土壤学、植物学等众多学科（图2–2）。

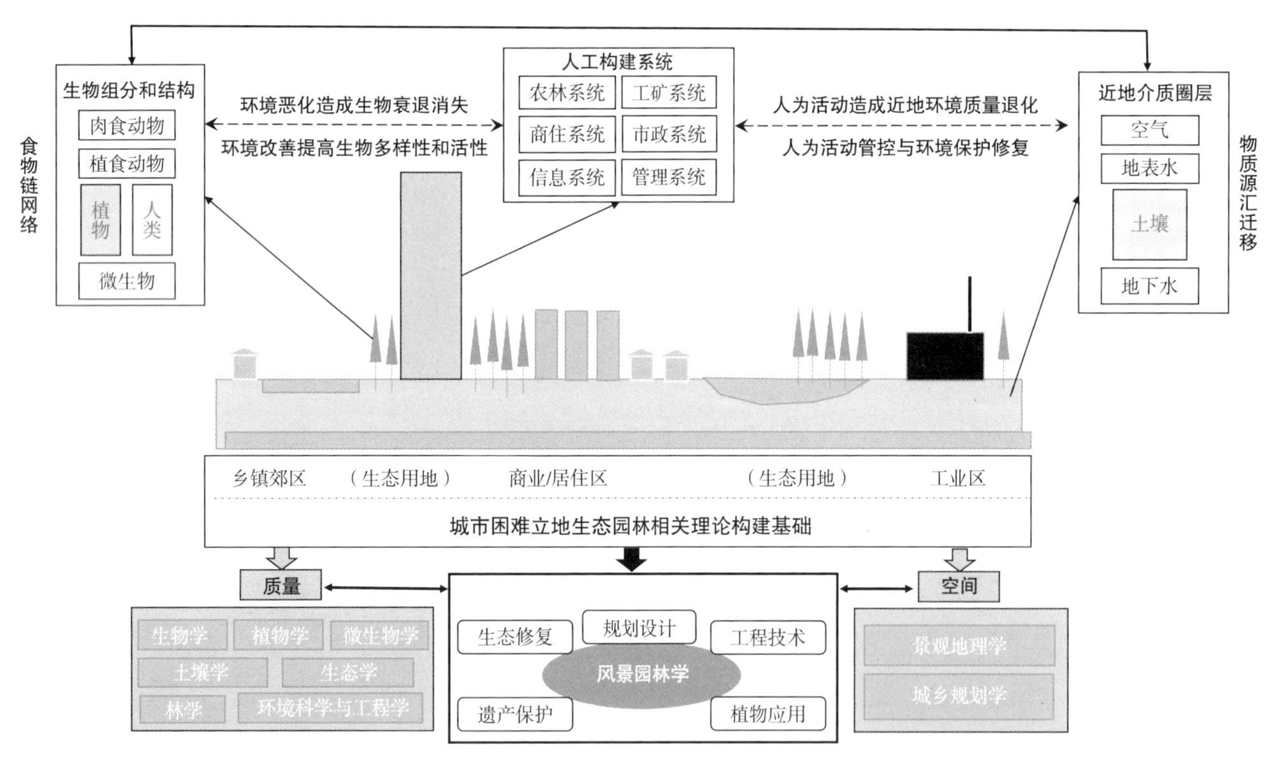

图2–2　城市困难立地生态园林建设理论构建基础及其相关学科关系

2.2.1　生态空间与城市绿地

“生态空间”的概念起源于18世纪60年代的英国，随着城市化进程引起的对公众健康问题的关注而产生，国外一般采用“绿色空间”的概念。中国学者在20世纪中期开始关注城市生态问题，赵景柱首次界定了“景观生态空间”的概念，而裴相斌等提出了土地开发范畴的“一般原则：协调安排农业用地、生态用地和建设用地”。在2010年《全国主体功能区规划》中，生态空间有了相对明确的定义：生态空间包括天然草地、林地、湿地、水库水面、河流水面、湖泊水面、荒草地、沙地、盐碱地和高原荒漠等。2017年国土资源部发布的《自然生态空间用途管制办法（试行）》提出，自然生态空间涵盖需要保护和合理利用的森林、草原、湿地、河流、湖泊、滩涂、岸线、海洋、荒地、荒漠、戈壁、冰川、高山冻原、无居民海岛等。以上概念适用于全国或省域范畴的空间规划，而基于城市发展特征来看，城市生态空间的概念更为复杂。从生态功能角度，城市生态空间是指城市内以提供生态系统服务为主的用地类型所占的空间，包括城市绿地、林地、园地、耕地、滩涂苇地、坑塘养殖水面和未利用土地等类型，是与城市建筑空间相对的空间。其中，农业生产用地（以经济产出为核心目的）是否可纳入生态空间的范畴存在争议。从生态要素角度，城市生态空间是指城市生态系统中各自然因子（如土壤、水体、动植物）的空间载体。因此，生态空间在国土空间规划层面是与城镇空间、农业空间相对的具有生态、经济与社会等多维功能的空间类型。以“多规合一”为基础的国土空间规划，对管控“生态空间”提出了更高的要求。

“绿地”的概念，西方城市一般采用开放空间（open space）来表述。现代城市开放空间概念最早出现在英国，1877年伦敦制定的《大都市开放空间法》中提出了对开放空间的管理。1906年修编的英国《开放空间法》中，将开放空间定义为“任何围合或是不围合的用地，其中没有建筑物，或者少于1/20的用地有建筑物，将剩余用地用作公园或娱乐空间，或者是堆放废弃物的空间，或是不利用。”美国1961年《房屋法》将开放空间定义为“城市区域内任何未开发或基本未开发的土地。具有：①公园和供娱乐用的价值；②土地及其他自然资源保护的价值；③历史或风景的价值。”而日本规划界通常使用自由空地概念表述，定义为“城市范围内的道路、河川运河等供公众使用的建设场地以外的，没有被建筑物覆盖的空地。”我国的《辞海》中对“绿地”的解释为“配合环境，创造自然条件，使之适合于种植乔木、灌木和草本植物而形成的一定范围的绿化地面或区域”或“凡是生长着植物的土地，无论是自然植被或是人工栽植的，包括农林牧生产用地及园林用地，均可称为绿地。”

根据《城市绿地分类标准》（CJJ/T 85—2017），城市绿地是指在城市行政区域内以自然植被和人工植被为主要存在形态的用地。它包含两个层次的内容：一是城市建设用地范围内用于绿化的土地；二是城市建设用地之外，对生态、景观和居民休闲生活具有积极作用、绿化环境较好的区域。此概念建立在对城乡绿地系统统筹的基础上，是对绿地的更为广义的理解，能更好地与《城市用地分类与规划建设用地标准》（GB 50137—2011）、《土地利用现状分类》（GB/T 21010—2017）等相关标准相衔接，以适应我国城乡发展宏观背景的变化，并满足绿地规划建设的现实需求。新标准中将原2002版《城市绿地分类标准》中的G5“其他绿地”调整为EG“区域绿地”，对城市建设用地以外的各类风景游憩、生态保育、区域设施防护等绿地进行了初步归类。国土空间规划的用地分类中若增设“区域绿地”，则是对将生态空间落到实处的有益探索。

城市绿地是城市生态空间的重要组成部分，城市绿地概念的演变表征中国城镇化发展由“城市”向“城乡统筹”转变，为城乡生态安全格局的构建、国土空间资源的统一管理提供良好的衔接基础，利于促进城乡生态空间的统筹。

2.2.2 生态修复与生态园林

生态修复（ecological remediation）是指以受到人类活动或外部干扰负面影响的生态系统为对象，旨在“使生态系统回归其正常发展与演化轨迹”，并同时以提升生态系统稳定性和可持续性为目标的有益活动的总称。从一般意义上理解，生态修复是指针对受到干扰或损害的生态系统，遵循生态学原理和规律，主要依靠生态系统的自组织、自调节能力以及适当的人为引导，以遏制生态系统的进一步退化。此外，生态系统的发展通常表现出一种动态的平衡状态，修复的是一条被中断的生态轨迹，通过减少人类活动的影响，使整个生态系统恢复到更为“自然或原始状态”。与“生态修复”近似的概念还有“生态恢复”“生态重建”以及“生态恢复重建”等。狭义上，生态恢复强调的是恢复过程中充分发挥生态系统的自组织和自调节能力，即依靠生态系统自身的“能动性”促使已受损生态系统恢复未受损时的状态；生态修复则强调将人的主动治理行为与自然的能动性结合起来，使生态系统修复到有利于人类可持续利用的方向；而生态重建则是指针对受损极为严重的生态系统，以人工干预为主导重建替代原有生态平衡的新的生态系统，如常见的矿坑回填、矿区土地平整、露天矿表土覆盖、植被再植等土地复垦工程。

由于管理策略和目标的差异，对城市退化或者受损的生态系统进行生态修复，其结果可能是各不相同的。一是原来状态的恢复，从生态系统服务功能的角度来看，这是退化生态系统恢复的理想状态；二是重新获得一个既包括原来特性，又包括对人类有益新特性的状态；三是形成一种改进的和原来不同的生态系统；四是保持退化状态。其中，最后这种情况是在人类对生态系统的管理不当或者管理投入不足的情况下发生的。城市生态园林正是在这样的大背景下，城市园林不断发展的必然选择。

城市园林是一类以人工生态为主体的景观，一个理想的城市园林应该是结构与功能的高度统一。也就是说，城市园林的外部形式应该符合美学原理，内部结构与整体功能则符合生物学规律和生态学原则。传统的城市园林观念往往过分强调其外部形式的美，而忽略城市园林内在的生命活力。这使得城市园林景观越来越单调，缺乏自然性，城市生态系统日趋脆弱。随着城市化进程的快速发展，园林的内涵与外延越来越广泛，传统的“造园”正面临前所未有的挑战。事实上，“造园”一词正渐渐成为历史，取而代之的是景观环境设计、绿地环境规划、绿地生态设计、地域环境生态学等新兴学科分支和领域。

1986年5月，中国风景园林学会城市园林、园林植物两个学术委员会在温州市联合举行“城市绿化系统、植物造景与城市生态问题”学术研讨会，上海市园林管理局原局长程绪珂在会上正式提出了“生态园林”的概念。此后，《生态园林论文集》（1990）和《生态园林论文续集》（1993）陆续出版。程绪珂在两本论文集中都发表了对生态园林建设任务、目标、标准等内容的专论，并提出生态园林建设的六种类型：观赏型、环保型、保健型、知识型、生产型和文化环境型。随着生态农业、生态林业、生态城市等概念的提出，生态园林已成为我国园林界共同关注的焦点。

生态园林主要是指以生态学原理为指导所建设的园林绿地系统。其宗旨是追求人与自然的协调关系，谋求城市的可持续发展，解决人类不断增长的需求与自然有限供给能力之间的矛盾。通过恢复生态系统的良性循环，保证社会经济的持续高效发展和人民生活水平的不断提高，促进生态城市的建设和发展。城市生态园林的内涵主要包括三个方面：

①依靠科学的配置，建立具备合理时间结构、空间结构和营养结构的人工植物群落，为人们提供一个生态良性循环的生活环境。

②充分发挥绿色植物生物学功能，调节小气候，吸收环境中的有害物质，净化空气和水体，维护环境生态平衡。

③在绿色环境中提高景观的艺术水平，提高游览观赏价值，提高社会公益效益，增强保健疗养功能，为人们提供更高层次的文化、游憩、娱乐空间和绿色生态环境。

2.2.3　绿色基础设施与城市绿地系统

绿色基础设施是西方学者相对于其他常规基础设施（即灰色基础设施）而提出的新概念，是起到基础支撑功能的自然环境网络设施。现代绿色基础设施概念最早起源于20世纪80年代的欧美国家，1991年“绿色基础设施”一词首次出现在美国马里兰州绿道体系规划设计中。1999年，美国环境保护基金会和农业部森林管理局将绿色基础设施定义为：国家的自然生命支持系统（nation's natural life support system）——“一个由水系、湿地、森林、野生动物栖息地和其他自然区域，绿道、公园和其他保护区域，农场、牧场和森林，荒野和开敞空间所组成的相互连接的网络。起到维持原生物种、保护自然生态过程、保护水资源、保护空气资源以及提高美国社区和居民生活质量的作用。”2002年，美国学者Mark和Edward提出，绿色基础设施指一个相互联系的绿色空间网络（包括自然区域、公共和私有的受保护土地、具有保护价值的生产用地和其他受保护的开放空间），该网络因具有保护自然资源和维护人类利益的价值而被规划和管制。作为形容词使用时，绿色基础设施表述了一个进程，该进程提出了一个国家、州、区域和地方等尺度上的系统化、战略性的土地保护过程，提倡对自然和人类有贡献的土地利用规划和实践。2005年，英国的简·赫顿联合会（Jane Heaton Associates）在《可持续社区绿色基础设施》中指出：“绿色基础设施是一个多功能的绿色空间网络（包括城市、乡村公共和私有的资产，保障可持续社区发展的社会、经济与环境），该网络对提高现有的和计划新建的可持续社区的自然和已建成环境质量有一定贡献。”2006年，英国西北绿色基础设施小组（The North West Green Infrastructure Think–Tank）将绿色基础设施定义为：“一种自然环境和绿色空间组成的系统，具有类型学、功能性、联系性、尺度、连通性等特征。”

我国学者对绿色基础设施的研究起步较晚。2004年，张秋明在《国土资源情报》上发表的一篇以“绿色基础设施”为题的论文，首次较为全面地阐述了美国绿色基础设施，提出“GI由网络中心（hub）和连接廊道（link）组成，具体包括水域湿地、林地、农田、野生动物生境地和绿色通道（greenway）等。”2009年，李开然将绿色基础设施定义为“具有内部连接性的自然区域及开放空间的网络，以及可能附带的工程设施”，这一网络具有自然生态体系功能和价值，为人类和野生动物提供自然场所，如作为栖息地、净水源、迁徙通道，它们总体构成保证环境、社会与经济可持续发展的生态框架。

《城市绿地规划标准》（GB/T 51346—2019）对城市绿地系统的定义为："城市内各种绿地通过绿带、绿廊、绿网整合串联构成的具有生态保育、风景游憩和安全防护等功能的有机网络体系。"在中国，城市绿地系统规划是城市总体规划的重要组成部分，是对城市内各类绿地的数量、形态和布局等进行的统筹安排。相较于城市绿地系统，绿色基础设施是一个更为广义的绿色网络，具有多尺度、多层次、连接性强等特点，是城市发展最基础的支撑框架之一，能够提供全面的生态系统服务功能，主要包括国家自然生命支持系统、城乡绿色空间和生态化的市政工程基础设施三个层次。而相较于绿道，绿色基础设施兼顾了城市发展、基础建设、生态保护等需求的土地空间利用，更加强调以较为主动的方式构建具有生态功能的系统性网络，力求使城市绿色空间在城市中重新找到定位，使生态网络规划思想得到重视，从而为城市未来的可持续发展提供保护性框架。

2.2.4　城市绿地生态网络与城市生态网络

网络即一种由"点-线"连接组成的系统结构，反映了事物在空间或非空间上的相互关系，具有整体性和复杂性。在景观生态学领域，网络则被定义为"由斑块和生态廊道所组成的网状生态结构"。"绿地生态网络（green space ecological network）"这一概念源于欧美，西方国家关于绿地系统规划的研究经历了漫长的从"点"到"线"再到"网络"的发展历程。对这一概念，以美国学者为代表的北美学者通常使用"绿道网络（greenway network）"一词，在规划实践中更加关注未开垦的乡野土地、自然保护区、历史文化遗产以及国家公园等绿色空间的网络构建。欧洲学者则通常使用"生态网络（ecological network）"一词，在规划实践中更加关注高强度开发的城市密集区的生态网络构建。

城市生态网络由"生态源-生态廊道-生态节点-生态基质"构成，对于改善城市景观破碎化、维持城市生态安全格局、增强城市空间和生态空间的耦合具有重要作用。国内对绿地生态网络概念的研究起步较晚。张庆费教授将绿地生态网络定义为"除了建设密集区或用于集约农业、工业或其他人类高频度活动以外，自然的或植被稳定的以及依照自然规律而连接的生态空间，主要以植被带、河流和农地为主（包括人造自然景观），强调自然的过程和特点。"它通过线性的绿色廊道等，将破碎化的公园、街头绿地、风景名胜区、自然保护地、农业用地、河流、湿地和山地等具有生态价值的点状、面状的生态斑块相互联系，形成一个连接农村、城市和自然景观区的绿色网络，是一个自然、多样、高效、有一定自我调节能力的自然景观结构体系，能够起到保护自然环境、维护生态系统稳定性、保障生物多样性等作用。总体而言，城市生态网络在发展演化过程中，呈现出以下特征：在空间布局上强调网络化、连续性；在功能上强调生态作用和社会作用；在用地范围上由市域范围的生态空间发展到城市绿色空间。

在生态文明建设背景下，城市生态网络规划必将成为现行国土空间总体规划之下重要的专项规划之一。在现行国土空间规划的框架下，将城市生态网络规划作为空间规划的重要内容，主动引导城市用地及市域国土空间的合理布局管控，可以促进城市生态空间的落地实施。

2.2.5 其他相关概念

（1）城市绿地生态廊道

城市绿地生态廊道，广义上是指城市区域内，由绿化用地及绿地生态功能显著的其他用地空间组成的，具有一定宽度和连通性的带状或线状生态空间集合；狭义上，是指城市区域内，主要由绿地空间组成的具有一定宽度和连通性的带状或线状生态廊道。

（2）城镇搬迁地

城镇搬迁地是指城镇区域内，为了城镇用地功能更新，用作再次开发利用的用地；或者指城镇区域内，为了城镇用地再次开发利用，进行功能更新的用地。

（3）园林绿化用城镇搬迁地

园林绿化用城镇搬迁地是指直接用于园林绿化建设或治理修复后用于园林绿化建设的城镇搬迁地，属于园林绿化用途的城市困难立地范畴。

2.3 城市困难立地生态园林建设理论框架构建

基于以上对城市生态空间与城市绿地、生态园林与生态修复、绿色基础设施与城市绿地系统，以及城市绿地生态网络与城市生态网络的概述和分析，从解决城市困难立地生态园林建设的迫切需求入手，构建城市困难立地生态园林建设的理论框架，主要包括理论基础、理论构建、科学研究与技术研发，以及生态园林关键技术适配与系统集成等内容。其中，理论基础包括城市人居理论、空间构建理论和环境保护理论等；理论构建包括城市区域生态、人居空间环境和立地快速修复、群落系统构建等；科学研究与技术研发包括城市困难立地空间分布识别与优化、城市困难立地生态园林营建技术和城市困难立地生态园林建设与效能评估等；生态园林关键技术适配与系统集成包括区域–城市–片区尺度生态网络优化与困难立地类型快速识别、城乡土地利用典型主导下困难立地形成机制与植被适应性评价、困难立地典型差异下生态服务主导效能与立地修复改良途径、困难立地典型差异下植物多样性与生态系统服务价值评估、城市困难立地生态园林建设与养护技术投入效能评估及优化等（图2–3）。

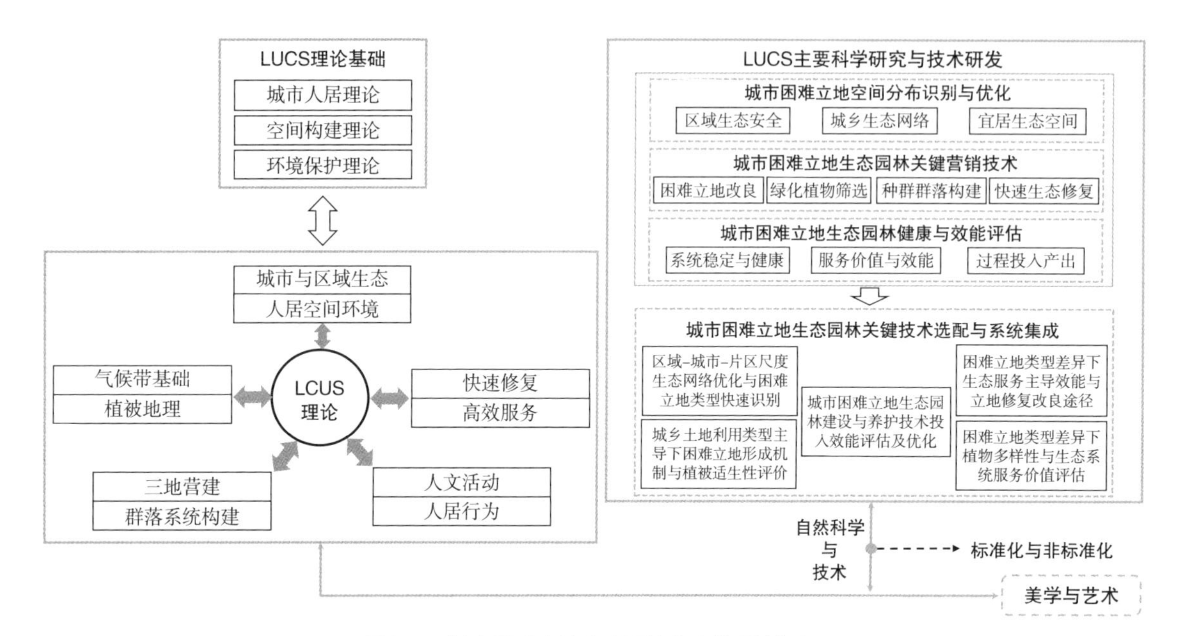

图2–3　城市困难立地生态园林营建的理论框架

参考文献

董琦，甄峰．低碳城市理念对城市规划的引导分析[J]．城市发展研究，2010，17(8)：11-14.

潘海啸，汤諹，吴锦瑜，等．中国“低碳城市”的空间规划策略[J]．城市规划学刊，2008(6)：57-64.

别毅兵，李鹏，沈笑天．土壤微生物生态研究初探[J]．作物研究，2012，26(7)：134-136.

李丹．从城市可持续发展角度看城市规划政策与管理[D]．长沙：国防科学技术大学，2004.

李培军，孙铁珩，巩宗强，等．污染土壤生态修复理论内涵的初步探讨[J]．应用生态学报．2006，17(4)：747-750.

刘敬勇．矿区土壤重金属污染及生态修复[J]．中国矿业．2006，15(12)：66-69.

刘洋，江爽，马晓丽．生态修复亟待走出五大困境[J]．环境保护与循环经济，2012(9)：21-24.

肖风劲，欧阳华．生态系统健康及其评价指标和方法[J]．自然资源学报，2002，17(3)：203-209.

熊明彪．污染土壤生态修复研究综述[J]．中国水土保持，2009(6)：41-42.

张兵．城市规划实效论：城市规划实践的分析理论[M]．北京：中国人民大学出版社，1998，28.

张泉，叶兴平，陈国伟．低碳城市规划：一个新的视野[J]．城市规划，2010，34(2)：13-18.

周启星，魏树和，刁春燕．污染土壤生态修复基本原理及研究进展[J]．农业环境科学学报，2007，26(2)：419-424.

CRAWFORD J，FRENCH W. A low-carbon future：spatial planning's role in enhancing technological innovation in the built environment[J]．Energy Policy，2008，36(12)：4575-4579.

FONG W K，MATSUMOTO H，HO C S，et al. Energy consumption and carbon dioxide emission considerations in the urban planning processin Malaysia[J]．Journal of the Malaysian Institute of Planners，2008(6)：101-130.

GLAESER E L，KAHN M E. The greenness of cities：carbon dioxide emissions and urban development [J]．Journal of Urban Economics，2010，67(3)：249-450.

第3章

城市困难立地生态园林建设方法研究

城市困难立地生态园林建设是城市化发展到一定程度，城市发展依托由增量空间向存量空间转变过程中面临的问题。在城市化过程中，此类场地包括城镇居住工业搬迁地、污染遗留地、垃圾填埋场、废弃地等，后续如果被规划建设为绿地、林地、湿地等城市绿色基础设施，其立地条件会对植物及其生物类群的生存、生长造成潜在胁迫伤害影响。这也决定了城市困难立地生态园林建设的特殊性，即在场地调查与评价、技术适配与集成、工程化应用与评估以及后期管理养护等方面都存在特殊性。

因此，城市困难立地生态园林建设方法是综合运用城市生态学、环境科学、造林造园学以及系统工程学等学科技术方法开展城市困难立地的空间改造和功能提升的方法。简而言之，此类生态园林建设过程涵盖了场地污染生物修复、植被景观生态恢复、生态用地功能提升、城市环境质量维持等关键过程。但是，对于那些受到污染的城市困难立地，这一方法主要适用于其中中度或轻度受损、污染的部分。

一般来说，城市困难立地生态园林建设方法可以归结为包括调查评价、目标设定、技术适配、体系集成、工程应用和评估反馈等六大过程的闭合链。

（1）调查评价

城市困难立地因其使用历史而具有多方面、多层级的场地条件特征，这也是造成其生态园林构建的特殊性和复杂性的根源。因而，生态园林构建过程中对城市困难立地立地条件、自然资源和生态环境现状的深入调查分析评估显得尤其重要。调查评价的内容主要包括固体废弃物、土壤、水体（含地下水）和生物的调查分析等。

（2）目标设定

城市困难立地生态园林建设的目标设定，主要是指在场地条件调查评价的基础上，结合区域各类专项规划的认识解读，根据总体设计要求、相关规范和管理要求，提出城市困难立地生态园林建设的总体目标，并明确从项目建议书、可行性报告、初步设计、施工图设计到施工各个阶段的任务与要求，并最终落实场地生态园林建设的规划设计方案。

（3）技术优选

技术优选的过程，是为了实现生态园林建设的既定目标，综合考虑城市困难立地的场地历史和现状条件，以及项目内外的客观制约因素，对涉及能、水、物、气、地和生等要素的不同生态园林建设技术路线、技术方针、技术措施和技术方案进行定量或定性评价、分析比较和适配，优选适合不同生态园林要素的最佳技术方案，并构建技术库的过程。

（4）体系构建

由于城市困难立地生态园林建设的特殊性和复杂性，单一技术往往难以完全应对，通常需要在技术优选的基础上进行体系构建才能解决。体系构建的途径一般是从系统论、三维时空观模型等角度出发，通过对生态园林建设过程各要素、各单元技术之间空间维度上的协调、时间维度上的持续和能量维度上的相互联系，实现技术体系集成。

（5）工程应用

城市困难立地生态园林建设在工程施工阶段遵循一般园林绿化工程施工技术流程与规范，但在场地处理、地形构建、立地恢复、功能叠加、植物栽植以及初期养护等环节需要应用适配技术，因而在施工方法、质量监管方面存在一些特殊环节。

（6）评估反馈

城市困难立地生态园林建设项目后评估，是指依据可持续场地倡议评估体系、综合效益评价指数等理论方法，对生态园林建设的生态效益、社会效益、经济效益和景观效益及其可持续性进行综合评估。评估结果可以反馈城市困难立地生态园林建设的目标设定、技术适配、体系集成、工程应用等不同阶段的实施效果。

总体来讲，城市困难立地生态园林建设方法与具体项目建设流程紧密联系，其中涉及的方法学问题如图3-1所示。

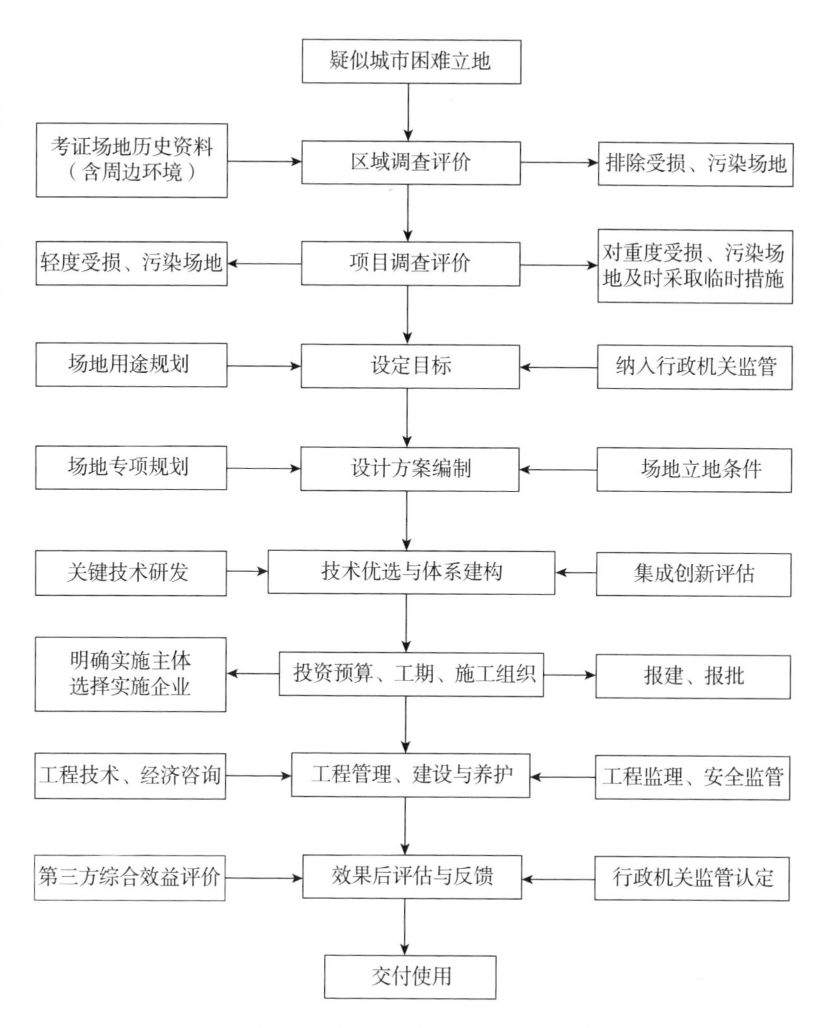

图3-1　城市困难立地生态园林建设过程中的方法学

3.1 城市困难立地调查与生态园林建设目标设定

3.1.1　调查的基本原则

城市困难立地调查的基本原则主要包括四个方面：

①全面性：项目区域、场地类型和指标要素的全覆盖。

②代表性：采样点的设置尽量代表项目区域内的要素类型。

③随机性：为真实反映城市困难立地场地状况，随机进行采样。

④优先性：优先对能进入的区域进行调查，对于暂不能进入区域，后续再进行补充。

3.1.2 调查的主要内容

城市困难立地调查包括固体废弃物调查（建筑废弃物、地坪、固体垃圾等）、土壤调查（含土体层次、物理指标、化学指标、生物学指标等）、水体调查（含地表水水质、底泥、地下水等物质的理化性质与污染状况）、生物多样性调查（含植物、昆虫、鸟类等）（图3–2、表3–1）。

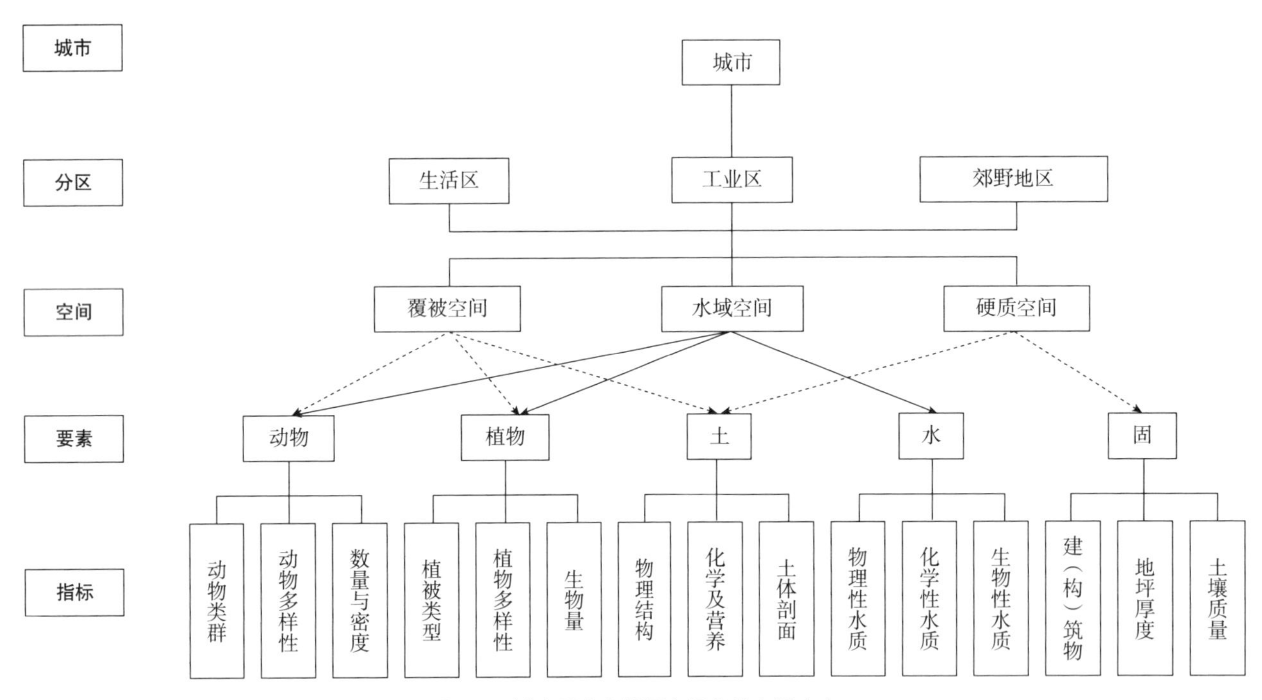

图3–2 城市困难立地调查评估的主要内容

表3–1 城市困难立地调查指标库

序号	类型	大类	小类	指标	备注
1	环境调查	环境调查	地理位置	所在区位、坐标、四至范围、地形情况等	
			气候条件	区域气候、场地小气候等	
			其他条件	用地情况、场地使用历史、人为干扰、社会环境等	

续表

序号	类型	大类	小类	指标	备注
2	立地调查（不含气候条件）	固体废弃物调查	建筑废弃物	砖瓦、混凝土、木材、金属、玻璃等建筑废弃物的数量	潜在污染废弃物单独计算
			硬质地坪	不同用地类型的地坪厚度及材料组成	
			固体垃圾	主要组成及体积	
		土壤调查	土体层次	土层厚度、杂填土埋深、不透水埋深	设置至少1 m深土壤剖面；污染物可结合速测
			物理指标	质地、粒径、土壤密度、容重、紧实度、孔隙特性、含水量特性、渗透率、导水率、排水性、土壤通气性、温度、侵蚀状况、氧扩散率等	
			化学指标	养分：有机碳、pH、电导率（全盐量）、CEC、有机质、TN、TP、TK、速效氮、速效磷、盐基饱和度、碱化度等； 污染物：铜、锌、铅、镉、镍、汞、砷、铬等重金属含量，以及多环芳烃（PAHs）、有机苯环挥发烃（苯系物）、石油烃（TPH）等有机污染物含量	
			生物学指标	微生物生物量碳和氮、总生物量、土壤呼吸量、微生物种类与数量、酶活性、根系分泌物、根结线虫等	
		水体调查	地表水	透明度、TSP、pH值、COD、BOD_5、TN、TP，以及镉、铬、硒、汞、铅、钡、砷、锑、铜、镍、锌等重金属离子含量	根据水动力特征布置典型样点
			地下水	pH值、电导率、全盐量及其组分，镉、铬、硒、汞、铅、钡、砷、锑、铜、镍、锌等重金属含量，以及地下水位，等等	
			底泥	pH值、TN、TP、水溶性盐分、有机质等	
			微生物	属水平类群及数量	
3	生物调查	生物多样性调查	植物	个体：种类、数量、丰富度，以及优势乔木的树高、胸径、冠幅等； 群落：年龄结构、空间结构、生活型组成、绿量等	可按两个季节开展生物调查
			昆虫	种类、丰富度、个体数量、密度及分布	
			鸟类	种类、数量与分布	
			两栖爬行类	种类、数量与分布	
			水生生物	种类、数量与分布	

3.1.3　区域尺度的调查方法

目前，样方抽样调查、样线随机踏查等传统方法的调查结果往往存在片断化、片面化、不及时等问题，且调查成本较高、效率较低，因而城市困难立地调查评价需要引入更为高效的调查分析手段。无人机影像技术主要利用无人机抓取生成正射影像图、数字高程模型图，以及其搭载的多光谱设备获取的光谱数据。通过对这些影像图和光谱数据的反演，获得立地特征等多类型数据。可以快速、灵活地从“上帝视角”对区域尺度城市困难立地展开调查，从而较为高效地获得城市困难立地的区位特征、要素特征、生物多样性水平、三维绿量等指标数据（图3–3～图3–5）。

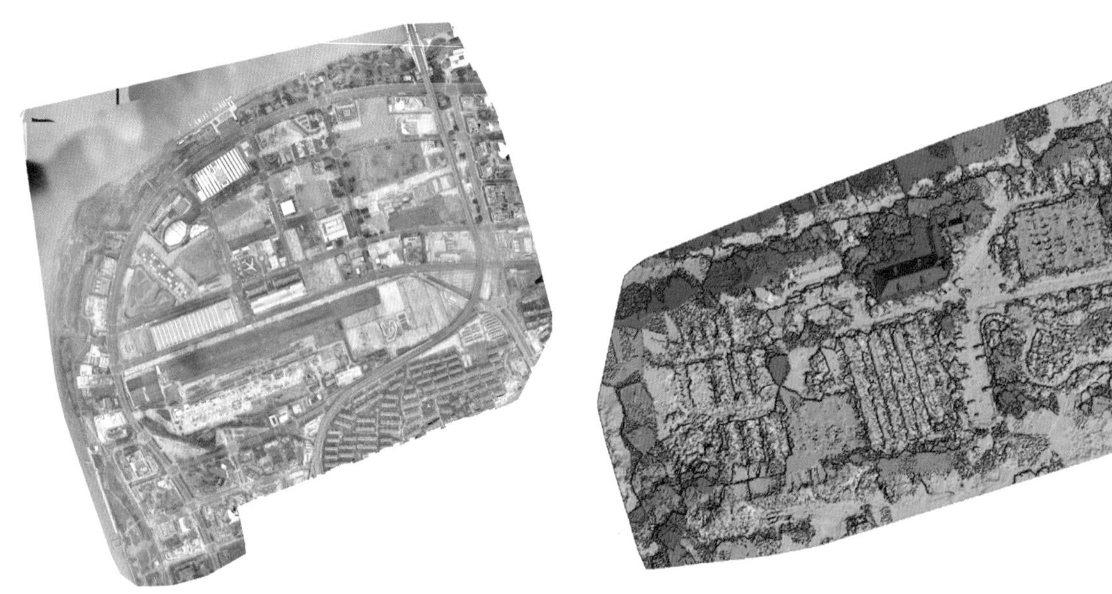

图3-3　上海市世博区域场地建筑废弃物评估无人机调查（正射影像图）

图3-4　上海市公园绿地乔木高度分布无人机调查（数字高程图）

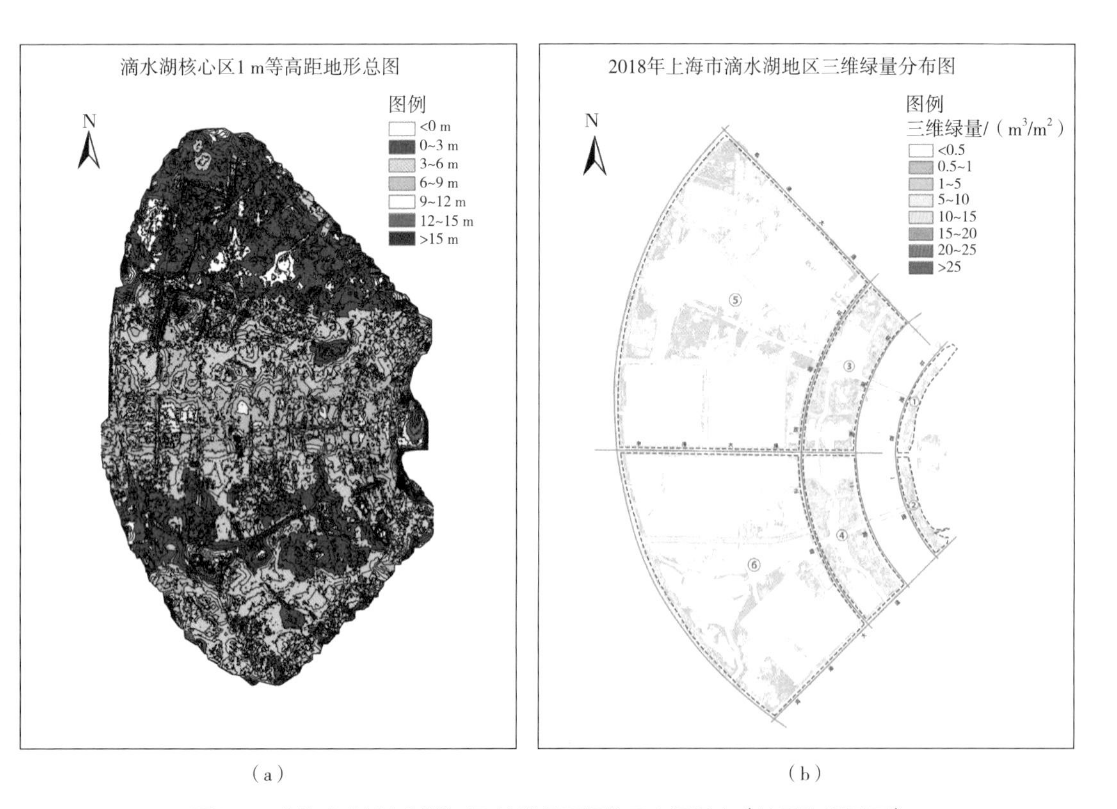

（a）　（b）

图3-5　上海市临港新城地形及植被绿量评估无人机调查（地形和绿量图）

利用无人机影像技术开展区域尺度城市困难立地分类识别调查的具体步骤如下（图3-6）：

（1）排除非城市困难立地

将已建规划绿地中航片图显示为现状绿地的情况排除。

（2）按潜在污染源分类

根据未建规划绿地中的现状建筑物、构筑物功能形式，初步划分潜在的污染源类型。可能的污染源分为如下几类：工业类污染源、交通类污染源、居住类污染源、商业服务类污染源。以上四类空间均为未来开展绿地建设潜在的城市困难立地空间，属于搬迁遗留地类型。根据污染源类型，将未建规划绿地的用地现状使用类型划分为工业用地、交通用地、居住用地、商服用地。

（3）甄选特殊开发用地

除上述四类常见的用地现状使用类型外，还可以增加另外两种特殊用地现状使用类型：滨江绿地和临时空地。滨江绿地是指滨江沿岸的规划绿地，其绿化常需结合现状码头、工业遗址、建筑等综合设置，是一种特殊的城市困难立地类型。临时空地是指现状航片无法判别其用地现状功能的特殊用地，多为拆除了原有建筑、经过平整或复垦、等待施工的荒地。

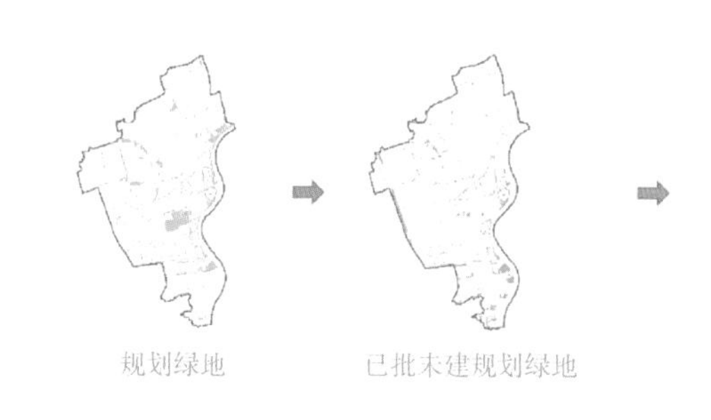

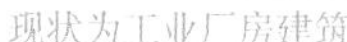

图3-6　区域尺度城市困难立地分类判读示意图（以上海为例）

（4）分析城市困难立地特征

经过识别、筛选和检查，对城市困难立地进行分类分级统计分析。分析内容包括：总量统计、用地现状分类汇总与对比、空间分布密集度与数量可视化表达等（图3-7）。

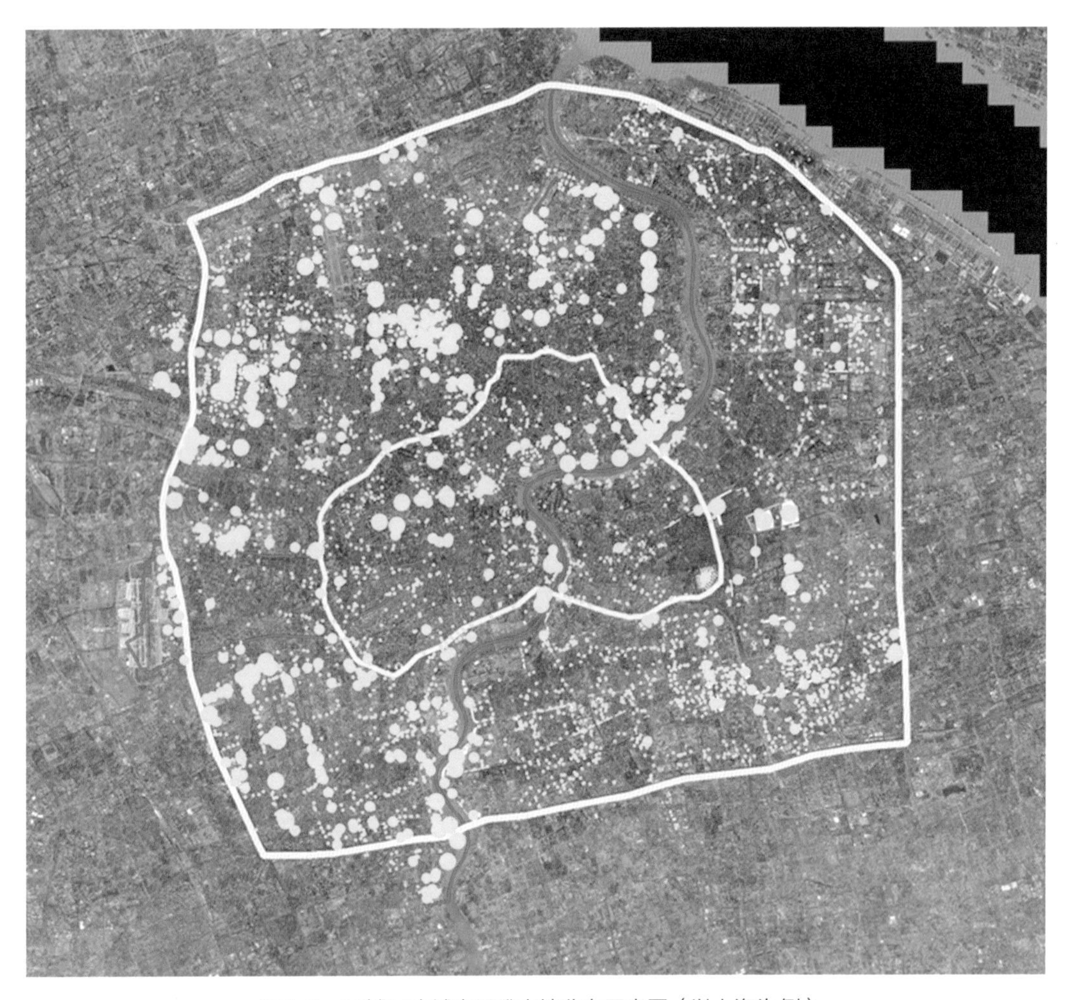

图3-7　区域尺度城市困难立地分布示意图（以上海为例）

注：图中米黄色线为外环线，浅蓝色线为内环线，红色线为区界。城市困难立地采用绿色圆点来表示，按面积分为大、中、小三个等级，圆点越大，代表其面积越大。

3.1.4　项目尺度的调查方法

项目尺度的城市困难立地调查，首先通过收集项目范围内的已有研究资料、统计年鉴、发展规划等资料和数据，研究现行上位规划发展目标指引下的项目范围场地质量要求，以现状河网、道路和保留硬质-软质空间格局为依据，确定不同土地利用类型的重点调查地块尺度和专题调查点。然后，根据不同类型城市困难立地的要素组成差异和特征差异，设置指标的类型和数量。

3.1.4.1　工作流程

城市困难立地项目尺度调查评价通常包括编写调查方案、现场调查、室内检测、形成评价结果和撰写调查报告等五个主要步骤，具体流程如图3-8所示。

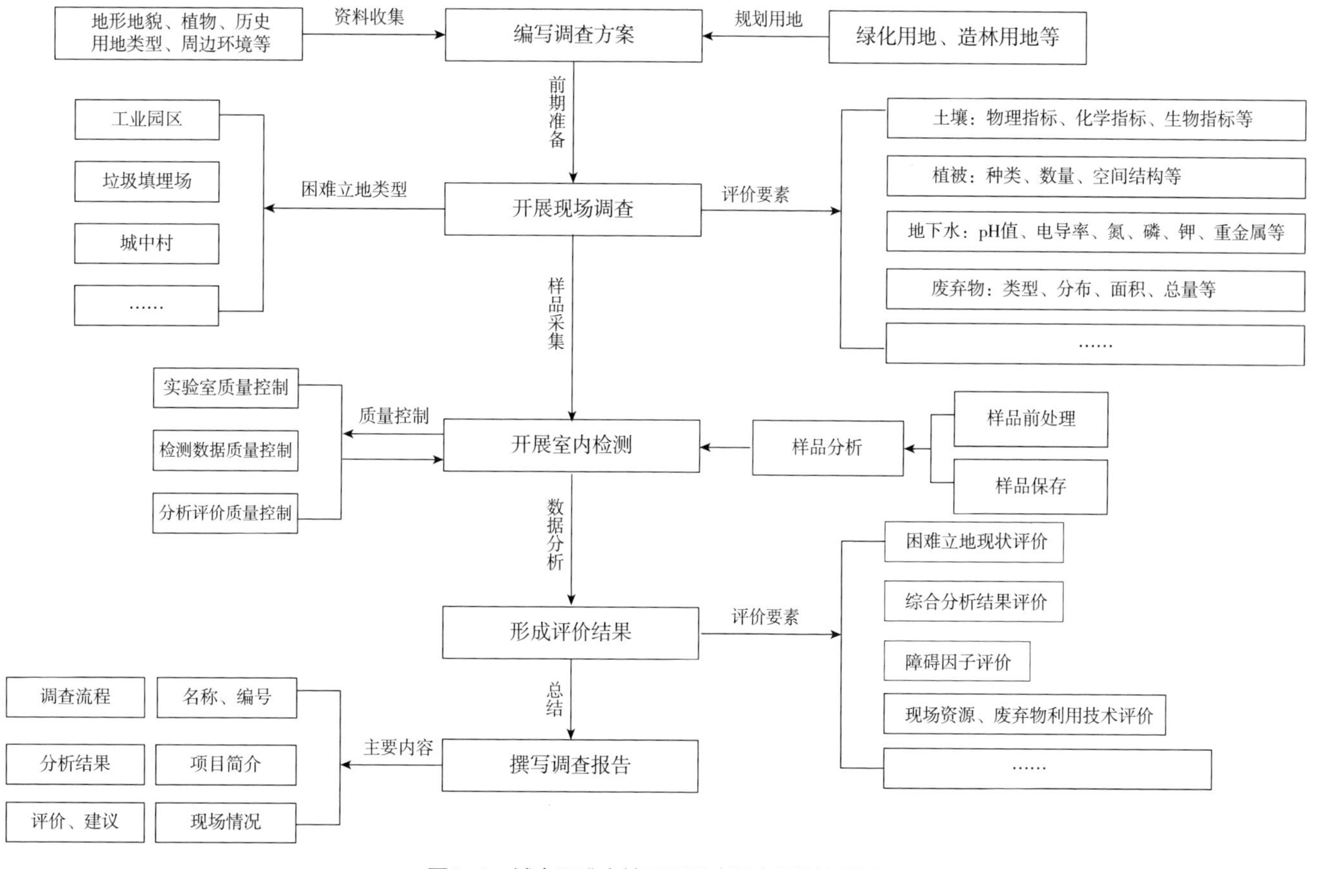

图3-8　城市困难立地项目尺度调查评价流程图

（1）编写调查方案

根据城市困难立地类型的不同，如工业园区、搬迁地、城中村、垃圾填埋场等，结合调查目的以及困难立地的规划用途，如造林、绿化用地等，逐一确定调查的范围、内容、方式方法、预算、数据分析方案、进度安排等，对编制完成的调查方案还需要进行可行性论证。

（2）现场调查

在明确调查任务和目的的基础上，根据调查方案，着手进行现场调查的前期准备工作。成立由管理人员和相关专业技术人员组成的现场调查项目组，项目管理人员主要负责项目的组织、管理、协调以及项目的后勤保障，相关专业技术人员负责样品采集、分析和调查评价报告的编制等。项目组明确调查内容与方法，制订详细的调查计划，同时准备现场调查仪器设备和工具，如土钻、环刀、工作鞋、安全帽、数码照相机、GPS、卷尺、采样记录表、样品标签、样品流转单、资料夹等。在此基础上，开展现场调查与采样。

（3）室内检测

根据现场调查过程中采集的样品类别，如土壤、水、废弃物等，开展样品前处理、保存以及测定分析，以获取科学数据。检测过程中，对实验室质量控制、检测数据质量控制和分析评价质量控制等环节也要给予高度的重视。

（4）形成评价结果

根据背景资料收集、现场勘查情况与实验室检测结果，对城市困难立地作出分析评价，分析对象包括现场地形地貌、土壤、地下水、植被分布、废弃物等。同时，对该城市困难立地的主要类型、绿化或造林再利用的主要障碍因子、现场可再利用资源等进行综合评价，对各类资源及废弃物的利用提出技术途径和方式的建议，最后还应列出调查过程中遇到的限制条件和欠缺的信息及其影响。

（5）撰写调查报告

根据实验室的检测数据，应编写城市困难立地调查评价报告。调查评价报告内容应包括报告名称与编号、项目简介、现场情况、工作流程、调查结果、结果评价及建议和其他附件材料等。

3.1.4.2　一般调查方法

（1）土壤调查

①土体层次：采用剖面采样方法，坡面深度可采至1 m深或至地下水位处为止。若为均质土体，采样深度可按表土、心土、底土进行分层取样。若分层不明显，可采样分层进行取样。若非均质土体，有杂填土层出现时，则以杂填土层为界进行样品采集。其中，杂填土埋深大于60 cm时，杂填土上层分两层取样，下层取1个样品；杂填土埋深小于60 cm时，杂填土层上下层各取1个样品。若为复杂土体，有不透水层出现，则不透水层大于70 cm时，不透水层上层分两层取样，下层可不取样；若不透水层埋深小于70 cm时，不透水层上下层各取1个样品。

②土壤物理性质：土壤容重、非毛管孔隙度、持水量等指标的测定可以采用环刀取原状土，一般每2 000 m^2采1个样品，每个采样单元中至少5次重复采集，采集后用保鲜膜或保鲜袋对采样进行密封并将其带回实验室测定。

③土壤化学性质：可采用土钻取样或剖面取样，一般每2 000 m^2采1个样品，每个样品由5～8个采样点混合，混合样的采集通常采用对角线法、梅花点法、棋盘式法和蛇形法等方法。

④土壤生物：土壤中动物和微生物因季节的不同而有很大的差异。采样时要特别注意时间因素，同一时间内采取的土样分析结果才能相互比较，在每个取样区，选择具有代表性的样点，进行三点重复取样，其中大型土壤动物调查，挖掘面积50 cm×50 cm，深度20 cm；中、小型土壤动物的计数、分离提取和鉴定采用干漏斗法和湿漏斗法进行；活泼性土壤小型节肢动物用吸虫器采集。

（2）植物调查

植物调查方法较多，如样地法、样线法、距离抽样法、点样法等。其中样地法是基础方法和常用方法。样地法中所指的样地不是指群落的全部面积，它仅是代表群落基本特征的一定地段。对植物群落考察应在确定的样地内进行，通过详细调查，以此来估计推断整个群落的情况。

选择样地应遵循下列原则：①种的分布要有均匀性；②结构完整，层次分明；③环境条件（尤指土壤和地形）一致；④群落的中心部位避免出现过渡地段。样地面积可根据城市困难立地现场实际情况进行划分，而样地布局一般可选用主观取样法，即选择被认为有代表性的地块作为调查样地。一般小型样方用于调查草本群落或林下草本植物层，大型样方用于调查城市困难立地的植物群落。

（3）地下水调查

常用的地下水调查方法有三种：包括已有管路监测井采样方法、普通监测井采样方法、深层/大口径监测井采样方法。已有管路监测井采样法适用于地面已连接了提水管路的监测井的采样，普通监测井采样法适用于常规监测井的采样，深层/大口径监测井地下水微洗井采样法适用于深层地下水的采样。城市困难立地生态园林建设项目可以选择常用的地下水调查方法，也可以根据实地情况采用其他能满足质量控制要求的采样方法。

监测井点主要设置在建设项目场地、周围环境敏感点、地下水污染源，以及对于确定边界条件有控制意义的点位。监测井点的层位应以潜水和可能受建设项目影响并且有开发利用价值的含水层为主。潜水监测井不得穿透潜水隔水底板，承压水监测井中的目的层与其他含水层之间应止水良好。

（4）固体废弃物调查

建筑废弃物是城市困难地立中常见的固体废弃物，在对建筑废弃物进行调查时，可以首先通过无人机航测用地最新现状，并以此作为后期统计基础。再通过现状分类用地面积统计，对场地按照原用地属性及用地现状进行分类，对比现状航片及拆迁前航片、拆迁前各用地及建筑属性资料，结合实地踏勘，统计各类建筑、构筑用地面积。最后依据建筑废弃物可能的资源化途径，对分类建筑废弃物数量进行统计。

3.1.5 生态园林建设目标设定

城市困难立地生态园林建设的目标设定，首先是提出科学合理的建设目标导引，其次是结合区域内各类专项规划以及控制性详细规划目标，提出生态园林建设的具体目标和任务，并最终落实到生态园林建设的各阶段规划设计方案中。

3.1.5.1 目标导引设定

城市困难立地生态建设目标导引的设定，主要基于项目场地立地调查评价结果、相关上位规划管控要求和项目总体设计需求等三方面的综合考量。其中，项目场地立地调查评价结果是体现目标导引科学性和落地性的基础因素，尤其是关键限制因子对生态园林建设目标的实现具有重要影响。一般而言，城市困难立地目标导引设定应遵循适应性、适宜性和实效性三大原则。

表3-2显示了基于主要限制因子的垃圾填埋场生态园林建设植物景观目标导引。垃圾填埋场是利用工程手段压实垃圾减容并进行卫生填埋形成的场地，是目前国内外城市垃圾处理的重要方式之一，是典型的城市困难立地。在设定植物景观目标导引时，需要首先判定垃圾填埋场的封场场地条件，然后选择垃圾填埋场生态园林建设的主要限制因子，包括封场年限、封场堆体沉降、填埋气标准、封场覆土厚度、封场覆土理化特性等因素，进行生态园林建设目标导引设定。根据这些主要限制因子的情况，可以将生态园林建设的主要植物景观目标分为地被建植（Ⅰ）、灌木群落营建（Ⅱ）和乔灌群落营建（Ⅲ）三类（表3-2）。其他类型的城市困难立地也是依据其主要限制因子的梯度变化来建立生态园林建设目标导引的。

表3-2　基于主要限制因子的垃圾填埋场生态园林建设植物景观目标导引

序号	主要限制因子	生态园林建设目标导引		
		地被建植为主	灌木群落营建为主	乔灌群落营建为主
1	封场年限①/a	≤1	1～3	≥3
2	堆体沉降/（m/a）	大，>0.25	中等，0.10～0.20	小，<0.05
3	填埋气标准/%	5～10	1～5	<1
4	封场覆土厚度/m	≥0.4	≥0.6	≥0.9
5	酸碱度（pH值）	6.0～8.0	6.0～8.0	6.0～8.0
6	电导率（EC）/(mS/cm)	1.2～2.5	0.1～1.2	0.1～1.0
7	密度/（mg/m^3）	≤1.00	≤1.25	≤1.30
8	土壤非毛管孔隙度/%	≥15	≥8	≥5
9	有机质含量/（g/kg）	≥10	≥15	≥20
10	水解性氮/（mg/kg）	≥30	≥80	≥100
11	有效磷/（mg/kg）	≥5	≥8	≥10

注：①封场年限从填埋场完全封场后开始计算。

3.1.5.2 设计任务书编制

设计任务书是城市困难立地生态园林建设项目的总纲，生态园林建设的具体目标和任务需要在设计任务书中进一步明确，同时设计任务书也是后续编制可行性报告、初步设计等工作的主要依据。

设计任务书的主要内容一般包括项目背景及意义、规划设计范围及依据、基地现状（含立地条件、生物资源、环境状况、地形地貌等）、上位规划解读（土地使用规划、区域结构规划、区域控制性详细规划、绿地系统规划、交通设施规划、水系及河道规划等）、设计要求（总体要求、设计原则和设计重点）、各阶段设计内容（项目建议书阶段、可行性研究阶段、初步设计阶段、施工图设计阶段、施工配合阶段、其他配合工作等）、设计成果要求及计划（项目建议书、工程可行性研究、初步设计、施工图设计）等内容。

城市困难立地生态园林建设项目的设计任务书范例见附录1（上海三林楔形绿地滨江南片区公共绿地动之谷4号地块设计任务书）。该项目场地包括了多个类型的典型城市困难立地，如工业搬迁遗留地、受损湿地或水域、已建成低效绿林地等。

3.2

城市困难立地生态园林建设技术评价与体系构建方法

在城市进入存量资源发展的背景下，伴随生态城市发展理念的不断深化，城市困难立地生态园林建设成为提升城市生态环境质量的重要途径，可用于生态园林建设的技术手段和产品愈来愈多。但是，如何选择适宜性技术应用于城市困难立地的生态园林建设实践，目前还少有相关的研究成果和工程实践。因此，科学地评价、优选城市困难立地生态园林建设技术，无疑对生态园林建设技术的广泛应用具有重要推动作用。

3.2.1　技术评价

技术评价这一概念由来已久，在不同时期的定义和目的均有所差异，但核心思想是一致的。通常是指采用科学方法，预先全面地、多角度地对技术应用过程中产生的正负效应进行综合分析的过程。广义而言，技术评价对象可以是与人类社会系统、产业系统相关联的任何自然技术和社会技术。而城市困难立地生态园林建设的技术评价主要针对涉及能、水、物、气等多种要素的各类生态园林建设技术的技术路线、技术方针、技术措施和技术方案及其在建设各个阶段应用的利弊得失进行评价。评价的结果可以为各个层次的决策提供依据，同时为项目决策层、项目管理层以及参与项目的规划师、设计师和工程师等提供参考和帮助。评价的过程贯穿了生态园林建设的整个生命周期，是一个动态、持续和整体的过程，同时也是一个根据城市困难立地发展阶段不断完善、不断更新的过程。

3.2.1.1 技术评价的基本原则

技术评价是决定城市困难立地生态园林建设技术应用效果的关键环节，只有从现阶段中国城市困难立地的特点以及城市生态环境和人居环境的现状出发，才能实现生态园林建设技术与城市社会、经济、文化及自然环境协调发展的目标。因此，技术评价尤其应该注重节能减排、降耗增效、减少环境负荷、促进生态平衡等环节和要素，一般应遵循如下原则：

①效益最大化原则：即城市困难立地生态园林建设的技术优选，要以能够充分发挥城市困难立地转型为城市生态用地的生态效益和社会效益为首要原则，并促成综合效益的最大化。

②应用可行性原则：即很强的技术可行性，这样才有利于其在城市困难立地生态园林建设具体工程项目中的推广应用。技术可行性由生态园林技术本身的特性决定，包括技术成熟性、可操作性和经济性等方面。

③技术通用性原则：即技术的覆盖性和公众认知性。所谓覆盖性，指该技术的应用不仅局限于某一类生态用地的建设目标，也不仅局限于某种类型的城市困难立地场地，而是可以广泛地应用到各种类型的城市困难立地转型建设中。而所谓公众认知性，是指优选出的生态园林建设技术要有成功应用的实证案例，具有一定的社会公众认知和认同基础。

3.2.1.2 技术评价的主要方法

技术评价是一个过程，技术评价方法与技术评价过程是紧密联系的，通常在过程的不同阶段使用不同方法来解决不同问题。根据原理不同，一般将技术评价方法分成偏定性评价方法、数学分析方法、经济分析法三个大类（表3–3）。

表3–3 适用生态园林建设的技术评价方法

<table>
<tr><th colspan="2">方法类别</th><th>方法描述</th><th>优 点</th><th>缺 点</th><th>适用对象</th></tr>
<tr><td rowspan="4">偏定性评价方法</td><td>专家会议法</td><td>组织专家面对面交流，通过讨论形成评价结果</td><td rowspan="2">操作简单，可以利用专家的知识，结论易于使用</td><td rowspan="2">需要的时间较长，耗费的人力和物力较多，主观性比较强，心理因素影响较大</td><td rowspan="2">战略层面的决策；难以量化的系统</td></tr>
<tr><td>德尔菲法</td><td>向专家发函，征求意见的调研方法，多专家多轮咨询</td></tr>
<tr><td>模糊综合评价方法</td><td>一种基于模糊数学的综合评价方法，利用隶属度理论把定性评价转化为定量评价</td><td>可以克服传统数学方法中“唯一”弊端，根据不同可能性得出多个层次的问题题解，具备可扩展性，符合现代管理中“柔性管理”的思想</td><td>不能解决评价指标间相关造成的信息重复问题，隶属函数、模糊相关矩阵等的确定方法有待进一步研究</td><td>消费者偏好识别、决策中的专家系统、证券投资分析、银行项目贷款对象识别等；拥有广泛的应用前景</td></tr>
<tr><td>层次分析法</td><td>把一个复杂的问题划分为多个相互联系的单元，运用专家判定以及定性分析与定量分析相结合的方法，来确定各指标的权重</td><td>简洁实用，所需数据量小；系统性强，误差小</td><td>评价对象的指标不宜太多；定量数据少影响可信度</td><td>用于那些仅用定量分析难以解决的复杂问题</td></tr>
</table>

续表

方法类别		方法描述	优 点	缺 点	适用对象
数学分析方法	主成分分析	通过正交变换将影响某个过程且存在相关性的一组指标转换为影响该过程的几个不相关的综合指标，从而线性表示原来变量	降低变量数量，易于比较，更为客观合理	新归纳因子意义不明确，需要大量的统计数据推理	具有广泛适用性
	因子分析	根据相关性大小，将关系密切的变量分组，使相同本质的变量归入一组			社科类研究对象为主
	聚类分析	通过相似性和相异性归纳分析，进行系统聚类			抽象对象为主
经济分析法	费用效益分析法	以前期投入和后期收益作为计量与比较对象，包含直接效益和间接效益考量，以服务项目方案的决策	比对不同方案的具体效益差距，更有力支撑决策	不同于最优分析，仅比较有限方案	工程建设项目

资料来源：参考张浪和徐英著《绿地生态技术导论》。

目前，较常应用于生态技术评价的具体方法主要为专家会议法、德尔菲法、模糊综合评价方法、层次分析法、数理统计法，以及费用-效益分析法等。在城市困难立地生态园林建设方面，基于成熟度和创新性等原因，应用偏定性评价方法，如层次分析法等技术评价方法更为适合。

层次分析法的主要环节包括：调研现状与分析数据，确定评价内容与目标、建立指标体系、计算指标权重、检验修正、最终确立评价模型。在每一步中需要反复讨论、推敲，排除问题后再进行下一步。如果在检验过程中发现不合理的现象或者结果，需要返回到确定评价内容阶段并重新开始，直到指标合理为止（图3-9）。

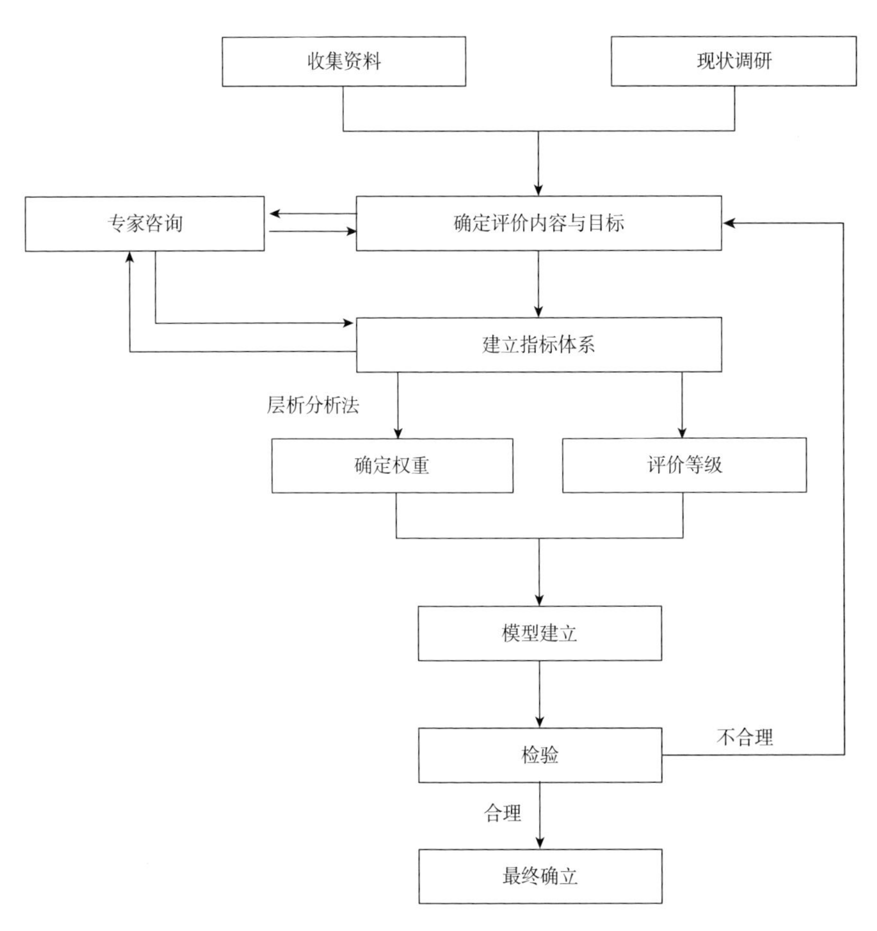

图3-9　层次分析法技术评价模型确立流程

在综合权衡城市困难立地生态园林技术评价原则的基础上，结合生态园林技术应用价值的评价结论，优选出适配不同城市困难立地类型的生态园林技术，并形成技术库，以期促进生态园林技术在城市困难立地转型生态用地建设中的推广应用，提高城市园林绿地的综合效益和科技含量。

3.2.2　技术分类

城市困难立地生态园林建设技术分类应基于生态园林建设所涉及的要素和目标，技术的要素特点和目标特征决定了技术应用的适宜性及其最终的产出效果。目前，关于生态技术或环境技术的要素法和目标法分类体系已有较多研究成果，如：*The Global Directory for Environmental Technology*将全球环境技术归纳为水资源、土壤、植被、废弃物、空气、噪声与能源；吴志强在《城市重大项目生态设计综合技术集成研究》报告中将生态技术要素归纳为能、物、水、气、地及生物；而张浪在《绿地生态技术导论》中将城市绿地生态技术要素分为“能、水、物、气、地、绿”六大类，涵盖了能源系统、水环境系统、大气环境系统、声环境系统、绿化系统、废弃物管理与处置系统、热环境系统及绿色建材系统等八大方面，同时，构建了“产能（++）”“减废（--）”“减废产能（-+）”的全新生态技术效能目标法分类体系。本书沿用《绿地生态技术导论》中的要素与目标二维分类体系对城市困难立地生态园林建设技术进行分类，同时在具体技术应用环节根据技术的重要性和作用进一步将技术分为基础技术、核心技术和相关技术，此分类方法称为“效应分类法”。

3.2.2.1　要素分类法

(1)“能”要素

城市园林绿地的建设过程是能量损耗的过程，即能量输入的过程；而当生态园林绿地发育到稳定阶段以后，管护投入处于极低水平，此时可以看作一个以能量输出为主的过程。因此，所有有助于降低园林绿地建设和管理过程能量消耗或者有助于园林绿地更快发育到稳定水平的技术，均可归为“能”要素的技术范畴。对于城市困难立地来讲，由于立地条件存在更多的限制因子，此类的生态园林建设必然需要更多的能量输入，因而需要更多减少能量损耗的生态技术应用。

(2)“水”要素

水所代表的蓝色空间是生态空间不可或缺的要素之一。涉及“水”要素的生态技术，主要指生态园林中水体自然属性保持和质量维持相关的雨水控制、收集与循环利用、植物节水灌溉以及污染物去除等技术。

(3)“物”要素

“物”要素主要指生态园林建设与管理过程中材料应用与废弃物处置再利用等方面的生态技术，如建筑废弃物再生材料用于园路与建筑相关技术、园林绿化废弃物资源化再利用相关技术以及建设过程中材料节约相关技术等。

(4)“气”要素

“气”要素主要指生态园林建设与管理过程中，与人接触的大气环境、热环境和声环境的质量维持与提升方面的生态技术，如建设过程粉尘控制技术、植物群落降噪技术、游览区舒适度维持综合技术、植物净化空气技术等。

（5）“地”要素

“地”要素主要指生态园林建设与管理过程中，有助于节约土地以及提升场地土壤质量的生态技术，如立体绿化技术、场地表土保护利用技术、土壤污染的防治与修复技术、生态护坡技术等。

（6）“绿”要素

生态园林绿地作为城市生命系统的重要组成部分，植物是核心的“绿”要素，涉及植物及其群落的相关技术均属此范畴，如地带性植物应用与配置技术、生态廊道构建技术、绿地病虫害生态防控技术、生物多样性提升和维持技术等。

3.2.2.2　目标分类法

（1）“产能”型技术

“产能”型技术主要指生态园林建设与管理中可再生能源利用技术，如将太阳能、风能用于园林绿地的照明和灌溉。另外，可以加快生态园林稳定发育并减少能量输入的技术也属于此类型，如对食源植物、高碳汇植物的应用。

（2）“减废”型技术

“减废”型技术主要指生态园林建设与管理中有关减少废弃物和污染物（固体废弃物、废水和废气）产生的技术，如场地建筑废弃物再利用技术、清洁生产及雨污水无害化处理技术、餐厨垃圾堆肥利用技术、滞留粉尘的功能型植物群落营建技术等。

（3）“复合”型技术

“复合”型技术主要指“产能”和“减废”效能复合的技术。以城市有机废弃物资源化利用技术为例，餐厨垃圾、园林绿化修剪产生的废弃物等城市有机废弃物可用于制作生物炭，应用于城市困难立地的土壤生态修复和土壤改良。这种技术的应用一方面减少了废弃物的产生，另一方面提高了土壤的质量和城市困难立地生态园林建设的质量。

3.2.2.3　效应分类法

（1）基础技术

基础技术是指能稳定发挥效应且具有普适性和奠基作用的技术，它是技术体系中的基本部分，是保障整个技术体系发挥整体效应的基础。在城市困难立地生态园林建设过程中，一般通过基础技术来解决城市困难立地开展园林绿地建设前的一些基础性问题，从而为后续其他类型技术的应用提供可能性。因此，基础技术对于技

图3-10　生物质垃圾堆肥处理技术

术体系的有序高效构建起着重要作用。如图3-10所示，生物质垃圾堆肥处理技术是废弃物再利用过程中的基础技术。

（2）核心技术

核心技术是指能解决关键问题且具有极强针对性、起着主导作用的技术，是技术体系中的核心部分，也是技术集成应用以达到更优良效应的决定环节。城市困难立地生态园林建设的核心技术包括两个方面：一是消除困难立地带来的负面效应；二是恢复高效、持续、稳定的绿色生命系统正面效应。这些问题的表现形式在不同类型的城市困难立地中可能会有所差异，因而需要根据具体核心问题的内涵进行核心技术适配。另外，核心技术决定了技术体系的整体水平，在重视技术先进性的同时，更重要的是考察技术的实用性和稳定性。如图3-11所示，建筑垃圾地形营造技术是废弃物再利用的核心技术。

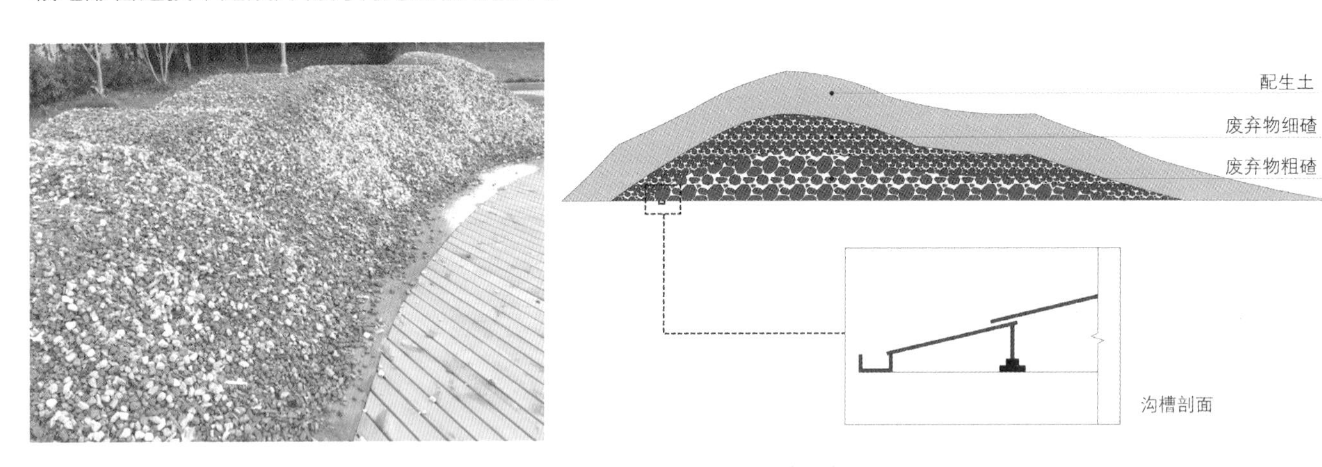

图3-11　建筑垃圾地形营造技术

（3）相关技术

相关技术是指起着强化、辅助或完善作用的各种技术。相关技术在技术应用体系中处于从属地位，但也是不可或缺的，它是联结各种基础技术和核心技术的桥梁，同时也起着补充局部不足、强化整体效能的作用。针对城市困难立地生态园林建设，比较成熟的传统园林绿地建设生态技术基本可作为相关技术进行应用，但要注意与基础技术和核心技术的水平相适应，避免技术不适配导致的低效应用。如图3-12所示，工业废弃材料景观化技术是废弃物再利用的相关技术。

图3-12　工业废弃材料景观化技术

3.2.2.4　技术库构建

（1）基于“要素”与“目标”的二元技术库

技术要素和效能目标反映了生态园林建设与技术关系的两个侧面，包含了生态园林技术既是物质工具又是活动过程的本质内涵。表3-4显示了基于技术要素与技术效能目标这两个方面，对目前常见生态技术进一步梳理形成的城市困难立地生态园林建设二元技术分类库。

（2）基于效应分类法的技术库

对目前常见生态技术进行效应分类，通过对技术特点、核心参数、主要功能和适用范围等技术特征的分析，构建基于效应分类法的技术库（表3-5）。

3.2.3　技术优选

在技术更新日渐加快、市场因素复杂多变的情况下，对城市困难立地生态园林建设技术进行适配优选评价的必要性在于给决策者在技术库中做出合理选择提供依据和参考。技术优选的依据主要包括技术的先进性、成熟性、配套性、性价比、可能的风险、对建设项目进度的影响，以及对生态园林建设目标的影响等。技术优选的方法主要是逐步排除定性分析法和优劣系数定量分析法。

3.2.3.1　逐步排除定性分析法

逐步排除定性分析法的核心是通过定性分析比对来优选能够满足城市困难立地生态园林建设技术的方法。首先，根据所针对城市困难立地的资源现状、环境特征及生态园林建设的具体目标，确定主要技术指标需要满足的要求。其次，通过某一个或两个基本指标初步排除部分不适用的技术，确定备选方案。然后，对所需技术进行比较分析，从中找出该类技术的主要技术指标，确定最终进行排除时的参数。同时，结合对现状条件和建设目标的深入分析，确定该城市困难立地生态园林建设对各项技术指标的影响及满足程度。最后，根据选定的技术参数确定排除的顺序，建立逐步排除步骤，最终优选出最佳的技术（图3-13）。

表3-4 基于"要素"与"目标"的城市困难立地生态园林建设二元技术库

要素 目标	能	水	物	气	地	绿
减废型	①LED光源技术 ②紧凑型荧光灯（CFL） ③高压钠灯 ④建筑高性能围护结构	①人工生态湿地污水处理技术 ②生态浮岛技术 ③曝气增氧技术 ④节水灌溉技术 ⑤节水养护管理技术 ⑥雨水储存利用技术	①园林有机覆盖物技术 ②固废制作透水砖 ③生物塑料技术 ④废弃材料景观化技术 ⑤废弃材料用于道路铺装 ⑥建筑垃圾地形营造技术	①风廊导风技术 ②促进空气流通技术 ③底层架空降温技术	①屋顶绿化技术 ②表土保护再利用技术 ③土壤污染防治技术	①生物廊道构建技术 ②生态河道建设技术 ③绿地病虫害生态防控技术 ④多样化生境营建技术 ⑤场地植物资源保护利用技术 ⑥入侵物种生物治理技术
产能型	①太阳能集热技术 ②太阳能光伏发电技术 ③太阳能-风能互补发电技术 ④风力提水技术 ⑤地热能自然利用技术 ⑥太阳能自动灌溉技术	①轻质薄层架空蓄排水板 ②通气渗灌材料 ③保水性复合平板 ④水雾降温技术 ⑤太阳能水体修复技术 ⑥开放的湿地塘床系统	①太阳能光电玻璃 ②太阳能光电屋顶 ③太阳能电力墙 ④太阳能灯	①人工草坪降温技术 ②嵌草铺地技术 ③热反射镀膜玻璃 ④多孔吸音材料 ⑤穿孔板吸音结构 ⑥聚酯纤维吸音板 ⑦人造雾技术 ⑧芳香植物净化空气技术 ⑨抗污染植物净化空气技术	①植被护坡技术 ②水力喷播植草护坡技术 ③三维植被网护坡技术 ④挂网客土喷播护坡技术 ⑤自然型护岸技术 ⑥土壤微生物或植物修复技术	①近自然构建技术 ②屋顶绿化植物防风技术 ③攀缘类垂直绿化技术 ④设施类垂直绿化技术 ⑤新型垂直绿化技术 ⑥乔木地下支撑技术 ⑦根系防腐烂技术 ⑧植被修复土壤技术
复合型	①有机废弃物生物炭技术 ②太阳能光电玻璃 ③太阳能光电屋顶 ④太阳能光电技术与环境小品结合	①非常规水利用技术 ②中水回用技术 ③雨水就地渗透利用技术 ④水雾除尘技术 ⑤集雨绿地和生态渗透池系统规划技术 ⑥封闭式生物污水处理系统	①旧建（构）筑物再利用技术 ②回收再生陶瓷透水平板 ③再生板材 ④屋顶绿化轻量化技术	①动态水景消音技术 ②植物墙隔声技术 ③生态坡地隔声技术 ④遮阳设施降温技术 ⑤植物遮阴降温技术 ⑥建筑绿化降温技术	①植被型生态混凝土护坡技术 ②配生土技术	①生物质能源技术 ②植物选择技术 ③生物多样性促进技术 ④植物配置技术

资料来源：参考张浪、徐英著《绿地生态技术导论》。

表3-5 基于效应分类法的城市困难立地生态园林建设技术库

技术类型	序号	技术名称	技术特点	技术参数	主要功能	适用范围	技术要素	效应分类
废弃物再利用技术	1	生物质垃圾堆肥处理技术	操作简便、经济效益好、技术成熟	生物质垃圾类型、堆肥参数	生物质垃圾循环利用、节约资源、减少污染	绿地土壤改良、栽培基质	能源、材料；能源输入	基础技术
	2	废弃材料景观化技术	成本低、景观价值高、创意新颖	废弃材料类型、场地文化记忆	废弃物再利用、节约资源、减少污染	所有绿地类型，特别是遗址型、改造型绿地	材料、历史文化；场地历史记忆	相关技术
	3	建筑垃圾地形营造技术	成本低、操作简便、综合效益高	建筑垃圾选料、前处理粒径及配比	废弃物再利用、节约资源、减少污染	所有绿地的地形塑造	材料、景观地形；零输出	核心技术

续表

技术类型	序号	技术名称	技术特点	技术参数	主要功能	适用范围	技术要素	效应分类
绿化生态技术	1	复层绿化技术	生态、经济、社会综合效益显著	乔灌草复层植物筛选与配置	增加绿量、丰富植物多样性	各种类型、规模的绿地	多样性、绿量；近自然	核心技术
	2	模块式立体绿化技术	成本较高、施工较复杂、绿化效果好	模块拼装容器、植物筛选与配置	提高建筑景观质量、改善局部环境	墙面、桥体、梁柱、覆土建筑、人工山体等立体绿化	绿量；自然化	基础技术
	3	生物廊道构建技术	成本较高、生态效益显著、有一定景观价值	微地形营造、植物应用与配置	构建生物迁徙走廊、丰富生物多样性	大中型绿地，尤其是郊野绿地	生物通道、多样性；近自然	相关技术
	4	湿地恢复及保育技术	成本低、生态效益显著、景观价值高	水质提升、湿地植物群落构建	构建自然湿地景观、丰富生物多样性	大中型绿地，尤其是郊野绿地	多样性；自然化	基础技术
水处理与利用技术	1	设计低洼地蓄水	成本低、操作简便、蓄水效果好	径流削减率、调蓄容积	促进雨水就地渗透、减少水土流失	各种类型、规模的城市绿地		相关技术
	2	资源型透水铺装	成本低、渗透效果好、景观价值高	下渗率	促进雨水就地渗透、节约水资源	城市绿地道路、广场及活动场地		基础技术
	3	雨水储存利用技术	成本较高、雨水利用效果好	区域年产流量、绿化用水量需求	雨水充分利用、节约水资源	大中型城市绿地、尤其是缺水地区		基础技术
	4	中水回用技术	成本高、生态价值及教育价值高	公园绿地规模及需求	减少污水排放、节约水资源	城市绿地中大型公共服务建筑，可结合雨水收集		相关技术
	5	人工生态湿地污水处理技术	成本较高，生态价值、景观价值及教育价值高	水体氨氮、TSP等污染水平	污水净化、提高环境质量	各种类型、规模城市绿地的水体		核心技术
	6	节水植物选择与配置技术	成本低、综合效益显著	区域全年降雨量	减少绿地浇灌、节约水资源	各类城市绿地，尤其是缺水地区		核心技术

注：技术集成应用案例详见附录2。

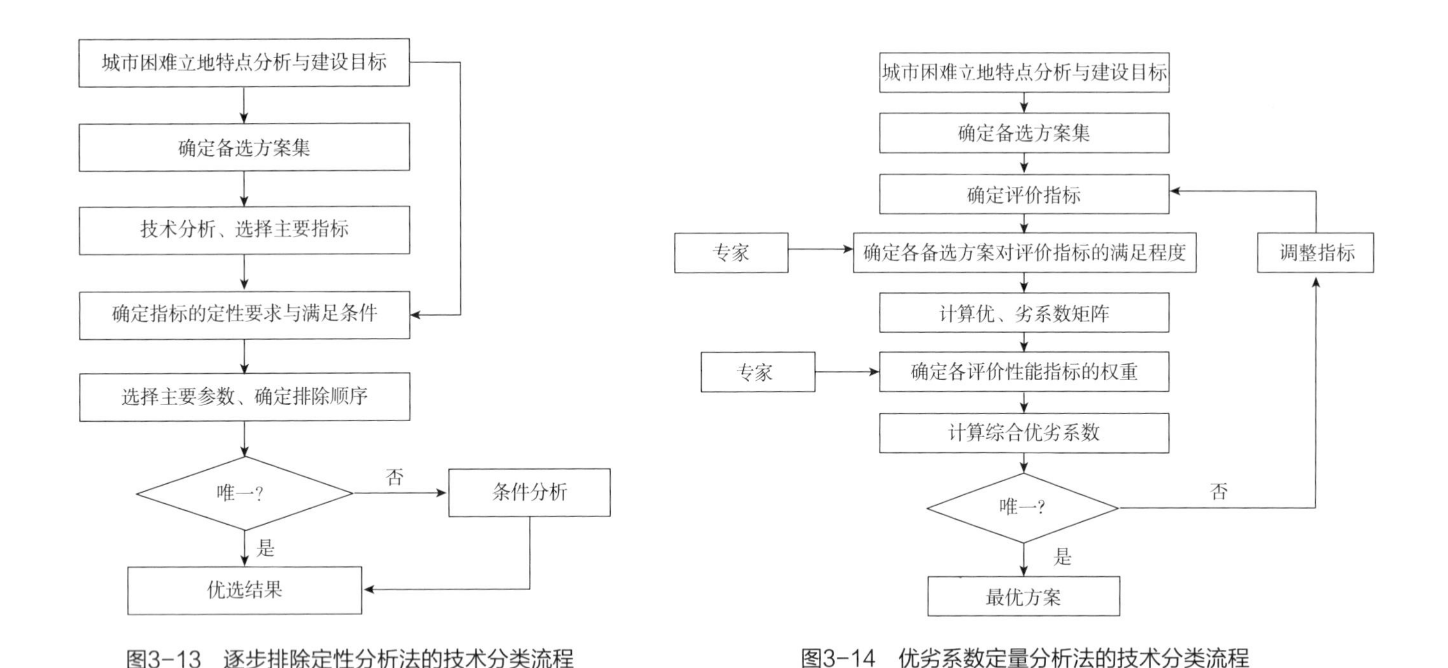

图3-13　逐步排除定性分析法的技术分类流程

图3-14　优劣系数定量分析法的技术分类流程

3.2.3.2　优劣系数定量分析法

优劣系数定量分析法是通过将所有方案两两比较得到方案之间的优势关系，最后找出最佳方案的方法。就生态园林建设技术而言，首先是确定基于城市困难立地现状特征以及建设目标的主要技术指标内容，以此为控制参数来判断方案优劣，通过比较某两项技术之间满足某一主要指标的优势程度和劣势程度，形成优劣系数矩阵并计算最终优劣系数。如果以此淘汰剩余的方案不唯一，则返回调整主要指标以逐步淘汰劣势方案以形成最优方案（图3-14）。

3.2.4　技术体系构建

技术体系的构建是让各个环节、各个阶段的优选技术形成相互联系、相互衔接的有机整体，以便发挥不同优选技术形式匹配、功能互补以及整体效能突出的优势，更好地满足城市困难立地生态园林建设的需要。城市困难立地生态园林建设技术体系，除了具有一般技术体系的基本特征（复杂性、关联性、周期性、动态性等）之外，还具有阶段适应性、目标匹配性和成本约束性等特征。

3.2.4.1　技术体系构建的基本原则

城市困难立地生态园林技术体系构建应该以恢复与建立功能高效、结构完整的城市生态系统为目标，遵循以下基本原则：

（1）负面影响最小化原则

技术体系的建立及应用，应该有利于不同类型城市困难立地生态园林建设过程对环境负面影响的最小化。这一原则至少应包含以下两方面的含义：技术体系应用带来更小的生态系统扰动；技术体系应用促进更低的资源消耗。

（2）综合效应全周期原则

综合效应全周期原则是指从所在生态系统全周期，以及生态园林全生命周期的时空尺度对技术体系的综合效应进行评价，综合考虑技术体系应用的短期和长期、局部与全局、分阶段与全过程的综合效应。这一原则的提出主要考虑到生态园林是一种开放、动态的生物系统，同时也是城市中唯一有生命的基础设施。

（3）目标指引性原则

城市困难立地生态园林建设总体而言是一个目标导向型的建设过程，技术体系的构建必须在生态园林建设目标指引下进行。

在构建技术体系的过程中，还需要得到理论体系的指导、政策和法规的监督，只有这样，生态园林建设技术体系才能够更加广泛地得到实践应用并发挥作用。技术体系与其他体系的关系如图3-15所示。

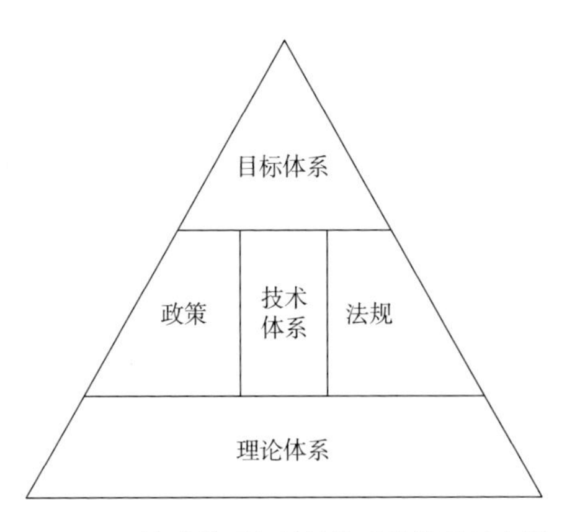

图3-15　技术体系与其他体系的关系示意图

（图片来源：沈清基著《低碳生态城市技术体系》。）

3.2.4.2　技术体系构建的主要方法

构建城市困难立地生态园林建设技术体系必须从城市生态系统的角度出发。城市生态系统是地球生物圈的重要功能单位，包含了地理系统、生物系统以及人类系统等多个子系统。各子系统间是相互联系和相互作用的，尤其在城市生态系统中，自然组分（地理、生物等）与人类组分之间存在着时间、空间和能量上的广泛联系，正是这种联系才产生了作为人类最重要栖息地的城市生态系统。生态园林绿地作为城市生物系统的核心组分，存在于一定的时间和空间内，完成着特定的功能，具有重要的生态学价值。

因此，城市困难立地生态园林建设及其技术体系构建既要遵循城市生态系统整体的发展规律，也要遵循各个子系统之间相互作用的生态规律；既要把握整个城市发展的规律，又要顾及不同城市发展阶段的特殊性。也就是说，在生态园林技术体系构建上要综合把握城市三维时空观，即能量维度上的联系、时间维度上的持续和空间维度上的协调（图3-16）。

从能量维度考虑，不同的技术具有“产能”“减废”“减废产能”等不同功能特性。技术体系的构建需要结合能、水、物、气、地、生等六类生态要素，考虑不同技术的不同功能特性，在此基础上进行适宜性生态技术的配置和遴选组合。

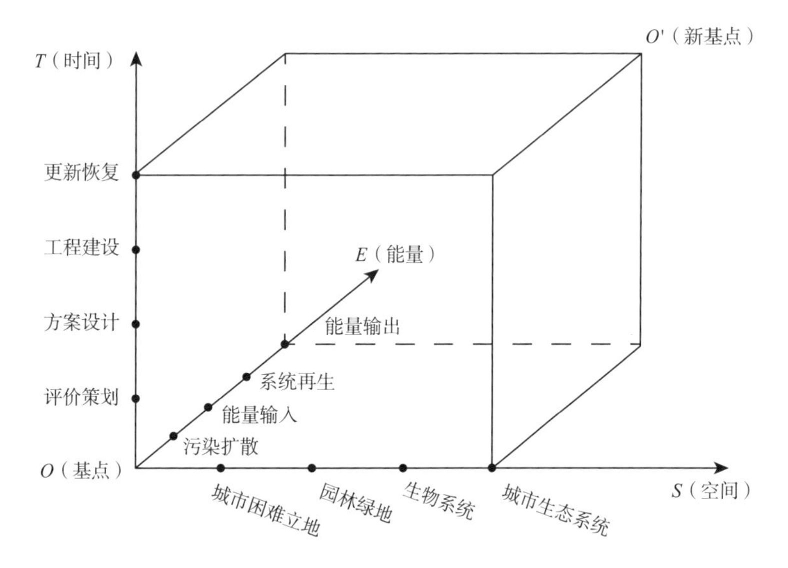

图3-16　城市困难立地生态园林建设技术体系构建的三维时空观模型

（注：根据张浪、徐英著《绿地生态技术导论》绘制。）

从时间维度考虑，城市困难立地生态园林建设的不同的阶段对技术体系有不同的要求。因此，需要针对项目的类型和不同建设阶段的具体特点，因地制宜确立技术体系框架，合理选择适宜的生态园林技术（表3-6）。

在空间维度上，主要考虑不同空间层级的技术应用与配置。即对项目整体而言，技术应用需要与整个城市不同层级的空间结构和布局相衔接；对项目内部而言，技术应用需要与生态园林的功能结构和布局相衔接（图3-17）。

表3-6　生态园林建设技术体系及其重点应用阶段

要素	技术体系特点	重点应用阶段	要素	技术体系特点	重点应用阶段
能	最大程度降低能耗	全周期	气	空气净化	设计、运行阶段
	充分提高能源效率与循环利用率	设计、建设、运行阶段		控温、降温	设计、运行阶段
	最大程度地开发、利用可再生能源	策划、设计、运行阶段		改善通风循环	策划、设计阶段
水	最大程度减少污水排放	建设、运行阶段	地	节约土地	策划、设计阶段
	提高用水效率	全周期		降低环境负荷	全周期
	增加可循环利用水资源	策划、设计、运行阶段		保持生态用地	全周期
物	最大程度降低物化能耗	设计、建设、运行阶段	生	提升生物多样性	全周期
	充分使用绿色建材	设计、建设、运行阶段		维持植物群落	全周期
	最大程度使用、回收利用可再生资源	全周期		保护场地植被资源	策划、设计、建设阶段

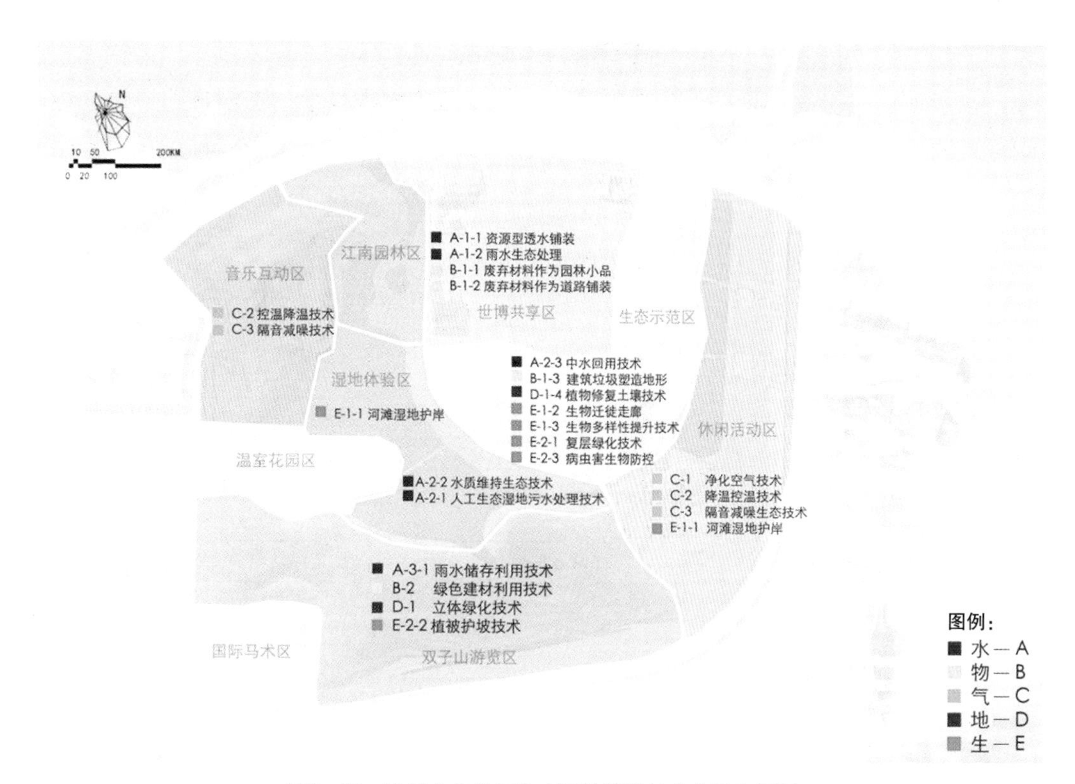

图3-17　世博文化公园生态园林建设技术应用布局图

（注：场地为典型城市困难立地——工业搬迁遗留地和未利用废弃地，底图引自SASAKI世博文化公园设计方案。）

3.3

城市困难立地生态园林建设后评估

后评估是指对已经完成项目的目的、执行过程、效益、作用和影响进行系统、客观分析的过程。城市困难立地生态园林建设后评估，以实现生态园林建设工程服务功能的可持续性为目标，对建成后生态园林工程产生的综合效益进行分析评价，为判定生态园林建设项目绩效及其可持续性提供理论依据和决策支持。

3.3.1　后评估的基本原则

城市困难立地生态园林建设后评估的性质决定了后评估工作应该科学、合理地反映生态园林项目的建设目标、实施情况和预期功能的发挥程度，同时应该特别突出城市困难立地生态修复对于改善城市人居环境和生态环境的独特价值，以及项目实施后的社会反应和影响。此外，城市困难立地生态园林建设预期会产生生态、社会、经济和景观等方面的多重效益，对于基于不同类型城市困难立地建设的生态园林，其效益组成及实现方式存在较大差异，这就要求后评估应更具有灵活性、代表性和针对性。总体而言，城市困难立地生态园林建设后评估一般应依据以下原则：

（1）科学性

后评估必须建立在科学依据的基础之上。例如，后评估内容与指标之间有明确的逻辑关系，从属关系和层次关系有相应的数据支撑，评估指标参数的获取要有明确的来源，指标的计算要依据合理可靠的方法。

（2）代表性

由于城市困难立地类型多样，生态园林项目建设目标与其可能产生的效益之间势必存在一定差异，因此后评估必须与项目特点紧密结合，应能够准确反映此类项目的内在特征。

（3）可操作性

开展后评估时需要建立可操作性强的指标体系，选择的指标应便于获取、采集和更新，相应的指标计算方法应已受到广泛认可，同时后评估流程应简洁明了和易于操作。

3.3.2　后评估的主要方法

城市困难立地生态园林建设后评估的一般工作流程主要包括：确定评估对象、明确评估范围、制定评估原则、分析项目可能产生的效益或影响、选择评估指标、构建指标体系、开展单项指标计算和综合效益评价等环节（图3-18）。其中最关键的环节是明确后

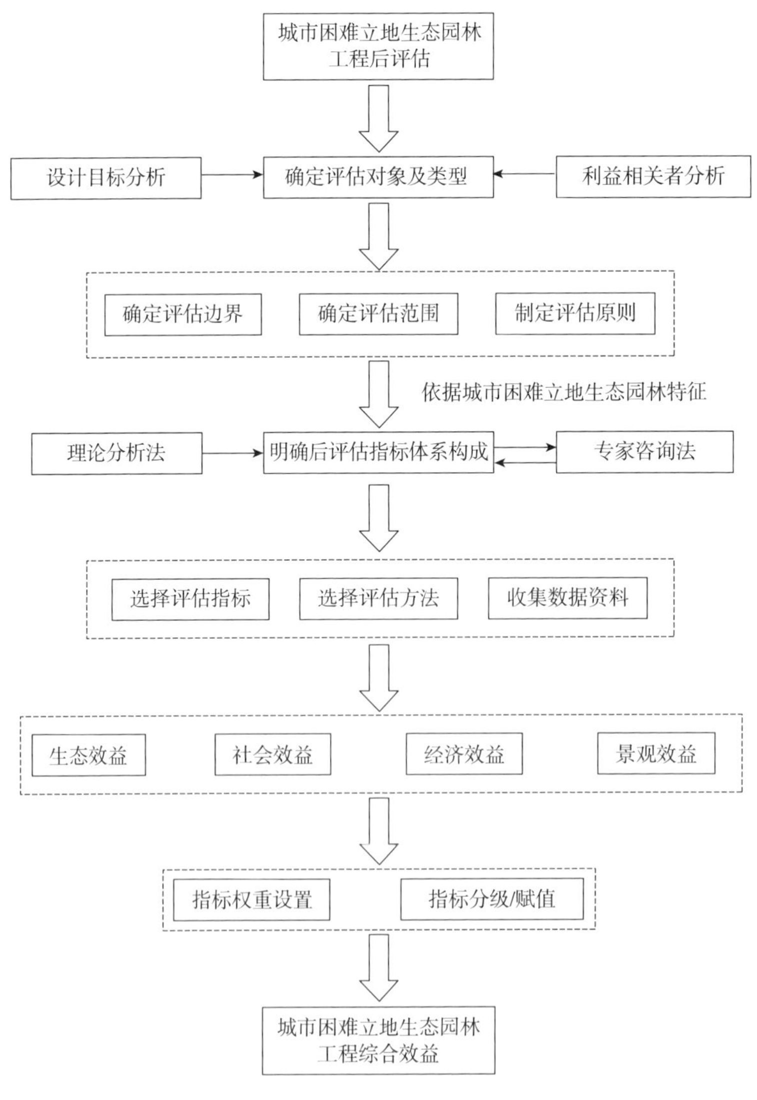

图3-18　城市困难立地生态园林建设后评估流程

评估的总体目标、确定后评估的指标体系以及开展后评估指标计算和综合评价。

（1）后评估的目标

城市困难立地生态园林建设项目总体上旨在持续改善城市生态条件，保障健康的城市环境，为人们创造景色宜人、适合休闲的绿色空间。因此，在设定项目后评估目标时，不应仅体现园林绿化工程的景观效果，更应突出城市困难立地生态修复的生态价值和社会价值，同时还应适当考虑工程建设和养护管理成本。

（2）后评估的指标体系

后评估应该综合分析所要评价的城市困难立地生态园林项目的立地特征、建设目标和预期功能，在整理分析国内外类似评价指标体系的基础上，结合对生态学、风景园林学、社会科学、经济学等相关学科和园林绿化工程技术专家的咨询，从社会、经济、环境和景观四个主要层面，分析和筛选评估指标，科学、合理且具针对性地构建相应的城市困难立地生态园林工程的评估指标体系。

（3）后评估指标计算和综合评价

后评估应在构建指标体系的基础上，收集所需的数据和资料，选取适当的模型和方法，对项目建成后在社会、经济、环境和景观等方面产生的效益或影响进行计算和评价。在此基础上，结合对城市困难立地生态园林后评估不同指标的权重分析，定量评价城市困难立地生态园林建设项目的综合效益，从而综合反映项目的实施水平和建设成效，并对项目的可持续性给出总体判断。

针对生态园林建设的基底、建设过程，以及竣工初期和成熟期等阶段进行综合效益评估以后，可以对城市困难立地生态园林建设的目标设定、技术适配、体系集成、工程应用等阶段的技术适宜性和合理性进行反馈，从而有利于城市困难立地生态园林建设效益持续性和管理科学性的提升。

参考文献

崔心红，张卫，王斌，等．水生植物与群落构建及其修复城市湿地的关键技术与应用[J]．中国科技成果，2016，17(22)：58-59.

顾基发．评价方法综述[C]//科学决策与系统工程．北京：中国科学技术出版社，1990：22-26.

胡运骅．生态园林理论在上海城市绿化中的应用和成果[J]．中国园林，2010，26(3)：32-35.

姜允芳，刘滨谊．区域绿地分类研究[J]．城市问题，2008，29(3)：82-86.

鞠晓伟．基于技术生态环境视角的技术选择理论及应用研究[D]．长春：吉林大学，2007.

李勇，王婕．关于关键技术评价与选择若干问题的探讨[J]．科技进步与对策，1999，16(1)：30-31.

梁晶，方海兰，张浪，等．基于城市绿地土壤安全的主要生态技术研究及应用[J]．中国园林，2016(8)：14-17.

林瑞基．论技术评价[J]．深圳大学学报（人文社会科学版），1989(4)：56-67.

凌军，郑思俊，陈庆，等．上海市塘外化工废弃地生态修复规划[J]．上海交通大学学报(农业科学版)，2013，31(3)：44-50.

沈清基．低碳生态城市技术体系[M]∥中国城市科学研究会．中国低碳生态城市发展报告2011．北京：中国建筑工业出版社，2011：231-264.
宋永昌，由文辉，王祥荣．城市生态学[M]．上海：华东师范大学出版社，2000.
王秀丽．小城镇建设先进适用技术评价、优选与集成[D]．武汉：华中科技大学，2004.
许恩珠，李莉，陈辉，等．立体绿化助力高密度城市空间环境质量的提升："上海立体绿化专项发展规划"编制研究与思考[J]．中国园林，2018，34(1)：67-72.
杨博，郑思俊．面向人工型城市困难立地绿化的"五维导控技术体系"实践探索：以《上海西岸传媒港绿化工程技术导则》编制为例[J]．园林，2018(1)：8-11.
杨志峰，刘静玲，等．环境科学概论[M]．北京：高等教育出版社，2010.
臧婷．"骨子里的江南园林——世博文化公园山水结构设计方案"获采纳[J]．园林，2019(4)：91.
张浪，曹福亮，张冬梅．城市棕地绿化植物物种优选方法研究：以上海市为例[J]．现代城市研究，2017(9)：119-123.
张浪，韩继刚，伍海兵，等．关于园林绿化快速成景配生土的思考[J]．土壤通报，2017，48(5)：1264-1267.
张浪．城市绿地生态技术[M]．南京：东南大学出版社，2013.
张浪，徐英．绿地生态技术导论[M]．北京：中国建筑工业出版社，2016.
张浪，朱义，薛建辉，等．转型期园林绿化的城市困难立地类型划分研究[J]．现代城市研究，2017(9)：114-118.
张浪，朱义，张晨笛，等．城市绿地生态技术适宜性评估与集成应用[J]．中国园林，2016(8)：5-9.
张浪．论风景园林的有机生成设计方法[J]．园林，2018(4)：60-63.
张浪．谈新时期城市困难立地绿化[J]．园林，2018(1)：2-7.
张文沫，邢晓晔，陈嘉雯，等．上海三林楔形生态绿地设计[J]．景观设计学(英文)，2019，7(3)：118-133.
郑思俊，李晓策，张浪．新时期上海城市绿化"四化"建设思考[J]．园林，2019(1)：24-27.
郑思俊，王肖刚，张庆费，等．上海市垃圾填埋场植被特征分析[J]．南京林业大学学报(自然科学版)，2013，37(1)：142-146.
郑思俊，张浪，薛建辉，等．滨海城镇生活垃圾填埋场植被重建生态技术研究[J]．中国园林，2016(8)：25-30.
郑思俊，张浪.《城市园林绿化科学发展指南》中的"立体绿化"导读[J]．园林，2017(6)：34-36.
中国风景园林学会园林工程分会，中国建筑业协会古建筑施工分会．园林绿化工程施工技术[M]．北京：中国建筑工业出版社，2008.
仲启铖，张桂莲，崔心红．崇明三岛森林生态系统服务价值动态评估[J]．中国城市林业，2018，16(4)：22-27.
朱方霞，陈华友．改进的优劣系数法及其区间数推广[J]．数学的实践与认识，2010，40(5)：102-109.
BREUSTE J，PAULEIT S，HAASE D，et al．城市生态系统：功能、管理与发展[M]．干靓，钱玲燕，蒋薇，译．上海：上海科学技术出版社，2018.
The global directory for environmental technology [EB/OL]．(2008-10-10) [2020-10-08]．http://www.eco-web.com/.
YEANG K. Designing with nature：the ecological basis for architectural design[M]．New York：McGraw-Hill，1995.
ZHANG L. Organic evolution of the urban green space system：a case study of Shanghai[M]．Shanghai Scientific and Technological Education Publishing House，2014.

Challenging Urban Site

第4章

典型城市困难立地调查评价

立地是生物的立足之地，是无机界与有机界进行物质交换和能量转化的重要场所。立地条件的调查评价是进行城市困难立地生态园林建设的一项重要基础工作，对于保证植物健康生长及生态园林建设效益的实现具有重要作用。本章着重介绍城市中三种典型困难立地的调查评价。

4.1 城市搬迁地调查评价

在城市转型发展的过程中，一些工业区的功能逐步由生产型向生活服务型转变，原有的传统工业、企业也逐步搬迁出城市中心区，从而形成了数量越来越多的城市搬迁地。由于这些区域通常存在不同类型和不同程度的土壤污染问题，因此将城市搬迁地用于生态园林建设，除了关注搬迁地立地条件（土壤、固体废弃物、水体及生物）调查评价，还应关注搬迁地各类污染风险评价。

4.1.1 基础资料收集

基础资料的收集一般主要是指通过历史资料查阅、走访当地民众以及进行问卷调查、现场勘察等不同方式，收集搬迁地的背景资料，掌握搬迁地历史用地情况以及周边环境特征等信息，从而为制订详细的调查方案提供基础。具体内容包括：

①所在区域信息：如所在地区的人口、经济、人文、交通等信息。

②用地类型信息：收集场地的历史资料信息，了解搬迁地的历史用地类型，如作为发电站、炼胶厂、化工厂、农药厂等，详细记录每个地块的历史用地情况。

③周边环境信息：如气候条件、所在区域的水文地质和环境地质条件情况等。

④现场初步勘察：在收集场地历史资料、用地类型、周边环境信息的基础上，进行现场初步勘察，定性评估搬迁地现场环境，初步判断搬迁地立地情况。

4.1.2 土壤调查

4.1.2.1 土体调查

城市搬迁地中一般有三种主要的土体层次类型，即均质土体、非均质土体和复杂土体（图4-1）。均质土体是指整个土体均为土壤，非均质土体是指在不同埋深处会出现建筑垃圾或生活垃圾与土壤的混合物，复杂土体是指在较大区域内有硬地面覆盖或地下含有夹心不透水硬地面层。土体的调查评价指标主要包括土层厚度、杂填土埋深和不透水埋深。

4.1.2.2　土壤质量调查

（1）样品采集

土壤样品的采集可以参考《绿化种植土壤》（CJ/T 340—2016）所规定的方法。一般是在每个采样点所在样地进行5～8个蛇形多点采样后，将土壤样品等量混合，采用四分法保留1 kg左右的土壤混合样进行检测分析。

进行分层采样时，用土钻垂直向下钻取0～50 cm以及50～100 cm处的土壤。在测定不同分层土壤物理性质时，需要对样点进行剖面样品采集（图4-2）。剖面规格为1.0 m×1.5 m，观察面为长方形较窄向阳的一面，采用环刀法按50～100 cm 和0～50 cm划分土层并进行采样后土壤物理性质的测定。

（2）样品前处理

样品前处理包括以下几个步骤：①风干，在风干室将土样放置于风干盘中，摊成2～3 cm的薄层，适时压碎、翻动，拣出碎石、砂砾、植物残体；②磨样，在磨样室中将风干的样品在有机玻璃板上用木锤敲打，用木滚、木棒、有机玻璃棒再次压碎，拣出杂质，混匀并用四分法取压碎样，过尼龙筛（孔径0.25 mm/20目）后全部置于无色聚乙烯薄膜上，充分混匀，再采用四分法取其中两份，一份交样品库存放，另一份用于样品的细磨；③分装，研磨混匀后的样品，分别装于样品袋或样品瓶中，填写土壤标签，一式两份，瓶内或袋内一份，瓶外或袋外贴一份。

（3）样品保存

按样品名称、编号和粒径分类保存。新鲜样品的保存方法如下：对于含有易分解或易挥发等不稳定组分的样品要采取低温保存的方法，采集后用可密封的聚乙烯或玻璃容器在4 ℃以下避光保存，同时样品要充满容器。避免用含有待测组分或对测试有干扰的材料制成的容器盛装和保存样品，测定有机污染物用的土壤样品要选用玻璃容器保存。预留样品的保存方法如下：预留样品在样品库造册保存。分析取用后剩余样品的保存方法

剖面1	剖面2	剖面3
覆土层 混凝土层	混凝土层	混凝土层
杂填土层	杂填土层	杂填土层
原土层	不透水层 原土层	原土层

图4-1　城市搬迁地的复杂土体

图4-2　土壤剖面样品的采集

如下：分析取用后的剩余样品，待测定全部完成数据报出后，也移交样品库保存。

（4）检测和评价指标

《土壤环境质量 建设用地土壤污染风险管控标准（试行）》（GB 36600—2018）中规定的重金属和有机污染物指标，《绿化种植土壤》（CJ/T 340—2016）中规定的主控指标和潜在障碍因子，包括pH值、电导率、有机质、质地、入渗率、土壤密度、非毛管孔隙度等。同时，开展土壤资源调查，应详细记录土层厚度以及区域面积等信息。

4.1.3 植物资源调查

陆域植物和水域植物的调查结果，将为植物资源保护性利用提供基础依据。根据不同城市搬迁地的地理环境条件，陆域植物和水域植物通常采样不同的调查方法。

4.1.3.1 陆域植物资源调查

对陆域植物进行资源调查时，一般首先将搬迁地的主要功能区作为重点调查样地，同时结合工业区、居住区、公共绿地、道路、河流等不同场地类型，合理设定调查线路和确定样方地点。然后，在全域范围内进行本底植物普查，内容包括植物种类、优势植物（指示植物）、规格、分布特点、生长状况等。最后，设定调查样方，重点对可利用乔木、灌木进行精细调查，包括种类、树高、胸径、冠幅等指标。

4.1.3.2 水域植物资源调查

对水域植物的调查，主要是指对搬迁地内河滩、江滩、池塘等原生湿地植物资源的调查。一般首先利用地形图等资料，结合现地勘察，确定湿地植被的面积，对分布范围进行标识。然后采用样线法记录植物种类、数量以及生长状况等信息，尤其注意标出特有种、罕见种、濒危种等各级保护物种，以及对环境有指示意义的指示种等。

4.1.4 地下水调查

地下水采集点应遵循区位代表性和层位代表性的原则进行布设，同时考虑搬迁地区域内的具体水文地质条件和地下水监测井使用功能，以及当地污染源、污染物排放实际情况，从而以较低的采样频次，取得有时间代表性的样品，达到全面反映调查对象的地下水水质状况、污染原因和迁移规律的目的。城市搬迁地的地下水调查方案主要包括调查目的、监测井位、监测项目、采样数量、采样时间和路线、采样人员及分工、采样质量保证措施、采样器材和交通工具、现场监测项目和安全保证措施等内容，检测指标一般包括pH值、总硬度、溶解性总固体、铁、锰、铜、砷、铬、铅、汞、镉、耗氧量和地下水位等。

4.1.5 废弃物资源调查

城市搬迁地中存在各种类型的废弃物，通常主要以建筑废弃物为主，其他类型的废弃物还包括河道或湖泊底泥，以及杂草和绿地植物等植物废弃物等。这些废弃物都具有一定的资源化利用价值，因此需要对废弃物的种类和数量等进行调查评价。

4.1.5.1　建筑废弃物调查

①无人机测飞现状航片：通过无人机航测搬迁地最新现状。

②现状分类用地面积统计：对场地按照原用地属性及现状进行分类，对比现状航片及拆迁前航片，结合拆迁前各用地及建筑属性资料及实地踏勘，统计各类建筑、构筑用地面积。

③建筑废弃物数量统计：依据建筑废弃物可能的资源化途径，对其进行分类，统计混凝土、木材、金属、玻璃、瓷砖、塑料等不同建筑废弃物产生量和总产量。

目前，建筑废弃物数量计算还没有国家标准，可以参照《青岛市建筑废弃物量计算标准》以及《青岛市建筑废弃物资源化利用条例》等地方标准和文件进行统计。

4.1.5.2　河道底泥调查

河道底泥样点设置遵循区位和层位的代表性原则。一般搬迁地内每条河流或湖泊至少设置3个典型样点，每个点位由浅至深分别设置0～10 cm、10～30 cm两个层位，使用河道专用锥形铁钻下沉方式，获取不同层面的底泥样品。河道底泥分析指标主要包括：pH值、电导率、有机质、总氮、总磷等基本理化指标，以及铜、铬、镉、铅等重金属指标。

检测结果依据《土壤环境质量　农用地土壤污染风险管控标准（试行）》（GB 15618—2018）进行评价，低于限值要求的河道底泥可以进行资源化利用。根据河道底泥深度、河道面积，对河道底泥总量进行估算，并对可以利用的底泥总量进行评估。

4.1.5.3　植物废弃物调查

调查对象主要包括搬迁地内已有绿地植物的季节性修剪废弃物和搬迁地内的杂草、小灌木类植物废弃物。对于季节性修剪废弃物，需要考虑区域内植物生长周期、养护计划和自然条件等，重点调查植物修剪情况及修剪面积。对于搬迁地内荒地杂草及小灌木，主要调查植物的面积及单位面积内的植物废弃物的数量。

4.1.6　调查的质量控制

严格按照预定的调查方案，采用标准的调查方法，对搬迁地现场开展调查，对调查过程中发生的突发问题，及时上报专业技术人员；调查过程中做好各类样品的分类，并保证标志完整、清晰、具有持久性；根据调查目的不同，采集相应对照样品、平行样品以确保调查高质量完成。

在装运前对现场采集的样品逐一核对，即在采样现场样品必须逐件与样品登记表、样品标签和采样记录进行核对，核对无误后分类装箱。在运输过程中严防样品的损失、混淆和污染，对光敏感的指标，还需对样品进行避光包装。在样品交接过程中由专人将土壤样品、植物样品、地下水样等送到实验室，送样者和接样者双方同时清点核实样品，并在样品交接单上签字确认，样品交接单由双方各存一份备查。

实验室内部的检测分析质量控制是保证样品检测和分析准确、可靠的重要环节，其主要内容包括实验室质量控制、检测数据质量控制，以及分析评价质量控制等方面。

4.1.7 结果评价

4.1.7.1 土体评价

土体是影响植物生长的重要立地条件之一，搬迁地中出现的非均质土体较均质土体更加不利于植物的正常生长发育。对城市搬迁地土体的评价主要是根据表土层厚度、杂填土埋深和不透水埋深三个方面来进行的。其中，表层土一般质地较为松软，有机质含量较高，含有较多的土壤微生物，多伴有植物根系出现。杂填土层和不透水层会限制植物根系的生长，其在土体中的埋深甚至直接影响植物的存活。杂填土埋深或不透水埋深值越小，则对植物根系生长的影响越大。

4.1.7.2 土壤质量及资源评价

（1）土壤质量评价

对城市搬迁地土壤质量的评价，可以采用单指标评价和综合评价两种评价方式。采用综合评价法时，需消除各指标参数之间量纲的差别，进行指标参数的标准化，对标准化后的各指标参数设置权重，再进行综合评价（详见附录3）。

（2）土壤资源评价

根据对城市搬迁地现场各类土壤的勘察和检测结果，进行不同类型土壤质量的评估，并结合生态园林建设的目标以及用土质量要求等，确定可利用的土层厚度，对可利用的土壤资源总量进行评估。具体流程如图4-3所示。

4.1.7.3 植物资源评价

植物资源评价就是根据搬迁地内的植物资源调查结果，对植物资源现状及质量进行整体评估。按照“适地适树”的原则，结合项目绿地规划设计方案，根据项目需求设定植物利用标准，建立搬迁地可利用植物资源分布图。通常大乔木规格要求树高超过4 m，或者胸径超过15 cm；小乔木和大灌木规格要求树高不低于2 m。

4.1.7.4 地下水质量评价

依据《地下水质量标准》（GB/T 14848—2017），对地下水的pH值、镉、铬、硒、汞、铅、钡、砷、锑、铜、镍、锌等指标进行分析，根据标准对搬迁地内地下水进行水质评价。

4.1.7.5 废弃物资源评价

（1）建筑废弃物资源评价

城市搬迁地内一般可利用的建筑废弃物主要分为以下三类：①经筛选、破碎等简单处理后可以直接利用的建筑废弃物，如场地内拆迁后堆积的砖瓦、混凝土等单一类型建筑废弃物；②需要进一步细分筛选、再利用处

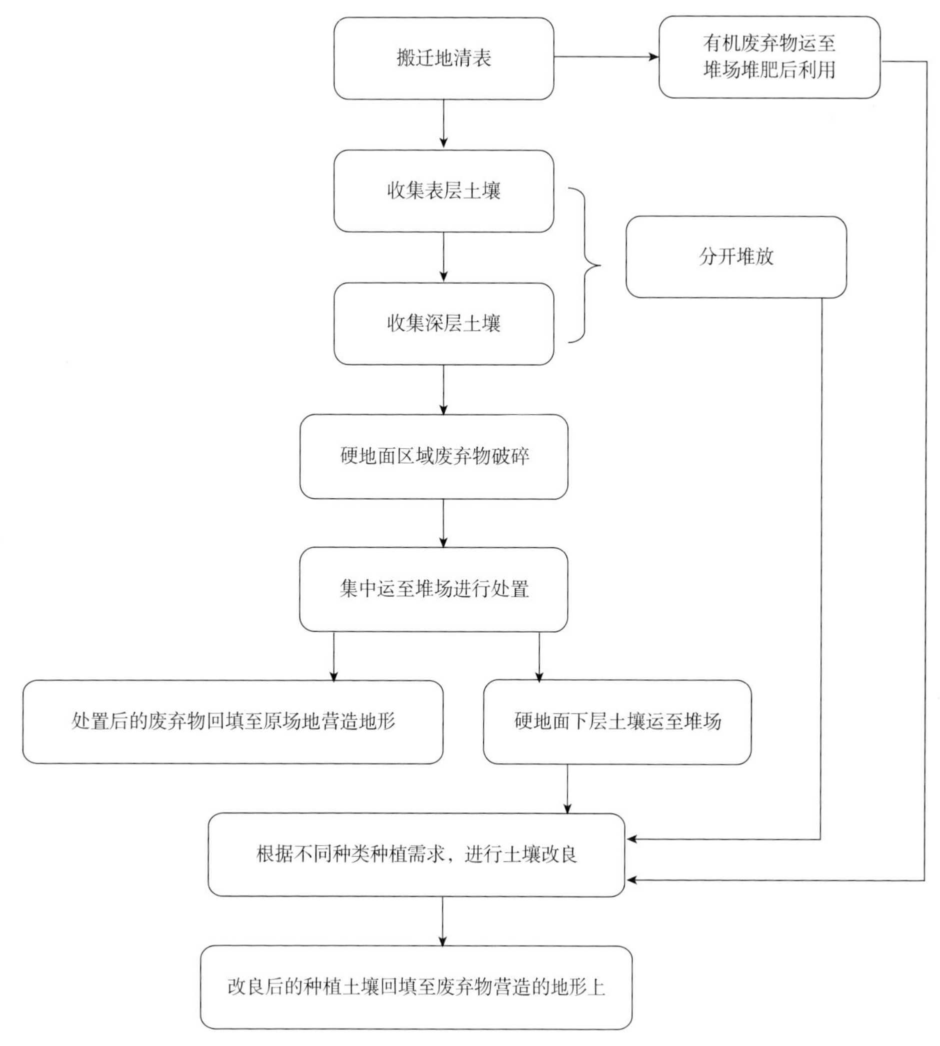

图4-3　城市搬迁地土壤资源收集利用流程图

理工序较复杂的建筑废弃物，如场地内未拆迁建筑中的砖瓦和混凝土等；③需再生加工等处理后方可再利用的建筑废弃物，如场地内玻璃、木材等类型的建筑废弃物。

通过现场调研，对城市搬迁地内建筑废物的种类进行调研和分类，估算出各类建筑废弃物总量，并综合考虑建筑废弃物再利用成本和难易程度。可优先利用经筛选、破碎等简单处理后可直接利用的建筑废弃物，其主要利用方式是使用多粒径基础骨料分层填筑进行场地地形营造和道路基层填筑。

（2）河道底泥资源化利用评价

根据河道底泥性质，其一般用于园林工程的主要途径是制备绿化种植土和作为基质层填充。

①制备绿化种植土：一种方法是将河道清淤底泥堆置在河道沿岸，使其自然脱水，清除石块、垃圾并自然风干，再与沿岸表层土进行混合，就地制备搬迁地绿化种植土。另外一种方法是将清淤底泥集中运输至绿化种植土生产基地，经脱水、风干、晾晒后，作为泥炭、有机肥等的替代物，生产较高质量的绿化种植土。

②基质层填充：在搬迁地中挖掘新的河道以及建设湖泊等湿地景观水域时，可将河道底泥就近短驳运输至临时堆放场，清除石块、垃圾后用于构建湿地景观岛屿和湿地底泥基质层。需要注意的是，由于底泥中通常富含有机物和氮、磷等营养盐类物质，在基质层构建中需要应用缓释技术，以控制底泥中营养物质集中释放对水质可能带来的负面影响。

（3）植物废弃物资源化利用评价

植物废弃物资源化利用的主要方式是经粉碎、筛分等处理后进行有氧堆肥发酵，形成植物废弃物堆肥产品。经检测符合相关技术标准的，可以用于绿化种植后的表土覆盖，土壤改良基质，盆栽、花坛、屋顶绿化等栽培基质，以及扦插或者育苗基质等。

4.2 城市垃圾填埋场调查评价

城市的快速扩张使得包括生活垃圾在内的城市垃圾数量急剧增加，垃圾填埋一度成为城市垃圾处理的主要方式。早前建设的垃圾填埋场，特别是一些简易垃圾填埋场和非正规垃圾填埋场，其建设和运行维护与现行技术标准规范存在较大的差异，存在各种不规范行为，如无序倾倒、超负荷填埋、超期服役、缺乏防渗系统、无覆盖裸露堆存、渗沥液污染周边环境等现象。因此，近年来对垃圾填埋场进行生态修复以及生态园林建设成为许多城市不得不面临的一项重要工作。

4.2.1 基础资料收集

基础资料收集的目的是了解垃圾填埋场建设的背景，初步掌握垃圾填埋场总体情况以及周边环境特征等信息。通过整理和分析基础资料，为进一步制订现场调查方案奠定基础。具体包括：

①建设和运行信息：如垃圾填埋场的建设时间、填埋规模、垃圾来源、垃圾种类、处置方式和场地现状等。

②所在地区相关信息：如所在地区的人口、附近居民与企业分布情况、垃圾产量、垃圾处理情况以及垃圾处理相关政策和规划等。

③周边环境条件信息：如气候条件、所在区域的水文地质和环境地质条件情况等。

④进行初步现场勘察：利用手持GPS测量填埋场的位置及边界的经纬度坐标，通过坐标初步估算垃圾填埋场的面积；初步查明所在区域地层条件、第一层地下水埋藏深度，以及该深度（一般不小于场内钻孔的深度）范围内地层分布条件。

4.2.2　土壤质量调查

4.2.2.1　样点设置

（1）布点方法

样点设置要求能够尽可能全面、准确地代表并反映垃圾填埋场土壤质量的实际情况，揭示土壤的理化特性、环境污染程度及其空间污染分布特征。结合前期收集的基础资料以及现场初步勘察情况，同时参考《绿化种植土壤》（CJ/T 340—2016），样点设置可按以下两种方式进行。

①根据覆土层来源进行设置：布点时根据垃圾填埋场覆土层的土壤来源进行分区，每个分区内每3 000 m^2布设1个采样点，不足3 000 m^2按1个采样点计；对于覆土来源较为一致的垃圾填埋场，可以降低采样密度；对于覆土来源不明确的垃圾填埋场，可以采用系统网络布点，并加大采样密度。

②根据植被类型进行设置：根据植被类型的不同，每种植被类型至少设置3个采样点；植被类型较单一的可适当减少采样点，植被类型复杂的可加大采样密度。

（2）样品采集

样品采集根据垃圾填埋场覆盖土层厚度分层进行。一般分为3层进行采样，分别是表层土（0～20 cm）、中层土（20～40 cm）、底层土（40 cm以下）；覆土层不足40 cm时，则只采2层。

4.2.2.2　检测和评价指标

检测指标的设定可以参考《绿化种植土壤》（CJ/T 340—2016）中要求的主控指标、肥力指标、障碍因子及环境质量指标，同时还可以根据垃圾填埋场的特殊性，增加其他指标的检测。

①物理指标：土壤容重、质地、非毛管孔隙度、总孔隙度、含水量、土壤入渗率及土壤持水量等。

②化学指标：土壤pH值、电导率、有机质、水解性氮、有效磷、速效钾、阳离子交换量等。

③环境指标：土壤总镉、总汞、总铅、总铬、总砷、总镍、总铜、总锌、有机污染物等。

④生物指标：发芽指数。

4.2.3　土壤资源调查

通过剖面调查垃圾填埋场覆土层厚度，同时实测垃圾填埋场面积，对垃圾填埋场的土壤资源进行调查评估。

4.2.4　结果评价

4.2.4.1　符合垃圾填埋场稳定运行的管理要求

对垃圾填埋场进行生态园林建设，首先要符合《生活垃圾填埋场稳定化场地利用技术要求》（GB/T 25179—2010）规定。该标准对封场后垃圾填埋场的利用，从利用范围、封场年限、填埋物有机质含量、堆体沉降等方面都提出了具体的指标要求。其中，垃圾填埋场作为草地、农地和林地等低度利用时，封场年限不低于3 a，填埋物有机质含量小于20%，堆体中填埋气不能影响植物生长、甲烷浓度不大于5%，堆体沉降可以大于35 cm/a；作为公园等中度利用时，封场年限不低于5 a，填埋物有机质含量小于16%，堆体中填埋气甲烷浓度为1% ～5%，堆体沉降为10～30 cm/a。

4.2.4.2　符合园林绿化相关建设标准要求

根据垃圾填埋场调查和指标检测数据，对不同分区场地土壤进行综合评价并进行分类，形成垃圾填埋场覆土层土壤质量分布图。根据覆土层厚度和面积估算每个分区的土壤量，获得垃圾填埋场内可利用土壤的资源数据。

此外，垃圾填埋场封覆土层土壤还应满足《园林绿化工程施工及验收规范》（CJJ 82—2012）中的土层厚度要求（表4-1），以及《绿化种植土壤》（CJ/T 340—2016）中的土壤主控指标、肥力指标、障碍因子以及环境质量等技术要求。当垃圾填埋场覆土层不符合相关标准技术要求时，应该首先对垃圾填埋场覆土层进行修复和改良（原位改良或客土改良）。

表4-1　绿化种植土层厚度

植被类型		土层厚度/cm
乔木	胸径≥20cm	≥180
	胸径＜20cm	≥150（深根）
		≥100（浅根）
灌木	大、中灌木，大藤本	≥90
	小灌木、宿根花卉、小藤本	≥40
棕榈类		≥90
竹类	大径	≥80
	中、小径	≥50
草坪、花卉、草本地被		≥30

4.3 城市滨海盐碱地调查评价

我国大陆长达18 000 km的海岸线上分布着100多个城市，城市滨海盐碱地资源非常丰富。滨海盐碱地是在海洋和陆地的相互作用下，由大量泥沙沉积而形成的连接陆地和海洋的缓冲地带，地貌以平原、河口三角洲和滩涂为主，绝大多数属泥质海岸带，土壤类型主要为滨海盐土类、潮土类和水稻土类。

随着城市建设过程中人口增长与城市用地矛盾的日益突出，沿海经济发达地区土地资源越来越紧缺，滨海盐碱地作为一种重要的土地后备资源，在对其保护的基础上进行开发利用已经成为缓解城市土地资源紧缺的重要途径之一。滨海盐碱地具有土壤含盐量高、碱度大、物理结构差、养分缺乏等特点，这些苛刻的土壤条件严重制约着生态园林的建设和滨海盐碱地的有效利用。

4.3.1　基础资料收集

根据盐碱地利用规划和定位，结合调查评价的目的，查阅和搜集整理相关基础资料，主要包括地形地貌、水文、气象、土地利用等相关情况，初步了解盐碱地区域内土壤的自然环境状况。

（1）地形地貌情况

利用GPS及其他测量设备测定项目区不同点位的高程数值，获取项目区域的形状、面积、分布等基本信息，绘制区域数字高程模型，得到盐碱地高程及坡度数据。

（2）水文情况

查阅和调查项目区域内及其周边区域的地表水、地下水相关资料，包括：地表水的流量、流向、水位及其季节性变化，地下水的潜水埋深、临界深度及其流量、流向、水位、补给和排泄，以及不透水层埋深、厚度等。

（3）气象资料

查阅项目区域内以及周边区域历年的气象资料，包括降水量、蒸发量、气温等。

（4）土地利用情况

收集项目区域内的土地利用资料，明确其利用方式的历史变化。实地勘察确定当前土地利用方式，初步了

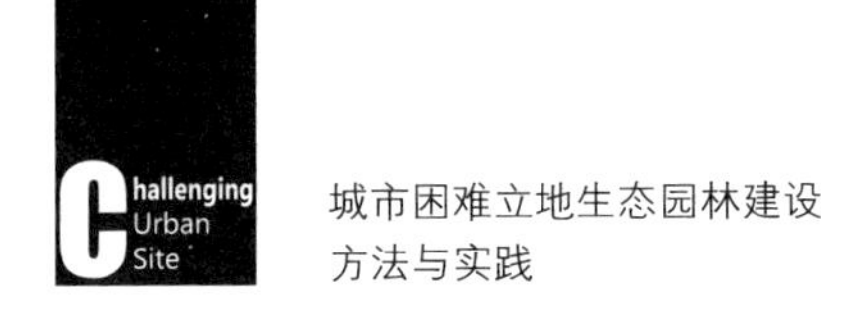

解土壤盐碱类型、植被类型以及指示植物种类等信息。

4.3.2　土壤质量调查

4.3.2.1　样点设置

（1）布点原则

盐碱地样点布设应遵循优先性、代表性和均匀性的原则。优先性原则是指首先选择对土壤盐碱性影响较大的较高地下水位区域进行布点，并将此区域作为重点区域进行布点；代表性原则是指在每个土壤盐渍化程度相对一致的调查区域单元内至少设置1个调查采样点，一般要求其具备土壤发育条件稳定、未受侵蚀和崩塌影响等代表性特征；均匀性原则是指同一调查区域单元内，应按一定的面积比例设置调查采样点。

（2）布点方法

具体布点方法可以根据实际需要选择网格布点法或随机布点法。网格布点法是将调查区域划分成若干均匀的正方形网状方格，将采样点设在两条直线的交点处或方格中心。随机布点法又可以分为系统随机布点法和分块随机布点法两种方式，在土壤盐渍化程度相对一致的情况下，可以选择系统随机布点法；在调查区域内土壤盐渍化差异明显的情况下可以进行分块随机布点，将调查区域分成若干单元，在每个单元内再进行随机布点。

（3）布点密度

布点数量应该根据盐碱地调查目的、任务和要求等因素综合确定，一般布设密度是5 ～10 hm^2设置1个采样点。在实际工作中，采样密度和采样数量可以根据项目区域面积、地形变化、土壤盐渍化变异程度、土壤利用方式以及地下水等实地情况进行相应的调整。

4.3.2.2　检测和评价指标

参考《绿化种植土壤》（CJ/T 340—2016）标准中的土壤主控指标、肥力指标、障碍因子以及环境质量要求，同时结合盐碱地特殊的地理条件和特征，进行检测和评价指标设置。

①土壤物理指标：容重、质地、非毛管孔隙度、总孔隙度、田间持水量、土壤入渗率及土壤持水量等指标。

②土壤化学指标：pH值、电导率、有机质、水解性氮、有效磷、速效钾、阳离子交换量等。

③土壤盐分相关指标：全盐量及其组成成分（Mg^{2+}、Ca^{2+}、K^+、Na^+、SO_4^{2-}、CO_3^{2-}、HCO^{3-}、Cl^-）、土壤碱化度。

④土壤环境指标：总镉、总汞、总铅、总铬、总砷、总镍、总铜、总锌等。

4.3.3　植物资源调查

在基础资料收集的基础上，设置现场植物资源调查路线。根据调查区域内植物分布现状，选择典型植被群落，设置10 m×10 m的样方。记录植物种类、数量、优势树种、耐盐碱植物分类及分布情况。

对盐碱地植物耐盐情况进行分析判定时，需要用土钻钻取植物根系主要分布范围内的土壤，用电导法测定不同土层的土壤含盐量，将平均值作为该植物所生长土壤环境的含盐量。

植物的耐盐程度一般分为四级：Ⅰ级为特耐盐植物，能够在含盐量超过0.6%的土壤中正常生长；Ⅱ级为强耐盐植物，能够在含盐量为0.4%～0.6%的土壤中正常生长；Ⅲ级为中度耐盐植物，能够在含盐量为0.2%～0.4%的土壤中正常生长；Ⅳ级为轻度耐盐植物，能够在含盐量为0.1%～0.2%的土壤中正常生长。

4.3.4　地下水调查

对滨海盐碱地进行地下水调查，其检测指标主要包括：pH值、电导率、地下水位、矿化度、临界深度、全盐量及其组成成分（Mg^{2+}、Ca^{2+}、K^{+}、Na^{+}、SO_4^{2-}、CO_3^{2-}、HCO^{3-}、Cl^{-}）等。

4.3.5　结果评价

滨海盐碱地的评价可以参考《土壤环境质量　建设用地土壤污染风险管控标准（试行）》（GB 36600—2018），以及《绿化种植土壤》（CJ/T 340—2016）中的有关规定和要求。

与其他类型的城市困难立地不同，滨海盐碱地通常存在以下四个方面的显著障碍因子，在立地条件评价中需要给予特别的关注。①土壤物理障碍因子，主要是指盐碱地土壤一般容重大、通气性差、持水能力弱、毛细作用强、团粒结构差。②土壤化学障碍因子，主要是指盐碱地土壤含盐量高、碱度大，具有高盐渗透胁迫特征。③土壤养分障碍因子，主要是指盐碱地土壤养分含量低，尤其是土壤中的有机质含量通常非常低。④水分障碍因子，主要是指土壤中盐分运行受到水分运行的支配，具有“盐随水来，盐随水去；盐随水来，水散盐留”的特点。事实上，这些障碍因子也是在土壤改良过程中需要特别关注的要素。

参考文献

单奇华，张建锋，阮伟建，等．滨海盐碱地土壤质量指标对生态改良的响应[J]．生态学报，2011，31(20)：6072-6079.

何音韵．浅谈土壤环境监测的质量保证和质量控制措施[J]．广东化工，2017，44(16)：185-186.

胡骏嵩．老生活垃圾填埋场污染调查评价及开采利用技术方案研究[D]．武汉：华中科技大学，2013.

郎志正．质量管理及其技术和方法[M]．北京：中国标准出版社，2003.

李玲，王璥军，唐跃刚．封场非正规垃圾填埋场的场地调查浅析[J]．环境卫生工程，2014，22(2)：59-61.

刘洪超，李远飞，李宽宽．污染场地土壤初步调查布点及采样方法探讨[J]．中国金属通报，2019(3)：257-258.

莫蓁蓁，黄道建．生活垃圾填埋场的场地调查方案要点探讨与研究[J]．广州化工，2015，43(11)：161-162，189.

卿艳彬，李扬，蒋飞军，等．污染场地环境地质调查潜力分析及方法探讨[J]．环境与发展，2018，30(10)：254，256.

史壮．场地环境评价中污染和风险评价方法的研究[D]．大连：大连理工大学，2013.

张兴．天津滨海盐碱地地区土壤现状调查及绿化对策：以万科东丽湖度假区为例[J]．天津农业科学，2017，23(4)：108-112.

中华人民共和国国家质量监督检验检疫总局，中国国家标准化管理委员会．生活垃圾填埋场稳定化场地利用技术要求：GB/T

25179—2010[S]．北京：中国标准出版社，2010.

中华人民共和国国家质量监督检验检疫总局，中国国家标准化管理委员会．土壤环境质量 建设用地土壤污染风险管控标准(试行)：GB 36600—2018[S]．北京：中国标准出版社，2018.

中华人民共和国国土资源部．暗管改良盐碱地技术规程 第1部分：土壤调查：TD/T 1043.1—2013[S]．北京：中国标准出版社，2013.

中华人民共和国住房和城乡建设部．绿化种植土壤：CJ/T 340—2016[S]．北京：中国标准出版社，2016.

中华人民共和国住房和城乡建设部．园林绿化工程施工及验收规范：CJJ 82—2012[S]．北京：中国建筑工业出版社，2012.

LI G Y，GAO G X，YIN Z D. Summary on the domestic and foreign dynamic research of protection forest system structure benefit[J]．Research of Soil and Water Conservation，1995，2(2)：70-78.

第5章

城市困难立地生态园林建设适生植物与配置

植物资源是生态园林建设的主体和关键要素，而城市困难立地因受不良土壤理化性质、水分状况和污染状况等众多障碍因子的限制，所以植物的正常生长发育受到严重影响。因此，适生植物的筛选对于城市困难立地生态园林建设的重要性是不言而喻的。同时，植物群体的合理配置也是城市困难立地生态园林建设生态效益和景观效果最大化的重要途径和重要保障。

考虑到城市搬迁地、受损湿地、盐碱地和垃圾填埋场是城市中比较典型也是比较常见的困难立地类型，本章重点讨论了这三种类型困难立地生态园林建设的植物筛选与配置的技术问题。

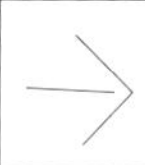

5.1 城市搬迁地生态园林建设植物筛选与配置

对城市搬迁地再开发进行生态园林建设，所面临的主要问题是解决不同程度的土壤污染问题。对于污染严重、不能满足《土壤环境质量 建设用地土壤污染风险管控标准（试行）》（GB 36600—2018）的城市搬迁地，应首先进行土壤修复。对于污染较轻以及经过土壤修复达到上述标准要求的城市搬迁地，也有必要选择具有土壤修复能力的植物，以进一步提高土壤质量。因此，基于城市搬迁地的生态园林建设，重点是筛选具有土壤修复功能的植物，并对其进行合理配置。

5.1.1 修复植物的筛选

城市搬迁地最主要的立地条件特点是存在不同程度的土壤重金属污染和有机污染。因此，对修复植物的要求是首先具备较强的修复功能，即具备对重金属和有机污染物的植物吸附、植物富集、植物挥发和植物降解等修复能力。需要注意的是，虽然国内外报道了很多具有重金属积累功能的植物，并且它们还具有抗性强、富集浓度高的特点，但大多数植物适生范围较窄、根系扩展深度和生长量都较小，整体上植物个体吸收和富集重金属的总量有限，影响了这些植物的应用。因此，植物的选择还要结合植物生物量、生长势以及生态园林建设的目标，进行综合考虑。

对于重金属污染，常见修复植物见表5-1；对于有机污染物，常见修复植物见表5-2。另外，考虑到城市搬迁地一般土壤养分不足、较为贫瘠，因此具有固氮能力的耐贫瘠植物也是经常应用的植物种类（表5-3）。

表5-1　土壤重金属污染修复植物

重金属元素	修复植物
镉	印度芥菜、油菜、向日葵、西洋樱草、紫花苜蓿、香樟、雪松、构树、朴树、石榴、紫叶李、女贞、圆柏、樱花、杨树、广玉兰、白玉兰、紫薇
铬	狗牙根、牛筋草、藜、灰绿藜、刺苋、杨树、榉树、二球悬铃木、广玉兰、香樟、圆柏、雪松、桂花、丁香、紫薇、女贞、樱花、木瓜、朴树、白玉兰、榆树、龙柏、紫叶李、构树、石榴、桑树
铜	鸭跖草、高山甘薯、印度芥菜、圆柏、龙柏、雪松、香樟、女贞、桂花、丁香、杨树、二球悬铃木、白玉兰、榉树、榆树、朴树、广玉兰、紫叶李、构树、石榴、紫薇、桑树、樱花、木瓜
锌	菥蓂、油菜、西洋樱草、圆柏、龙柏、桂花、二球悬铃木、白玉兰、榉树、朴树、香樟、广玉兰、女贞、紫叶李、构树、丁香、石榴、朴树、紫薇、桑树、樱花、木瓜、雪松、榆树、杨树
砷	蜈蚣草、大叶井口边草、圆柏、雪松、龙柏、杨树、二球悬铃木、白玉兰、榉树、构树、榆树、广玉兰、樱花、女贞、紫叶李、丁香、石榴、紫薇、桑树、木瓜、桂花
汞	棕榈、圆柏、大叶黄杨、夹竹桃
镍	西洋樱草、印度芥菜、油菜
铅	印度芥菜、向日葵、西洋樱草、油菜、杨树、二球悬铃木、朴树、香樟、圆柏、龙柏、雪松、桂花、丁香、紫薇、女贞、桑树、樱花、木瓜、广玉兰、白玉兰、榉树、榆树、紫叶李、石榴、构树
硒	印度芥菜
铯	印度芥菜、甘蓝
锶	三叶草

表5-2　土壤有机污染物修复植物

有机污染物	修复植物
多环芳烃（PAHs）	凤眼蓝、黑麦草、高羊茅、美人蕉、苜蓿、蓝茎草
多硝基芳香化合物（TNT）	曼陀罗、龙葵
四氯乙烯（PCE）	松树、杨树、柳树
有机氯农药（DDT）	柳树、凤眼蓝、黑麦草、高羊茅、草地早熟禾、鹦鹉毛、浮萍、伊乐藻、美人蕉、水稻
五氯苯酚（PCP）	柳树、凤眼蓝、冰草
单环芳香化合物（BTEX）	杨树、柳树、水稻
莠去津	松树、柳树、凤眼蓝、黑麦草、美人蕉、水稻
甲基叔丁基醚（MTBE）	杨树、柳树
有机磷农药	杨树、柳树、凤眼蓝、美人蕉、水稻

表5-3　具有共生菌的耐贫瘠植物

共生菌类	主要科属
根瘤菌	刺槐属、合欢属、紫穗槐属、锦鸡儿属、金合欢属、胡枝子属、大豆属、豌豆属、菜豆属、苜蓿属等
弗兰克氏菌	杨梅属、沙棘属、胡颓子属、赤杨属、马桑属、木麻黄属等
蓝藻类	苏铁属等

5.1.2 复合污染修复的植物群落配置

对于受重金属污染的城市搬迁地，植物修复群落配置模式可以选择重金属修复植物，如杨树、紫叶李、苦苣菜、荆芥、女贞、夹竹桃等适应性较强的物种进行单一型和复合型配置。需要注意的是，生态园林建设往往需要采用群落优化配置技术，在乔木层、灌木层和草本层等不同空间层次上形成紧密的立体空间复层结构，在提高植被覆盖率的同时，丰富生物多样性，提高土地与植物资源利用价值。表5-4和图5-1显示了铜、锌复合污染城市搬迁地的植物群落配置模式。

表5-4 铜、锌复合污染城市搬迁地植物群落配置模式

建群树种类型	适生性	功能性	景观性
骨干树种	香樟、紫叶李、柳树、榉树	雪松、榆树、杨树	石榴、紫薇、樱花
灌木	女贞、大叶黄杨、瓜子黄杨	金丝桃	夹竹桃、火棘
地被植物	芒草、乌蔹莓、芦苇、龙葵	白茅、苦苣菜、狗尾巴草、商陆、荆芥	白花三叶草、大吴风草、石蒜、萱草

(a) (b) (c) (d)

图5-1 铜、锌复合污染城市搬迁地的植物群落配置效果

5.2 城市垃圾填埋场生态园林建设植物筛选与配置

5.2.1 适生植物的筛选

垃圾填埋是目前国内外较为普遍的城市垃圾处理方式之一，其立地条件的主要特点是封场土壤厚度薄、土壤结构差、养分含量低、保水性较差，并且具有二次污染的可能。因此，针对垃圾填埋场进行适生植物的筛选，应该主要考虑具备较强适应性的植物，同时兼顾观赏性、芳香性以及一定的污染修复能力。

由于大部分垃圾填埋场封场区域的土层厚度低于60 cm，这一方面使得植物根系无法深入；另一方面也存在根系穿透封场膜造成密封垃圾泄漏的风险，严重制约了乔木树种尤其是深根性树种的应用。表5-5筛选了华东地区垃圾填埋场封场不同土层厚度适生的植物种类。

表5-5　长三角地区垃圾填埋场适生植物种类

种植土层厚度/cm	序号	树种种类	学名	种植土层厚度/cm	序号	树种种类	学名
120~150	1	香樟	*Cinnamomum camphora*	60~120	1	旱柳	*Salix matsudana*
	2	栾树	*Koelreuteria paniculata*		2	女贞	*Ligustrum lucidum*
	3	榉树	*Zelkova serrata*		3	乌桕	*Triadica sebifera*
	4	水杉	*Metasequoia glyptostroboides*		4	构树	*Broussonetia papyrifera*
	5	雪松	*Cedrus deodara*		5	二球悬铃木	*Platanus hispanica*
	6	圆柏	*Juniperus chinensis*		6	臭椿	*Ailanthus altissima*
	7	落羽杉	*Taxodium distichum*		7	合欢	*Albizia julibrissin*
	8	朴树	*Celtis sinensis*		8	棕榈	*Trachycarpus fortunei*
	9	无患子	*Sapindus saponaria*		9	龙柏	*Juniperus chinensis* 'Kaizuca'
	10	金叶皂荚	*Gleditsia triacaanthos* 'sunburst'		10	紫薇	*Lagerstroemia indica*
	11	加杨	*Populus* × *canadensis*		11	紫叶李	*Prunus cerasifera* f. *atropurpurea*
	12	墨西哥落羽杉	*Taxodium mucronatum*		12	刚竹	*Phyllostachys sulphurea* var. *viridis*
	13	弗吉尼亚栎	*Quercus virginiana*		13	紫荆	*Cercis chinensis*
	14	苦楝	*Melia azedarach*		14	紫丁香	*Syringa oblata*
	15	梓	*Catalpa ovata*		15	桑树	*Morus alba*
	16	棕榈	*Trachycarpus fortunei*		16	圆柏	*Juniperus chinensis*

续表

种植土层厚度/cm	序号	树种种类	学名	种植土层厚度/cm	序号	树种种类	学名
30~60	1	花叶胡颓子	*Elaeagnus pungens* var. *variegata*	30~60	20	柽柳	*Tamarix chinensis*
	2	海桐	*Pittosporum tobira*		21	绣线菊	*Spiraea salicifolia*
	3	夹竹桃	*Nerium oleander*		22	木犀	*Osmanthus fragrans*
	4	石榴	*Punica granatum*		23	溲疏	*Deutzia scabra*
	5	伞房决明	*Senna corymbosa*		24	香桃木	*Myrtus communis*
	6	日本黄杨	*Buxus microphylla*		25	黄金条	*Forsythia viridissima*
	7	大花六道木	*Abelia* × *grandiflora*		26	木芙蓉	*Hibiscus mutabilis*
	8	金森女贞	*Ligustrum japonicum* var. *Howardii*		27	胡枝子	*Lespedeza bicolor*
	9	八角金盘	*Fatsia japonica*		28	细叶水团花	*Adina rubella*
	10	金丝桃	*Hypericum monogynum*		29	珊瑚树	*Viburnum odoratissimum*
	11	木槿	*Hibiscus syriacus*		30	贴梗海棠	*Chaenomeles speciosa*
	12	火棘	*Pyracantha fortuneana*		31	丰花月季	*Rosa hybrida*
	13	紫花海棠	*Malus* 'Purple'		32	大花秋葵	*Abelmoschus esculentus*
	14	海州常山	*Clerodendrum trichotomum*		33	海滨木槿	*Hibiscus hamabo*
	15	醉鱼草	*Buddleja lindleyana*		34	红叶石楠	*Photinia* × *fraseri*
	16	金钟连翘	*Forsythia suspensa*		35	扶芳藤	*Euonymus fortunei*
	17	黄馨	*Jasminum mesnyi*		36	锦带花	*Weigela florida*
	18	南天竹	*Nandina domestica*		37	蚊母树	*Distylium racemosum*
	19	日本小檗	*Berberis thunbergii*				

此外，由于乡土植物对当地的气候、土壤条件有较强的适应性，因此也是垃圾填埋场封场进行生态园林建设的重要植物种类（表5-6）。

表5-6　长三角地区垃圾填埋场适生的乡土植物

乔木	灌木
香樟、圆柏、女贞、乌桕、水杉、构树、苦楝、栾树、合欢、榉树、紫薇、臭椿、梓、无患子、圆柏、雪松、朴树、龙柏、紫丁香、桑树	海桐、火棘、刚竹、紫叶李、日本黄杨、木芙蓉、大叶黄杨、柽柳、醉鱼草、溲疏、香桃木、伞房决明、绣线菊、夹竹桃、胡枝子、金钟连翘、海州常山、细叶水团花、木槿、南天竹、大花秋葵、锦带花、金丝桃、珊瑚树、石榴、日本小檗、贴梗海棠、桂花、黄馨、紫荆、黄金条、八角金盘

5.2.2　近自然植物配置模式

上海老港垃圾填埋场是亚洲最大的垃圾填埋场，其生态园林建设的目标是开放式郊野公园。经过多年探索和对植物配置模式的研究，目前已经形成了近自然植物群落配置模式（图5-2、图5-3）。该配置模式为乔灌草复层混交结构，应用适生乔木12种、灌木14种。乔木层为墨西哥落羽杉+弗吉尼亚栎+香樟+栾树+二球悬铃木+女贞+朴树+棕榈+龙柏+落羽杉+梓+皂荚，灌木层为大花秋葵+海滨木槿+花叶夹竹桃+蚊母+紫花海棠+木芙蓉+丰花月季+伞房决明+海桐+红花柽柳+石榴+金森女贞+大花醉鱼草+红叶石楠，草本层为鸢尾+扶芳藤。

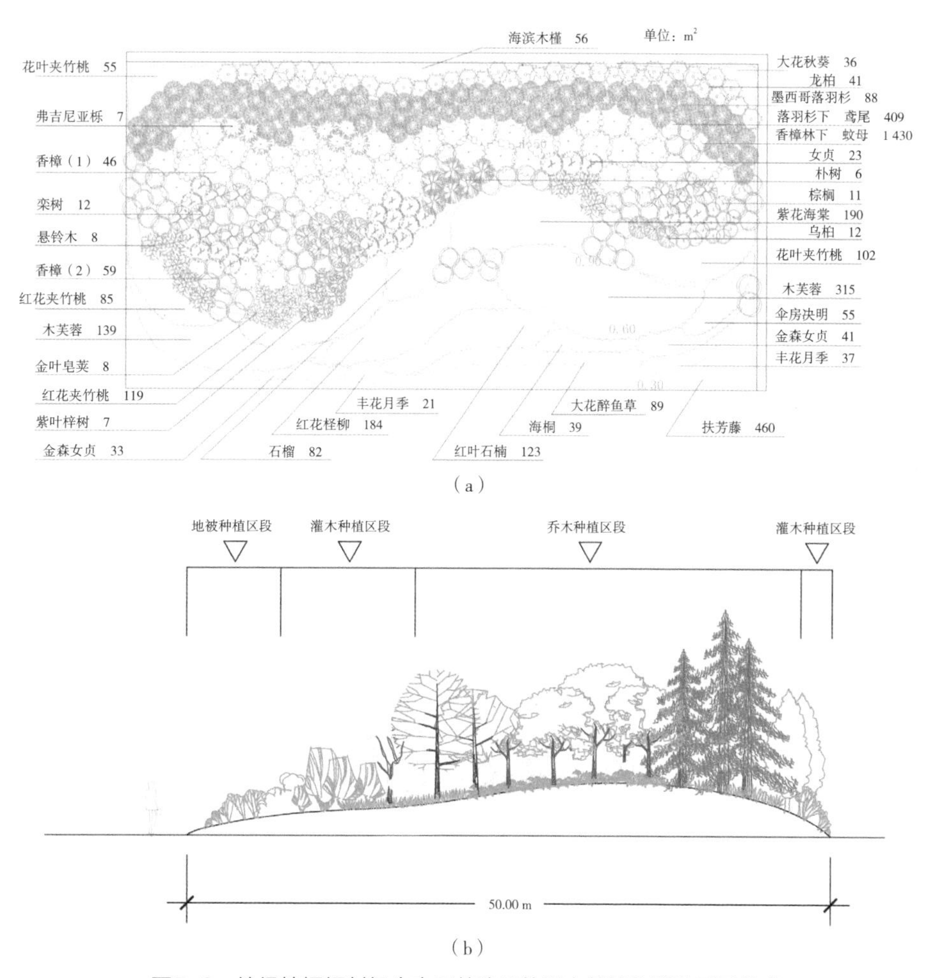

（a）

（b）

图5-2　垃圾填埋场封场生态园林建设的近自然植物群落配置模式

（a）　　（b）

图5-3　垃圾填埋场封场生态园林建设的近自然植物配置实景图

5.3

城市滨海盐碱地生态园林建设适生植物筛选与配置

我国东部海岸线绵延漫长，多年来的自然淤涨和人工筑堤围海吹填形成了大面积的滨海滩涂盐碱地，而且还在逐年扩展。这些区域成为长三角、珠三角等沿海经济发达地区城市土地扩张的重要来源。因此，对滨海盐碱地进行生态修复和生态园林建设的需求也与日俱增。

5.3.1　耐盐植物的筛选

城市滨海盐碱地最大特点是土壤含盐量高，平均含盐量大多为2‰～5‰，盐分组成通常以氯化钠为主。因此，开展滨海盐碱地生态修复和生态园林建设的基础首先是适生耐盐植物的筛选。

植物的耐盐能力是由多基因控制的复合遗传性状，单一指标往往难以反映植物对盐分的适应能力，应用多种参数进行综合评价才能较好地反映植物的耐盐特性。但是，过多的指标又会在实际生产中带来很多困难。目前，一般主要通过植物的存活率、生长量、叶绿素含量和胁迫症状严重程度，综合评价植物的耐盐能力。

以长三角城市滨海盐碱地耐盐植物筛选为例。针对长三角地区滨海城镇园林绿化面临盐渍土面积大、盐度高、适生植物种类少、绿化效果差、养护成本高、生态系统不稳定等突出问题，根据表5-7设定的筛选标准，采用盐池、原土盆栽和滩涂地栽等试验方法，筛选确定了具备不同耐盐能力的132种绿化植物（表5-8）。

表5-7　植物耐盐等级划分标准

等级划分	土壤含盐量/‰	存活率/%	表观和生理状况
Ⅰ	≥5	≥60	生长正常、胁迫轻、叶绿素含量高
Ⅱ	≥5	0～<60	长势弱、胁迫明显、叶绿素含量低
	3～<5	≥60	生长正常、胁迫轻、叶绿素含量高
Ⅲ	3～<5	0～<60	长势弱、胁迫明显、叶绿素含量低
	1～<3	≥60	生长正常、胁迫轻、叶绿素含量高
Ⅳ	1～<3	0～<60	长势弱、胁迫明显、叶绿素含量低
	<1	≥60	生长正常、胁迫轻、叶绿素含量高

表5-8 长三角地区不同耐盐能力的滨海盐碱地适生植物

耐盐能力（土壤含盐量）	植物种类
Ⅰ级（土壤含盐量≥5‰）	海滨木槿、七叶树、龙柏、木麻黄、蜀桧、油松、柽柳、沼泽小叶桦、石榴、夹竹桃、海桐、绒毛白蜡、爬地柏
Ⅱ级（3‰＜土壤含盐量≤5‰）	花叶胡颓子、丝棉木、麻栎、短枝红石榴、伞房决明、杠柳、大花六道木、金叶女贞、雪松、大叶香樟、火棘、紫花海棠、垂柳、紫薇、彩叶杞柳、蓝刺柏、蓝冰柏、单叶蔓荆、加拿大红叶紫荆、速生柏、水松、紫穗槐、迷迭香、滨柃、拐枣、金叶国槐、构树、四翅槐、刺槐、大花秋葵、小叶女贞、密实卫矛、金叶莸、花叶锦带、栾树
Ⅲ级（1‰＜土壤含盐量≤3‰）	金叶接骨木、加拿大紫荆、紫花醉鱼草、黄果火棘、欧洲椴、朴树、合欢、连翘、月季、四季桂、紫叶李、金山绣线菊、重阳木、紫荆、木荷、北美枫香、小香蒲、花叶芦竹、黄菖蒲、百子莲、千屈菜、日本小檗、慈孝竹、舟山新木姜子、扁担杆、喜树、麦冬、女贞、黑胡桃、金丝垂柳、日本黄杨、木槿、小花毛核木、金叶杨、红叶杨、矮生紫薇、贴梗海棠、木犀、无患子、石楠、桃、金边黄杨、弗吉尼亚栎、金钟连翘、园艺木槿、椤木石楠、北美落羽杉、洒金柏、水葱、德国景天、火炬花、水生美人蕉、萱草、梓、再力花、矮生沿阶草、泽泻、水果兰、香椿、大叶黄杨、金合欢、蔓生紫薇
Ⅳ级（土壤含盐量≤1‰）	金叶风箱果、多花木蓝、分药花、豪猪刺、单性木兰、佛甲草、蜡梅、枫香树、珊瑚树、茶条槭、枇杷、染料木、地中海荚蒾、红花绣线菊、红花檵木、结香、鹅掌楸、复叶槭、红果金丝桃、西藏柏木、四季杨、溲疏

5.3.2 林带建设植物配置

城市滨海盐碱地生态园林建设的植物配置，应考虑成陆时间先后、盐碱程度趋势、海岸风向以及生态修复和生态园林建设总体要求。

此处以上海市浦东新区曹路镇沿海滩涂林带建设植物配置模式为例进行介绍。这一区域属于海边荒地，此处地势平坦、风大、土壤盐碱度高、原生植被简单。林带建设配置方式为南北向带状配置，与海岸线平行。

5.3.2.1 透风结构林带模式

采用乔+灌复层结构，乔木群落类型较单一，总体以灌木植物为主。配置2行乔木，行间距14 m，行间配置4～6行灌木、地被、草本植物。乔木层为乌桕+梓+七叶树+无患子+臭椿+重阳木+马褂木+合欢，灌木层为绣线菊+多花木兰+溲疏+海滨木槿+大花秋葵+金钟连翘+紫薇+锦带花+金叶风箱果+蔷薇+垂丝海棠+海州常山+蜡梅+醉鱼草（图5-4）。

5.3.2.2 疏透结构林带模式

采用乔+灌复层结构，且乔、灌植物应用比例接近，乔木群落类型较丰富，配置5行乔木，行距7 m，行间配置4行灌木，行距1.4 m。乔木层为乌桕+栾树，香樟+女贞，梓+七叶树+合欢，梓+广玉兰+蜀桧，重阳木+马褂木+无患子+臭椿。灌木层为多花木兰+速铺扶芳藤+绣线菊+锦带+蜡梅，紫薇+喷雪花+多花木兰+溲疏+大花秋葵，伞房决明+醉鱼草+香桃木+海滨木槿+迎春+海州常山，蔷薇+夹竹桃+蜡梅+木芙蓉+金叶连翘+垂丝海棠（图5-5）。

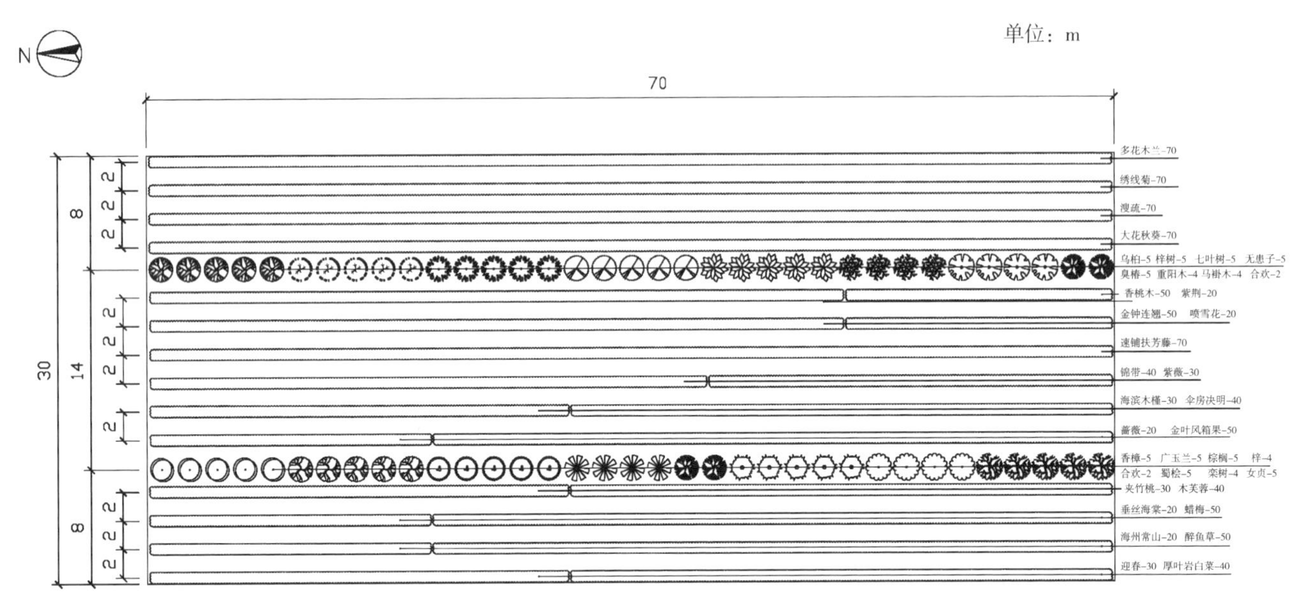

图5-4　透风结构林带模式示意图

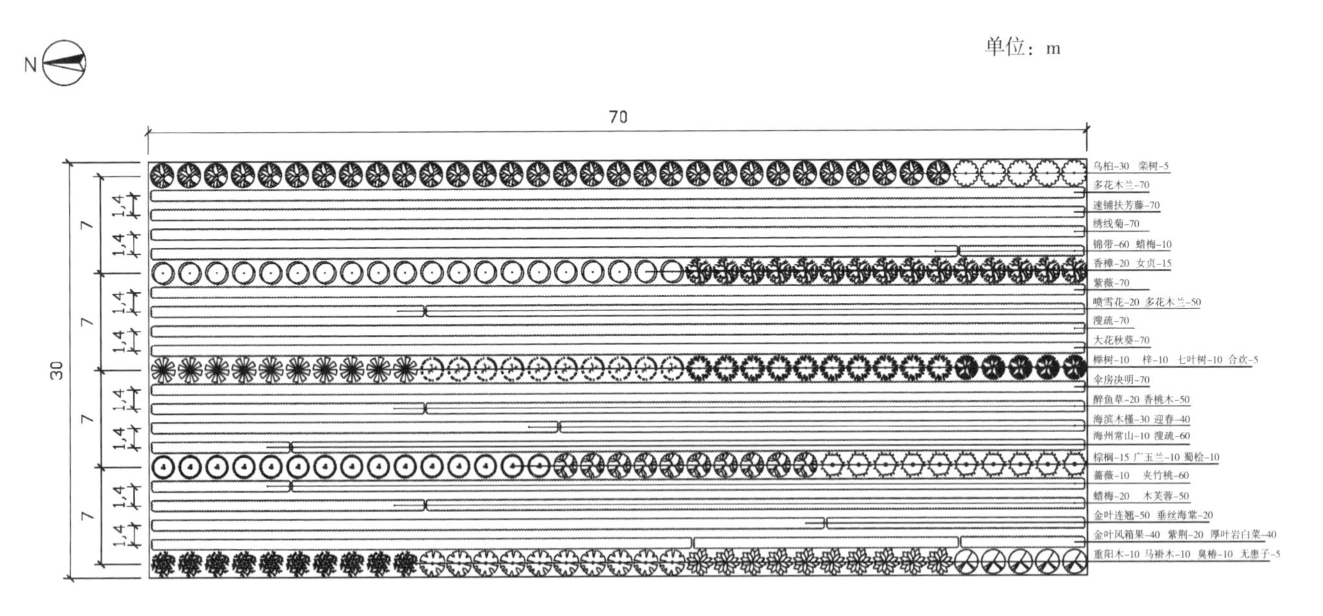

图5-5　疏透结构林带模式示意图

5.3.2.3　紧密结构林带模式

采用乔+灌+草复层结构，乔木应用比例较高，配置9行乔木，行距3.5 m，行间配置2行灌木、地被和草本，行距1 m。群落主要为乌桕—多花木兰—扶芳藤，香樟—锦带+蜡梅—绣线菊，乌桕—紫薇—多花木兰+喷雪花，女贞+棕榈+广玉兰—溲疏+大花秋葵，乌桕—伞房决明—醉鱼草+香桃木，栾树+七叶树+合欢—海滨木槿+迎春—海州常山，梓+蜀桧—蔷薇+夹竹桃+蜡梅+木芙蓉，重阳木+马褂木+臭椿—金叶连翘+垂丝海棠+金叶风箱果+紫荆（图5–6）。

滨海盐碱地造林植物配置实景见图5–7。

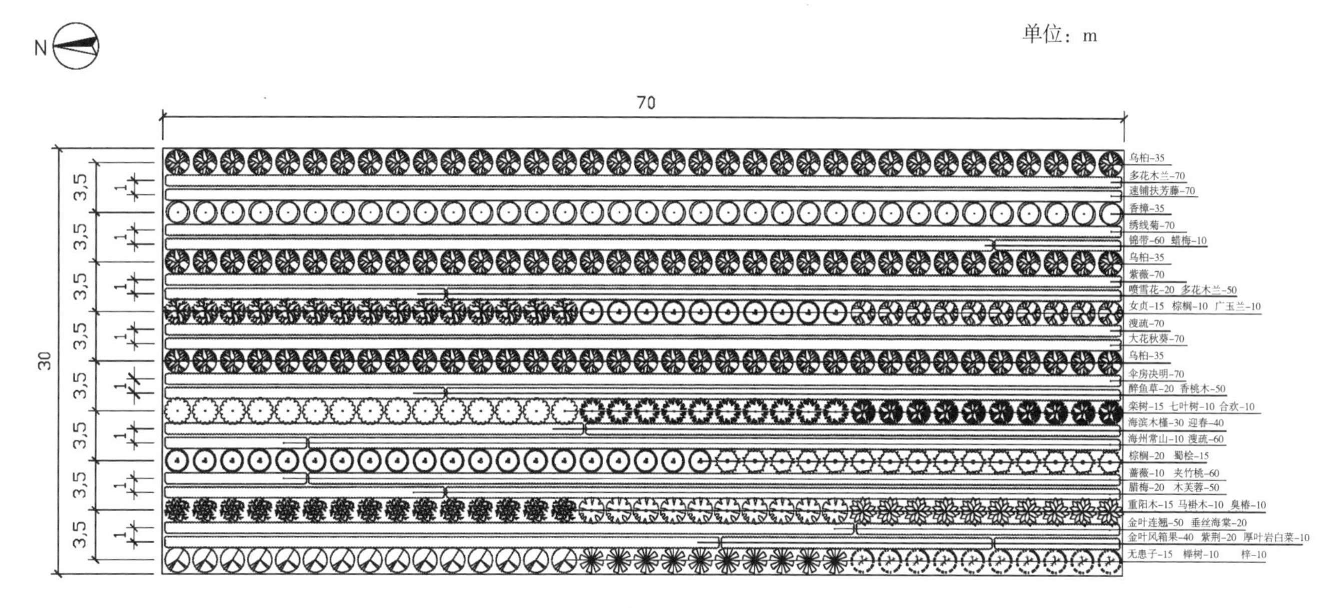

图5–6　紧密结构林带模式示意图

（a）　　　　（b）

图5–7　滨海盐碱地造林植物配置实景图

（c） （d）

图5-7 滨海盐碱地造林植物配置实景图（续）

参考文献

崔丽娟，赵欣胜，张岩，等．退化湿地生态系统恢复的相关理论问题[J]．世界林业研究，2011，24(2)：1-4.

崔心红，等．长三角滨海绿化耐盐植物应用[M]．武汉：武汉大学出版社，2016.

崔心红，有祥亮，张群．长三角滨海城镇园林绿化植物耐盐性试验研究[J]．中国园林，2011，27(2)：93-96.

裘丽珍，黄有军，黄坚钦，等．不同耐盐性植物在盐胁迫下的生长与生理特性比较研究[J]．浙江大学学报(农业与生命科学版)，2006，32(4)：420-427.

田易，邓泓．上海市工业区绿地植物对重金属吸收及富集的研究[J]．长江流域资源与环境，2013（S1)：46-51.

夏冰，司志国．郑州市不同污染区主要绿化树种对土壤重金属的富集能力研究[J]．江苏农业科学，2017，45(18)：123-129.

张冬梅，罗玉兰，有祥亮，等．城市重金属污染场地次富集树种标准划定研究[J]．中国城市林业，2018(6)：49-52.

张浪，曹福亮，张冬梅．城市棕地绿化植物物种优选方法研究：以上海市为例[J]．现代城市研究，2017(9)：119-123.

赵永全，何彤慧，夏贵菊，等．湿地植被恢复与重建的理论及方法概述[J]．亚热带水土保持，2014(1)：61-66.

周德春．植物生态修复技术的研究[D]．长春：东北师范大学，2006.

第6章 城市困难立地生态园林建设工程管控

6.1 城市困难立地生态园林建设工程的施工组织

以建设项目要求和施工组织原则为基础编制施工组织方案是进行城市困难立地生态园林建设的必要环节，合理的施工组织方案有利于规范项目管理，确保按照既定目标，优质、高效和安全地完成施工任务。

6.1.1 施工总体部署

施工企业充分利用技术优势和施工经验，科学组织施工作业程序，精心施工，坚持“科学管理、注重质量、契约精神”，严控质量关，严格履行工程合同。综合项目管理、工程质量、安全生产与文明施工进行施工总体部署，保证施工过程的科学性、目的性、适用性和节约性。

首先，重视工程质量目标。针对施工项目的规模和特点，组织高效能的人才团队，从进场到工程竣工，严格依据施工图纸、施工标准及验收规范进行科学、合理的施工，确保工程达到优良标准。

其次，坚定施工工期目标。针对各项目中存在的施工环节多、作业面广、工程交叉作业较为频繁等情况，应充分考虑人、机、材等施工要素，统筹安排各工序，严格执行月度施工进度计划，保证项目在工期内顺利完成。

最后，达到安全生产、文明施工目标。满足安全生产要求、落实文明施工措施是产品营造的前提，是企业立足市场的有利依据，是打造企业名片的重要标准。将安全生产、文明施工作为一项重要工作，安排专人专职进行管控，确保项目现场管理达到标准化工地水平。

6.1.2 施工重要技术环节

6.1.2.1 土壤检测和改良

对城市困难立地工程施工场地的土壤进行理化性质测试，按照规范在现场采集土壤，送至专业机构检测，针对检测报告中存在的问题提出合理的解决方案并采取相应措施。土壤偏碱性时，采取大穴换土或添加腐熟有机肥等措施，改善土壤的理化性质；土壤重金属含量超标时，采取物理或化学法进行吸附处理，使其满足植物正常生长的需求。

6.1.2.2　水质检测

困难立地项目周边或地下水水质对植物生长发育至关重要，在实际施工过程中，人们往往只关注水量是否充足，容易忽视水的质量。水中溶解氧、重金属、氮、磷等指标会严重影响植物后期施肥、病虫害防治及所有关系到植物生长的因素。

6.1.2.3　苗木筛选

与常规绿化土壤相比，城市困难立地的土壤条件较差，因此苗木选择的标准要高于常规绿化植物，要求苗木抗逆性强，枝条萌发性强，根系发达且完整，冠形丰满，无病虫害，无机械损伤。尽量选用二次移栽苗，土球直径不低于胸径的6～8倍，条件允许可以使用容器苗。

6.1.2.4　苗木数字化管理

建立城市困难立地苗木大数据系统，使用APP软件和WEB端建设管理平台进行苗木大数据管理和生长环境智能监测，能够精准掌握植物的来源、位置及生长动态，是未来生态园林智慧管养的重要组成部分。

（1）苗木信息录入

做好苗木栽植过程中的数据采集，将苗木产地、规格、栽植时间等基础信息录入系统。

（2）栽植测量定位

通过扫描苗木二维码，实地测量苗木的主要参数并对其进行GPS定位操作，准确了解每棵树的位置及全生命周期数据记录。

（3）环境质量监测

针对不同类型的城市困难立地建立相应的监测系统，使用物联网传感器技术实时采集养分、温度、湿度、pH值、重金属含量、有机物污染物、盐分等监测指标数据，通过GPRS网络系统将采集的数据传输到数据库服务器和中央处理器，WEB端管理平台对接收到的数据进行存储与显示，并将数据绘制成动态曲线进行分析，设置环境参数的阈值，从而达到对环境指标的智能监测。

（4）后期养护

苗木养护人员通过扫描二维码对每一次的园林养护工作进行记录，记录浇水、施肥、修剪、养护人员、养护类型、养护日期等信息，进行精细化养护管理。

（5）资料归档

及时将建设过程中的文档、质量管理资料、进度管理资料、安环管理资料，以及后期养护记录、土壤监测数据、苗木生长信息等上传至系统，并对上传资料的完整性、准确性负责，建立城市困难立地苗木大数据库，以便于后期查询、统计、分析。

6.1.2.5 重点难点分析

因困难立地类型不同，施工侧重点也有所不同，通常条件下应注意景观成品保护、安全文明施工、大规模苗木移植和苗木反季节栽植等事宜。但困难立地环境条件相对于普通环境要求更为严格，针对性地制订不同技术方案，如：受损湿地则需注意土壤理化性质、地基稳定性等因素处理；立体绿化空间以防水、承重及植物选择为重。

6.1.3 施工进度保证措施

施工总体进度计划对保证施工的连续性和工程在合同规定的期限内完成履约起主导作用，通常以横道图和网络计划图来表达。施工单位根据施工总体进度计划和进度保证措施，建立施工进度和工期保证体系，如图6-1所示。

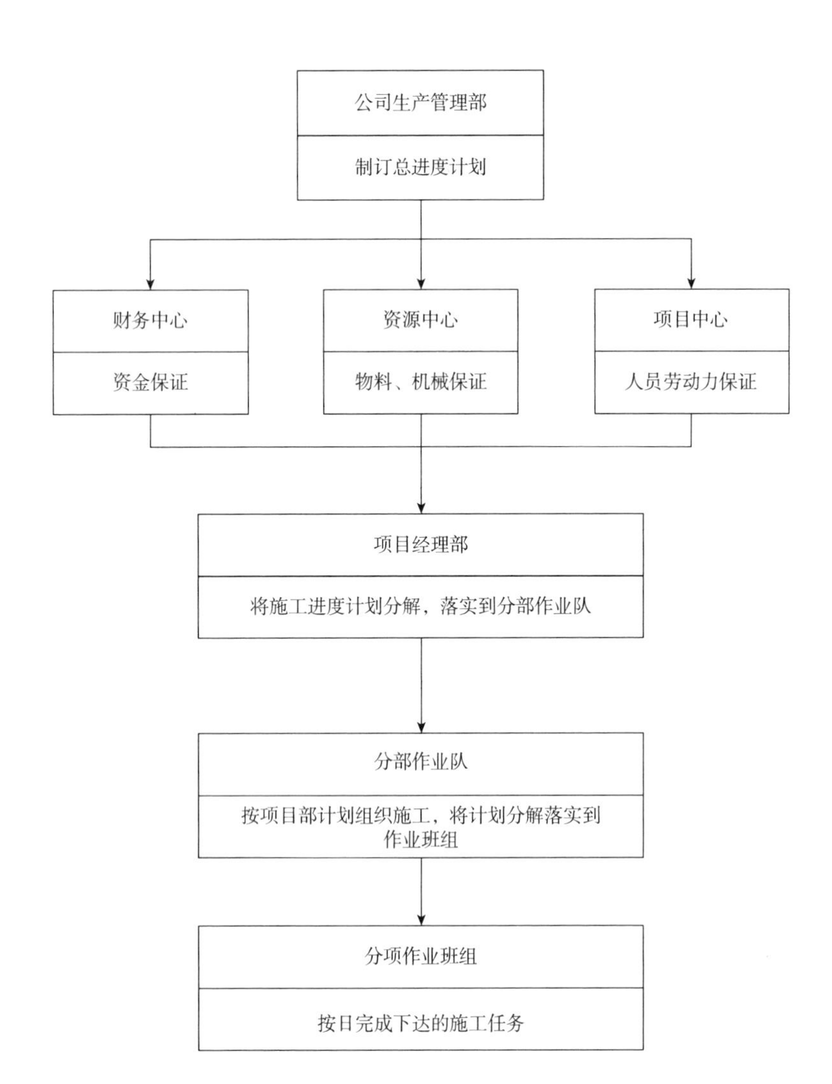

图6-1 施工进度保证体系

施工进度的保证措施一般包括组织措施、物质措施、技术措施、配合措施和信息管理措施等五个方面。

（1）组织措施

施工单位依据项目特点制订工程进度计划，包括严格的进度计划目标、保证措施和奖励政策等。通过签订责任书，明确项目部各级人员的岗位职责，落实项目经理和项目经理部责任制。同时加强管理考核，充分调动全体员工的积极性，从组织上确保工程进度按计划完成。

（2）物质措施

施工单位应提供充足的资金、材料、设备和劳动力保证，确保工程施工正常进行。

（3）技术措施

合同签订后，及时组织图纸会审和方案优化，建立统一的成品保护制度，对工程进行工期和资源优化。

（4）配合措施

通过施行统一的施工计划、施工程序，统一的技术管理手段，强化各专业分项工程的技术管理及配合意识；通过施行统一的资金控制手段和奖惩手段，协调、监督、控制施工各单位的协调配合状况。

（5）信息管理措施

每周将计划进度与实际进度进行动态比较，向建设单位提供比较报告。对动态比较的结果进行分析，方便随时进行进度动态调整。已经确定的技术问题和技术文件及时通知施工班组技术交底。

6.1.4　施工质量保证措施

工程质量的保证主要应该从制定、实施管理措施和技术措施两个方面来进行。在制定、实施管理措施方面，应该设置专门的质量管理团队，制定相应的管理制度；在制定、实施技术措施方面，应该对主要工序进行质量技术控制，建立自检系统和制度，保证每一个技术环节质量过关，使工程质量达到国家标准。工程质量保证措施如图6-2、图6-3所示。

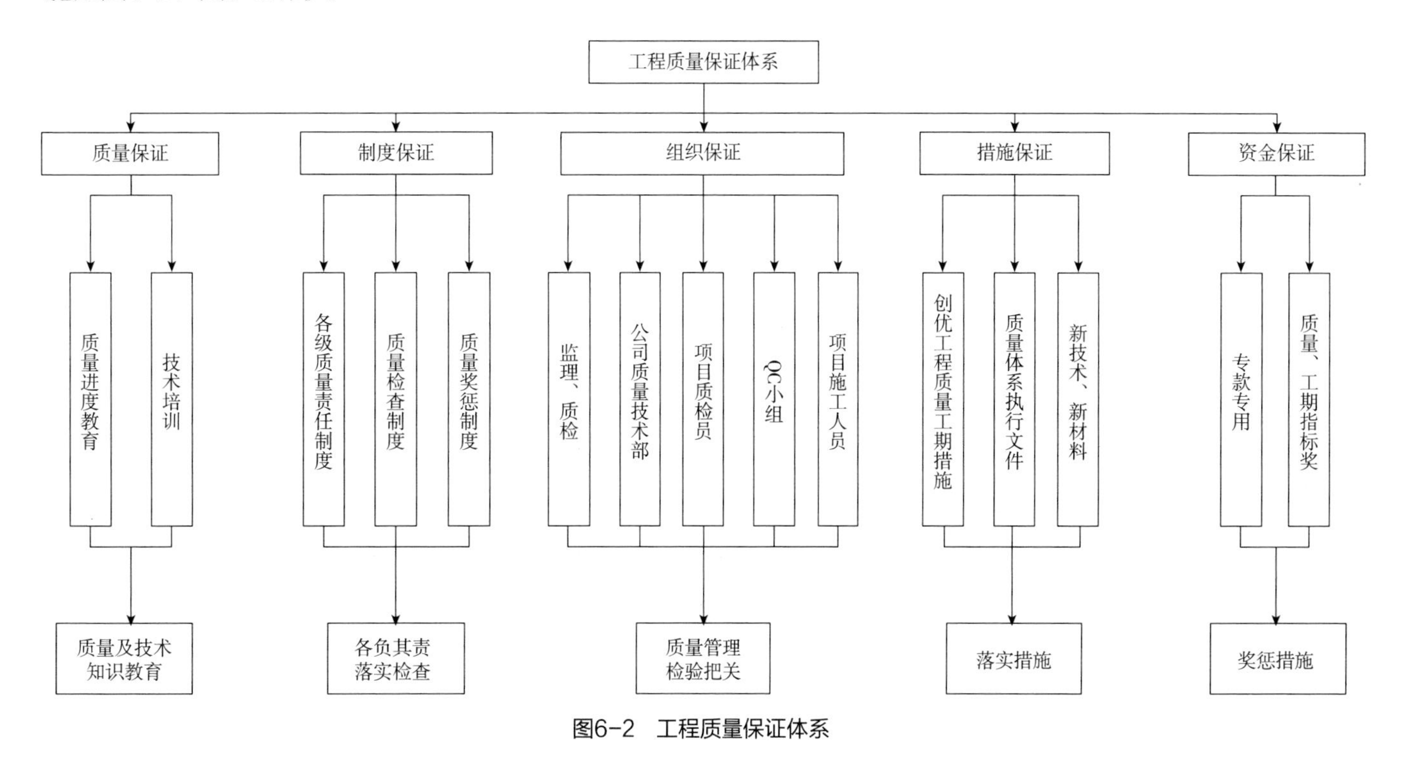

图6-2　工程质量保证体系

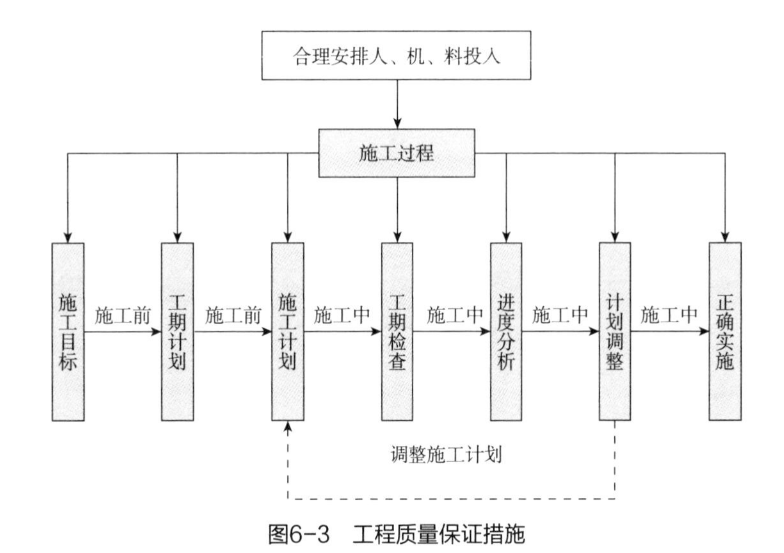

图6-3 工程质量保证措施

6.1.5 安全、文明施工保证措施

（1）制定安全生产的组织机构和管理制度

建立完善的安全生产组织机构和各项安全制度，明确责任和权限，从组织上、技术上保证作业、现场防火与社会治安等各项安全措施，以确保不发生任何安全事故。项目安全管理体系框架、安全交底制度如图6-4、图6-5所示。

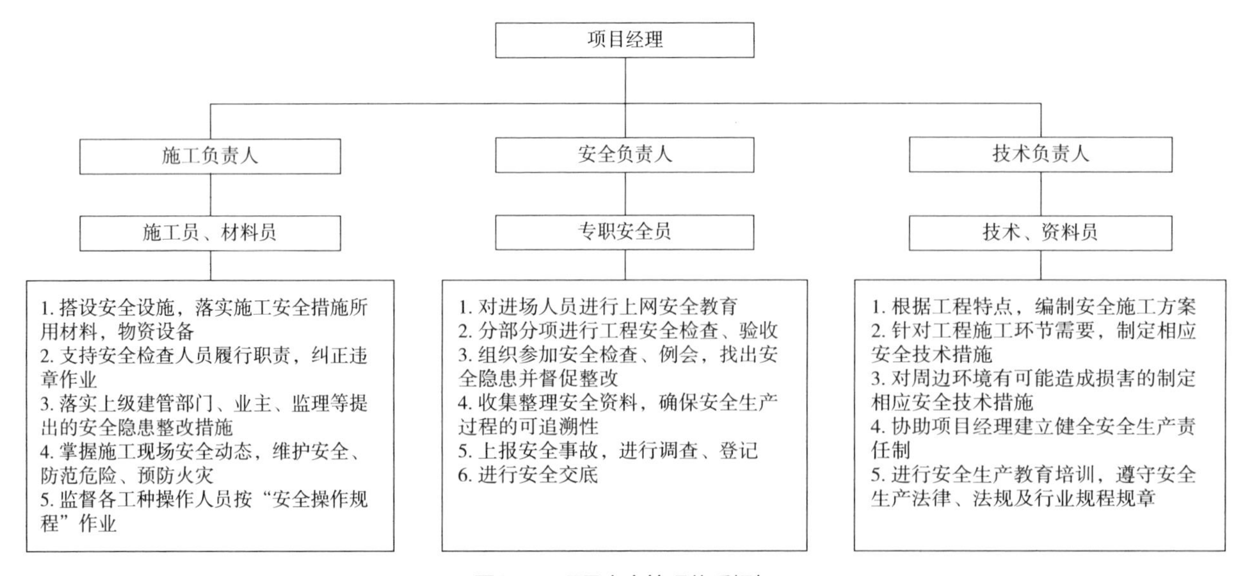

图6-4 项目安全管理体系框架

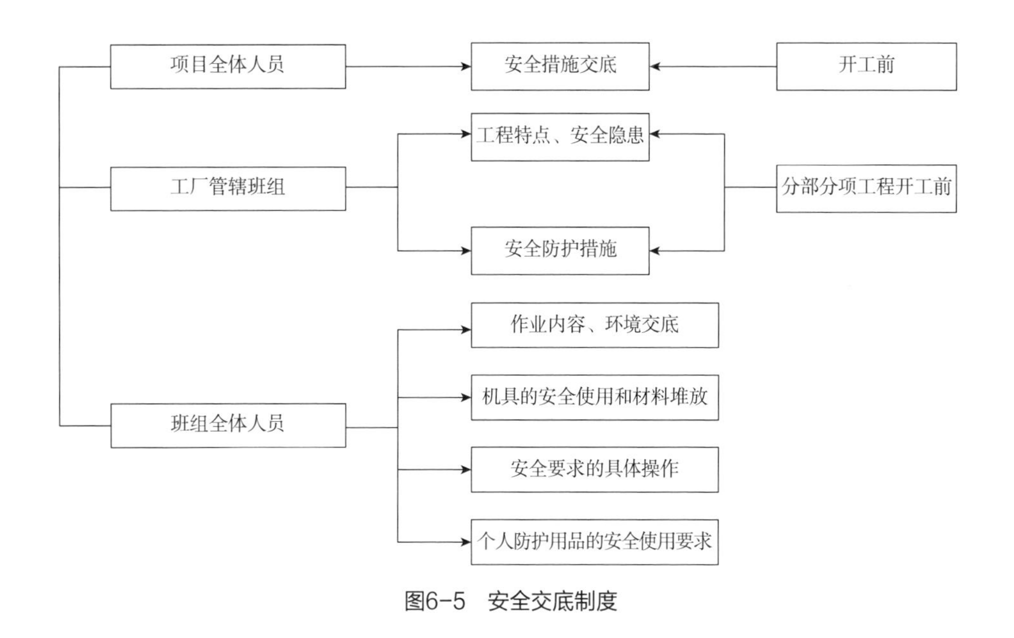

图6-5　安全交底制度

（2）制定文明施工的管理体系与措施

项目经理部认真贯彻执行国家环境保护有关法律法规，制定文明施工管理体系，不断提高全体员工的环保意识，将文明施工理念贯彻到施工生产的全过程。坚持节能、节水和节材的原则，最大程度地降低各种原材料的消耗；严格控制废气、废水等各种废弃物的排放，减少施工噪声污染，达到标准化工地要求的各项指标。

6.2 城市困难立地生态园林建设工程的关键技术和环节

城市困难立地存在土壤环境差、水肥条件紊乱、污染严重等多种障碍因子，生态园林的建设对立地条件改善、适生绿化植物选择、植被群落配置、施工养护等技术的适用性和集成度要求更高，一般的城市生态园林建设技术难以满足相应的要求。本小节主要介绍自然型、退化型和人工型三类城市困难立地生态园林工程营造中的关键技术和环节。

6.2.1 自然型城市困难立地（城市边坡）建设工程的关键技术

边坡主要是在城市发展过程中，伴随着市政、交通（公路、铁路）、水利设施的建设而大量出现的。由于原生地貌与植被被严重破坏以及土壤结构的变化和扰动，地质裸露问题日益突出。边坡一般具有地质情况较为复杂、坡度较为陡峭、保水持水能力较低、肥力较差及坡体结构不稳定等特点，是一种典型的城市困难立地。

目前，市场上较为成熟的边坡生态复绿技术主要有植生袋绿化技术、植物纤维毯绿化技术、三维网绿化技术、客土喷播技术和植生基材喷射技术。其中，植物纤维毯绿化技术比较适用于北方砂质土壤的边坡复绿；三维网绿化技术固土能力强、工艺简单、施工速度快，但耐低温性能差，比较适用于土质边坡复绿；客土喷播技术具有较为广泛的适用范围，但是雨水径流冲刷容易导致种子层和客土层流失。植生基材喷射技术在客土喷播技术上改良而来，生态复绿效果长效、稳定。植生袋技术具有较为普遍的适用性，草种成活率、生产效率和施工效率较高。因此，植生基材喷射技术和植生袋技术比较适用于城市边坡的复绿。

6.2.1.1 植生袋绿化技术

植生袋绿化技术可以根据场地实际需要调整草种配比，采用专用机械设备、按照特定生产工艺将植物种子、土壤、肥料和保水剂等按比例混合，填入两层可降解的无纺布袋中间，制成植生袋，再将这种特制的植生袋按一定规律堆叠码放在已做好防护支撑的裸露边坡上，并用连锁扣将其锚固，形成3D的水土保持边坡防护绿化植生系统。植生袋主要由无纺布和遮阳网制成，有一定的强度且不易分解，其内部有较大的空间，可为种子发芽生长提供良好的土壤环境。这一技术成本低，施工便捷、快速，应用范围广，适合于坡度平缓、坡表平整的土质或砂土类边坡，以及低缓或已做工程加固（如混凝土肋）的石质边坡绿化。其施工技术要点包括边坡框架结构设计、草种配比、植生袋铺设等。

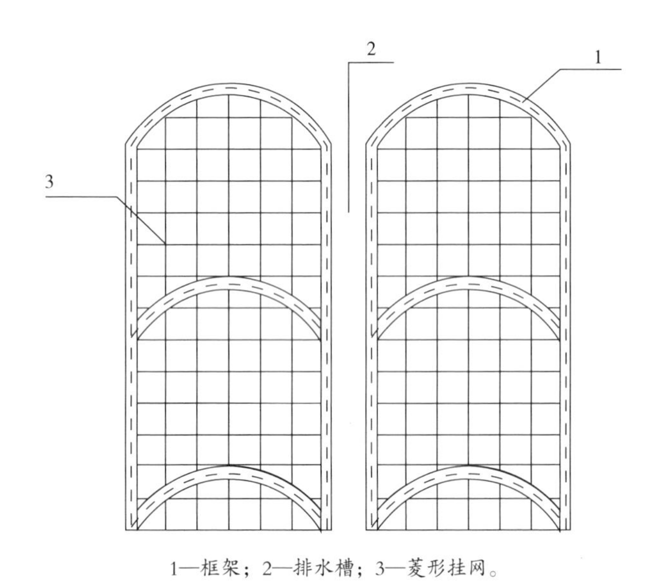

图6-6　植生袋绿化技术中的拱轴线边坡框架结构

（1）拱轴线边坡框架结构设计

边坡框架结构设计是采用植生袋技术进行边坡绿化的重要环节，一般采用拱轴线边坡框架设计方案，即框架的上部和下部均呈合理拱轴线型，两相邻框架间设有排水槽，上下部拱间增设菱形挂网（图6-6）。拱轴线型边框均匀地分散了框架上部受力，减少了框架结构的自身重量，而且使框架的耐冲刷能力增强，适用于各种不同边坡条件对框架结构的要求。

（2）草种配比

草种可以分为冷季型、暖季型、先锋型、观赏型和固氮型等不同类型，而植物种子的萌发和生长不仅与自身特性相关，也会受到基质、地域气候的直接影响。所以，种子的选择应该结合场地条件和当地的林草资源进行优化。自行采集的植物种子，在使用前必须进行发芽试验，以确定合适的播种量。植生袋边坡修复的种子配比主要根据边坡立地类型、土壤类别和坡度大小来确定。对景观效果要求高的边坡，在采用植生袋建坪覆盖率达80%以上时，可考虑小灌木容器苗移植，以进一步提高边坡绿化的景观效果。

（3）植生袋铺设

植生袋由双层无纺布的内袋和外袋构成，内袋填充土壤，外袋填充种子。根据边坡实际条件设定植生袋规格，在边坡现场将预先配好的客土、基质、种子和肥料混掺后装入植生袋，饱满度以80%为宜，在铺设前1～2 d浇足底水。清理拱轴线边坡框架内碎石和杂物，预留20 cm的空间，用于装填植生袋。铺设前，坡面须浇足水浸湿。从边框的底部开始，将植生袋沿坡面水平方向平铺在每个边坡框架内，袋口朝向坡面，最底层植生袋紧贴地面，植生袋之间不留空隙。在边框最上端的植生袋上覆盖10 cm的沙土，浇水保持植生袋中的水分。植生袋铺设完后，使用钢锚钉对每个边框内的植生袋进行加固，每平方米钢锚钉的数量不少于5个，并用连锁扣将其锚固，形成3D的水土保持边坡防护绿化植生系统。植生袋绿化技术效果如图6-7所示。

图6-7　植生袋绿化技术复绿效果图

6.2.1.2　植生基材喷射技术

植生基材喷射技术是指在边坡上构建既能保证植物正常生长发育又能使种植基质不易被冲刷的多孔稳定结构的技术，适用于风化岩石、软质岩石、硬质土壤、高大陡坡和侵蚀严重坡面的绿化。其技术要点包括锚固挂网和喷播复合植生基材等环节。

（1）锚固挂网

锚固挂网是进行植生基材喷射的基础。锚固前要对坡面进行清理、平整，清除较大的浮石、树根等杂物，以利于植生基材在岩石坡面的附着。施工前，应设置必要的安全防护网以防止落石，施工时选用锚杆固定镀锌金属网，土质边坡可以将锚杆直接垂直打入坡面，岩质边坡可以采用风动干钻或者电锤垂直于边坡坡面钻孔，再将锚杆放入锚孔内。铺挂三维菱形镀锌铁丝网时自下而上拉动，相邻两张铁丝网采用铁丝绑扎，同时三维菱形镀锌铁丝网与坡面保持一定间距。边坡顶部铺网时，镀锌金属网向坡顶上部延展一定距离，一般岩质边坡延伸1.5 m，土质边坡延伸3.0 m，并用锚杆固定以防止金属网滑脱。

（2）喷播复合植生基材

复合植生基材由筛分后的种植土中掺入泥炭土、谷壳、锯末、氮磷钾复合肥、保水剂、黏合剂和种子等成分经过筛网均匀搅拌后制成。其配比需要根据场地中植物品种经过试验确定。

其中，植物种子一般选择抗逆性强、耐瘠薄、耐干旱、适宜当地气候的植物品种，同时考虑坡面草、灌、花相结合的自然景观效果。常用的植物品种包括：紫花苜蓿、马棘、紫穗槐、秋英、金鸡菊、硫华菊、黄花决明、二月兰、多花木兰、狗牙根、高羊茅、黑麦草、中华结缕草等。混合草种的纯度和萌芽率均应达80%以上，灌木种子发芽率、纯度和生活力不低于相应国家标准的种子质量三级要求。复合植生基材中混合草籽用量每1 000m^{2}不宜少于25 kg。

图6-8　植生基材喷射技术复绿效果图

坡面在喷播前需充分洒水1～2次以保持坡面湿润，通过空气压缩机将植生基材从左至右（或从右至左）、从上至下均匀地喷射至坡面，保证植生基材总厚度在12 cm左右。喷播从正面进行，严禁仰喷，避免逆风喷播，大风、大雨时应停止施工，防止种子拢堆及流失。喷播过程中如遇突然降雨时，使用无纺土工布覆盖已喷播坡面，防止基材及种子流失。

混合植生基材喷播完成后，使用无纺土工布从上到下平整覆盖已喷播完成的坡面，在坡顶及坡脚各延伸30 cm。这样一方面避免了基材及草灌种子受雨水冲刷而流失；另一方面起到保温保湿的作用，以促进草灌种子的生长。植生基材喷射技术复绿效果如图6–8所示。

6.2.2　退化型城市困难立地建设工程的关键技术环节

6.2.2.1　城市道路绿化

城市行道树一般采用树池式或者树带式种植方法，由于树穴开挖大小受到限制，植物的生长空间非常狭小。树池周围的硬化铺装或者是车辆碾压和人为踩踏使得行道树板结严重、土壤密实、容重增大、透气性和透水性较差。另外，建设过程中遗留的石灰、水泥、砂石砾、碎砖等建筑垃圾也严重影响了土体结构和土壤质量。因此，行道树绿化的立地条件是非常恶劣的，行道树绿化施工关键技术环节包括绿化定点放线、树穴处理、土壤改良和苗木栽植等。

（1）绿化定点放线

行道树绿化施工前，必须对路面、沿街建筑物、土壤、地下管线、架空线等情况进行调查核实，避免在狭窄路面和无障碍通道上放样，同时远离各种管道、路灯基础、电线等。根据设计图纸和实地调查核实的情况，调整或适当改变放样位置。根据《行道树栽植与养护管理技术规范》（DB11/T 839—2017），预留行道树长大成形后距离各种设施的安全距离（表6–1和表6–2）。

表6–1　树木与架空线的安全距离　　单位：m

架空线种类		安全距离	
		水平距离	垂直距离
电力线	≤1 kV	≥1.0	≥1.0
	3~10 kV	≥3.0	≥3.0
	35~110 kV	≥3.5	≥4.0
	154~220 kV	≥4.0	≥4.5
	330 kV	≥5.0	≥5.5
	500 kV	≥7.0	≥7.0
通信线	明线	≥2.0	≥2.0
	电缆	≥0.5	≥0.5

表6–2　树木与其他设施最小水平距离　　单位：m

设施名称	距树木中心距离
低于2 m的围墙	1.0
挡土墙	1.0
路灯杆柱	2.0
电力电信杆柱	1.5
消防龙头	1.5
测量水准点	2.0

（2）树穴开挖处理

绿化放线完成后，对相关人员进行树穴开挖安全技术交底并签字存档。施工人员严格按照设计的规格参数和技术交底内容进行树穴开挖工作。树穴开挖的过程中，做好交通导行工作，同时不占用人行道，不改变现有路面。如果遇到管道、电缆等，应停止挖掘作业，上报相关管理及权属部门寻求解决方案，避免对其造成破坏。

人行道树穴中土壤贫瘠且经常存在沥青、混凝土、石灰渣、碎砖等建筑垃圾，需破除混凝土，清除原人行道上的灰土层、垫层，将分离的单个树池连贯成长度为12 m、宽度为1.8 m的整体树池。开挖宽度为2 m，深度为1.8 m。

树穴尺寸要大于常规绿化种植穴，向下开挖至原土层，在保证安全的前提下，尽可能加大树穴的尺寸和深度。考虑到行道树的生长习性，树池四周应砌砖砌体，并且粉刷涂料、做防水，以防止四周绿地的水渗入树池；

树池底部增加排水管道，排水管道用无纺布包裹并用碎石（厚度50 cm）做滤水层覆盖排水管道。正常树池高度与周围人行道标高相等或高出人行道15 cm，该项目考虑到地表径流可能会导致雨水倒灌，所以将整体树池抬高，高出人行道路面30 cm。

行道树穴周围因车辆和行人的碾压，土壤透气性和排水性较差，为改善树穴内的排水和透气性能，应在树穴内埋置透气管，透气管垂直或倾斜放置，管径与树体相适应，深度不低于土球厚度，用于观察积水和排水。

（3）土壤改良

行道树绿化树穴挖掘完成后，将含有建筑垃圾的原土清运至场地外，全部或者部分更换客土进行土壤改良。土壤改良的方式一般是掺加适量的泥炭土和有机肥，翻松并使原土与改良基质混合均匀。

（4）树木栽植

行道树种类的选择应坚持“适地适树”的原则，以具有深根性、抗性强、耐修剪的乡土树种为主，适当引种外来树种。同时还要考虑土壤因素、苗木适应性、道路类型、美化功能需求、病虫害生态防治等因素。同一条道路或路段的行道树品种和规格应统一，同时要求树冠完整、根系发达、无病虫害。

行道树栽植前，进行修剪是提高成活率的关键措施之一。重点修剪断枝、内膛枝、下垂枝、交叉枝、枯枝和病虫枝等。对于未整形的行道树，可采取适当的疏枝措施进行修剪整形，以提高苗木景观效果。此外，行道树移植后，由于根系受损无法吸收水分，而蒸腾作用持续进行，会造成植株水分散失较多，因此要对树干进行保湿处理，以提高行道树移栽后的成活率。向土球根部喷撒生根粉（液）和杀菌剂，可以促进行道树尽快生根，有利于进一步提高成活率。行道树栽植效果见图6-9。

图6-9　行道树栽植效果图

苗木土球放入栽植穴后，调整深度以略低于树池内边缘为宜，土球过深易造成积水。树干扶正后从树穴边缘向土球四周培土，边加土边夯实，做到分层夯实，每层厚度不超过30 cm。在覆土全部完成前，对土球浇灌定根水，促使土壤沉实，水浇透后再完成覆土。

6.2.2.2　受损水域生态修复（以康熙河环境综合整治工程为例）

受损湿地或水域是指自然湿地水域或人工湿地水域因遭受人为干扰，丧失部分生态功能或者低于功能定位标准的湿地水域。康熙河环境综合整治工程位于安徽省安庆市东部新城区，东、南两侧毗邻康熙河，绿地面积约75.7 hm^2，水系面积约8.5 hm^2。区域内的康熙河因长期未疏浚，河道越来越窄，水质变差，逐渐演变成淤泥沟、臭水沟，周边区域堆积了安庆长江大桥建设及菱湖公园改造遗留的大量淤泥，湿地和水域生态功能严重受损。建设区域涵盖了非工业整治遗留地、废弃地、退化河流湿地等常见城市困难立地类型。本小节以此工程为例，介绍受损水域生态修复工程建设的关键技术环节。

在项目工程的建设过程中，遵循低影响设计与开发（LIDD）的原则，尽可能地减少对自然环境的冲击和破坏，因地制宜地规划设计各工程节点开发技术措施，实现雨水收集和下渗、污水净化、调控径流系数等功能，发挥自然水体的自我更替及自我调整作用。项目现场整个区域包含多个地块，依据不同地块之间的功能性差异，采取区块链技术措施进行分散式的地块处理和区域功能布局。采取雨水区块化和植物景观区块化方式去除大面积中心化的淤泥地域，采取串联连接技术措施进行自然开放式处理，综合利用周围绿地、开放空间等自然立地条件建立生态区块设施。在雨水径流过程中丰富景观层次、净化水质，实现土地资源利用的多样性、滨水区健康及可持续的水资源多功能综合调控，使其发挥正常的休闲、景观和生态等功能。

（1）雨水系统区块营造

根据淤泥的深度采用抛石挤淤法和打桩加固处理，园路建设的基本步骤是先在底层抛入毛石，厚度2 m左右（根据地勘情况确定具体抛石厚度），再覆盖厚度0.5 m左右的毛渣，随后根据各区块场地的功能进行地形处理，包括回填种植土和透水铺装，为雨水有效下渗提供良好的透水基层。

在区域景观营造过程中，各功能区地块依据雨水处理要求的差异，使用了不同类型的透水材料进行铺装，包括透水砖铺装、透水混凝土铺装、嵌草砖铺装和碎石铺装。主园路路面采用了无砂大孔混凝土进行营造，次级园路采用了透水砖铺装，嵌草石铺装广场由疏松、透气、透水的碎石小径和碎拼石材镶嵌草皮进行营造（图6-10），从而实现了雨水的有效下渗。通过植草沟和排水明沟等雨水收集系统，可以将雨水汇集至邻近的湿塘（图6-11），用于绿化浇灌、景观喷泉和消防用水等。当暴雨来临或者雨水超过湿塘的承载能力时，多余的水可以通过排水口经市政雨水管网排入康熙河，实现了雨水资源的综合调控以及水生态系统的健康、协调、稳定运行。

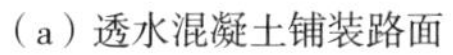
（a）透水混凝土铺装路面

（b）嵌草石铺装广场

图6-10　透水材料铺装效果

（a）植草沟

（b）湿塘

图6-11　雨水收集系统

（2）植物景观区块营造

在植物种植区的淤泥地块处理过程中，首先根据地形回填了1～2 m的种植土，并进行压实。乔、灌木种植穴内填入厚度10 cm左右的块石，再回填部分种植土并进行植物种植，以有效减少因排水不畅造成的植物根部水淹胁迫情况的发生，提高苗木成活率。

植物景观的营造需要根据各区块的功能和特点进行营造，同时综合考虑季节交替、不同季相的特点和风格，选择适宜的乔木、灌木、地被、观赏草类和水生植物，通过合理配置不同的植物达到四季节点区块的园林植物景观效果。植物缓冲带、雨水湿地、湿塘等功能区块的植物组团除了具有营造景观效果的功能之外，还具有这些植物在雨水收集和下渗、污水净化和径流调控过程中的植物表面生物滞留和土壤下渗作用。

在坡度较缓的区域构建植物缓冲带，整理地形后配置乔灌草、乔草、灌草等各种形式的植物组团，在丰富景观层次的同时，发挥其降低径流污染的作用。经植被拦截及土壤下渗，既可减少水土流失，又能去除径流中的部分污染物，实现绿化的生态功能（图6-12）。

在主园路两侧有植物造景的低洼区域营造了近自然式的雨水花园。土壤由上到下依次设置了蓄水层、种植土层、砂层和砾石层，其中蓄水层设置为300 mm左右，种植土层要满足植物种植和园林绿化养护管理的要求，由粗砂和细砂组成的砂层主要作用是防止种植土的流失；最下面的砾石层起到排水的作用。植物的筛选主要考虑耐水的乔灌木和水生植物，并进行多样化搭配和配置（图6-13）。

在原有水域和下陷区域的基础上营造人工湿地，以湿塘为主体，并连接雨水花园、湿地单元、生态滞留区、植被缓冲带和自然驳岸等，根据不同水域的功能和水深分别种植相应类型的水生植物，营造异质性的水上生态绿色景观。

图6-12　植被缓冲带

图6-13　园路两侧雨水花园一角的植物搭配

6.2.3　人工型城市困难立地（屋顶绿化、垂直绿化）建设工程的关键技术环节

城市的快速扩张使得城市中可用于绿化和生态园林建设的土地资源越来越少，人们不得不转向人工构建的屋顶、墙面等建筑外立面场地或空间，立体绿化由此应运而生并且快速发展，目前已经成为绿化和生态城市建设的重要方式和手段之一。

6.2.3.1　屋顶绿化

屋顶绿化主要是指在各类建筑物、构筑物顶部或天台进行的绿化。考虑到建筑结构的荷载能力，屋顶绿化种植土的厚度一般仅能满足植物生长的最低标准。因此，土壤肥力的长效性远低于一般绿化土壤。同时，建筑物顶部还具有光照强、风速高以及昼夜温差大等特点。这些因素都成为屋顶绿化的限制因素。

屋顶绿化结构层自下而上为：防水层、排（蓄）水层、隔离过滤层、基质层、植被层，其中荷载、防水层处理、种植基质以及植物选择是施工过程中的关键技术环节。

（1）荷载

荷载问题是屋顶绿化首先考虑的问题，也是开展屋顶绿化的基础条件，同时贯穿于整个施工和养护过程。

首先，荷载决定了屋顶绿化的形式。一般简单式屋顶绿化以种植草坪和草花植物为主，所需种植基质厚度较薄，荷载要大于1.0 kN/㎡；花园式屋顶绿化除地被草花之外，还种植小型乔、灌木，铺设园路和建设园林小品，荷载要大于3.0 kN/㎡。其次，在设计和施工前，应全面调查建筑的技术资料和相关指标，根据设计荷载准确核算屋顶绿化各项施工材料的重量，以及建成后能够容纳人员的数量。同时，小型乔木、灌木和园林小品应位于建筑承重梁上，并优先放置在承重梁交点处，植物栽植后生长产生的荷载也要考虑在内。

在保证安全的前提下，各结构层都需要选用新型轻质材料。种植土中可以添加泥炭、椰糠、珍珠岩等轻型

图6-14　屋顶绿化铺设耐根穿刺防水卷材

基质，从而减轻整个屋顶的荷载。

（2）防水层

屋顶绿化时，应该按一级防水标准进行设计。防水层不少于两层，其中上层为耐根穿刺防水层。施工前进行设计交底、技术交底和安全交底，必须由熟悉屋顶绿化施工规范的专业防水施工队伍在春秋季节进行施工，严禁在恶劣天气（雨天、雪天、大风）和高温等不利气候条件下施工。屋顶清理干净后铺设防水卷材，采用热熔法连接，确保黏结牢固，在檐口、女儿墙、园路等位置，卷材向上延伸铺设，高度约30 cm（图6-14）。耐根穿刺卷材铺在最上层，铺设完成后进行防水检测试验，发现破损情况要及时调整或修补。

（3）排（蓄）水层和过滤层

排（蓄）水层主要有两个方面的功能：其一，储存水分以及有效排除种植土中的多余水分；其二，改善种植土的透气性。传统的排水结构包括粗砂滤层、级配碎石层和盲管沟，多余的水从盲管沟流出并汇集到排水沟，最后进入水落口，适用于简单式屋顶绿化（图6-15）。在花园式屋顶绿化中，常选用网状交织排水板做排水层。排水板铺设在耐根穿刺卷材上并覆盖水落口，土层之中多余的水从排水板的多孔结构渗漏到防水层再通过排水管排出，同时排水板对上部的种植土层还可以起到支撑作用。

图6-15　屋顶绿化铺设排水层

图 6-16　屋顶绿化铺设过滤层

过滤层位于排水层和种植层之间，其特点是透水性强，能够及时排出多余水分；同时又要对土壤下渗起到过滤与隔离作用，防止种植土颗粒进入排水层，堵塞管道。因此，材料的选择十分重要，一般是选用聚酯无纺布作为隔离过滤层，单位面积质量大于200 g/㎡。施工时，将过滤层空铺在排（蓄）水层之上，保证平整无皱折。遇到挡墙、园路时，无纺布边缘向上延伸，并与种植基质高度一致（图6–16）。

（4）种植基质

种植基质的类型和厚度是影响屋顶绿化荷载以及土壤养分的主要因素，在满足植物生长发育需求的同时能够减轻屋顶荷载，而且还具备较好的渗透性、蓄水能力和稳定性。因此，一般选用改良土作为屋顶绿化基质，主要配比材料为田园土、泥炭土、蛭石和肥料。不同类型的植物所需种植基质厚度存在差异（表6–3），种植基质厚度应选择植物可以生存的最小土深，以尽量减少植物生长导致的荷重增加。

表6–3　屋顶绿化植物生长和生存的最小土深　　单位：cm

类别	草坪、地被	小灌木	大灌木	小乔木
生存最小土深	10	30	50	60
生长最小土深	30	50	60	90

（5）植物选择

受到建筑物顶部立地条件的制约，植物种类的选择与应用都会受到一定程度的限制。一般主要是从植物的生态适应性、生长特性以及观赏形状等方面进行考察和筛选，选择喜光、耐贫瘠、耐修剪、抗逆性强（耐高温、低温、干旱、倒伏、暴风等），同时生长较为缓慢、养护较为简便并且适应当地环境条件的植物。立体绿化（屋顶绿化、垂直绿化）适生植物名录见附录4。

在简单式屋顶绿化植物筛选中，抗逆性是首要条件。此外，为达到良好的景观效果，通常也将植物的地面覆盖能力作为一个重要的指标，如植株是否低矮、是否贴近地面生长等（表6–4）。再有就是为了降低维护保养的频度和难度，一般选用根系浅或根系穿透力不强、枯叶少或枯叶易清除的多年生常绿草本植物。

表6–4　简单式屋顶绿化植物选择条件

指标		需达到的条件
生态适应性	耐旱性	很耐旱，抗旱天数D>28 d
	耐寒性	半致死温度LT_{50}≤−5 ℃
	耐阳性	耐强光，强光下叶片焦枯部位不大于10%
	耐涝性	耐水湿，积水时叶片焦枯部位不大于10%
	耐贫瘠性	耐贫瘠，对土壤要求不严，对土壤pH值不敏感
	抗风性	抗风性较强，叶片焦枯部位不大于10%
	抗病虫害性	发病率低于10%，无须防治

续表

指标		需达到的条件
生长特性	繁殖难易程度	较为容易，繁殖系数高
	根系性状	须根性，对屋顶穿透力弱，无须防护
	种植层厚度	基质厚度d≤6 cm
	管理养护程度	较为粗放，可不管养
观赏性状	覆盖程度	株形较紧凑，匍匐性强，较均匀
	叶期	一年四季常绿或叶片色彩艳丽
	花期	花期较长，花色较为鲜艳

花园式屋顶绿化中，植物的选择范围较为宽泛，一般高度不超过5 m的乔木、灌木、藤本、草本都可采用。根据设计要求，选择小型乔木、灌木和地被植物营造花园式景观（图6-17）。与简单式屋顶花园绿化不同，观赏性是花园式屋顶绿化植物选择的首要因素。其他方面，如抗病虫害能力较强、根系穿透力较弱、生长速度较慢，以及落叶较少或落叶易清除等与简单式屋顶绿化对植物的要求基本相同（表6-5）。

（a） （b）

图6-17　花园式屋顶绿化景观效果图

表6-5　花园式屋顶绿化植物选择条件

指标		需达到条件
生态适应性	抗病虫害性	发病率低于10%，无须防治
生长特性	根性穿透力	对屋顶穿透力弱，无须防护
	生长速度	生长速度慢
	管理养护程度	落叶少，或易清除
	植物生长高度	H≤5 m

续表

指标		需达到条件
观赏性状	花期	花期较长，花色较为鲜艳
	叶期	可一年四季常绿，也可以四季季相明显

（6）灌溉

从养护成本和难度方面考虑，灌溉系统优先选择滴灌、渗灌和微喷灌等节水微灌装置，微灌与喷灌相结合，并预留人工浇灌接口，末级管道应铺设在排（蓄）水层的上面，不应超过绿化种植区域。

6.2.3.2　垂直绿化

垂直绿化是指利用攀缘植物或载体对建筑物垂直面或各种墙面进行空间绿化的一种立体绿化形式。目前常见的垂直绿化，主要是采用支撑结构和种植容器对墙面进行绿化。与常规绿化立地条件相比，垂直绿化植物需要面临夏季的高温、冬季的严寒，同时栽培基质水分保持时间短、营养条件较差，另外垂直绿化植物的修剪也较为困难。垂直绿化一般包括支撑系统、灌溉系统、种植容器、栽培基质和植物选择等内容，其中支撑系统、种植容器和基质、排灌系统和植物选择是垂直绿化的关键技术环节。

（1）支撑系统

垂直绿化的支撑系统与墙体的构筑方式应根据具体的建筑和实际环境来确定结构形式，通常包括承重墙体、钢架结构等（图6-18）。垂直绿化植物基体所产生的荷载需要由专业的设计师进行复核验算。承重墙体在设计

（a）钢结构支撑

（b）承重墙支撑

图6-18　垂直绿化植物支撑结构

时要考虑所在地的气候、朝向、建筑高度、承重、防风、抗震等因素，在保证安全的前提下，尽量避免在承重墙面上打孔，以免影响墙体的承重系数。钢架结构框架支撑系统通常被用作种植槽和其他设施的支撑，由镀锌钢管、角铁等不锈钢支撑骨架组装而成，在焊接处做好防腐处理，对于在组装后无法进行涂装的隐蔽部位，应事先清理表面并涂刷防腐油漆。

（2）种植容器与基质

种植容器的选择需要考虑现场及环境条件、建设和养护费用、垂直绿化的观赏周期以及不同种植容器的特点。目前，常用的种植容器有种植盒、种植毯、种植袋、种植模块等，不同类型的种植容器在安装和使用方式上也是不同的。

①种植盒：种植盒的安装相对比较简单，安装时首先根据图纸设计的植物种类和数量，对安装种植盒的区域进行放线，减少种植盒安装时出现位置偏差的风险。然后使用自攻螺丝将种植盒由上而下固定在PVC板片上即可（图6–19）。

（a）

（b）

图 6–19　种植盒安装

②不规则模块：根据各模块形状及不同安装位置，不规则模块可以分为落地式和悬挂式两种。通常需要在安装前进行定点放线，按照真实尺寸打印单个不规则模块图样，根据设计图将不规则模块图样放样到墙面相应的位置，同时标记进、出水孔和模块固定孔的位置（图6–20）。对于落地式模块的安装，首先应测量模块的长度和宽度，根据墙角地面实际情况，沿墙角砌出高度为12～15 cm的基座，将模块底部放置于基座上，与墙壁之间预留一定距离。其次，根据固定孔位置，使用不同直径和长度的固定螺杆将模块由内向外分层次地固定在墙体上。最后将固定螺杆穿过固定孔洞，一端焊接在模块上，另一端使用螺母和垫片固定，并切掉多余部分。

悬挂式模块安装无须设置基座，安装方式同落地式模块。需要注意的是，单个模块按照标记位置安装，避免进、出水孔位置出现偏差；所有模块安装后均应平行于墙面，保证螺杆受力均匀；每一个焊接点都要涂上防锈漆，防止生锈造成模块的坠落，排除安全隐患。

垂直绿化所选用的基质应该质轻、疏松、透气，以及具有较好的渗水性和保水、保肥能力。模块式种植容器一般选择水苔作为基质，种植盒一般选用由泥炭土、椰糠、珍珠岩组成的混合基质。

（a）

（b）

图 6-20　不规则种植模块安装

（3）排灌系统

排灌系统由灌溉系统和排水系统组成，其中灌溉系统需要按照设计要求的扬程和流量按时浇水，排水系统应能够将多余的水分及时排出。具体来讲，排灌系统包括控制系统、灌溉管网和排水管网等，灌溉管网与排水管网分开布设。控制系统包含控制器、过滤器、施肥器、逆止阀、调节器、压力表等部件，通常集中安排在控制箱内。进、出水口分别与预留管道相连接，电磁阀（分控阀）、水表、过滤器与控制器相连接（图6-21）。灌溉管网包含PPR干管、PE支管、压力补偿滴头和滴箭，干管之间使用直通相连接，支管与干管之间使用活接头连接，在

图6-21　垂直绿化灌溉的控制系统

接头处用不锈钢喉箍固定（图6–22）。灌溉系统安装完毕后，需要进行压力调试，并对管道进行逐级冲洗。排水系统多设计在支撑系统的背面或者墙体内，以方便多余的灌溉水从排水口流出再经排水管网进入市政排水管道（图6–23）。

（a）种植盒灌溉管网

（b）不规则模块灌溉管网

图6–22　垂直绿化的灌溉管网

图6–23　垂直绿化（不规则模块）的排水管网

（4）植物选择

与屋顶绿化类似，垂直绿化对植物的选择也可以从生态适应性、生长特性、观赏性状以及生态效应等方面进行考虑，具体要求见表6–6，一些适生植物种类见附录4。科学合理的植物选择与配置有利于尽快营造出景观效果（图6–24、图6–25）。

表6–6　垂直绿化中植物的选择条件

指标		需达到条件
生态适应性	耐贫瘠性	耐贫瘠，对土壤要求不严
	抗病虫害性	发病率低，只须适当防治
生长特性	生长速度	生长速度快，当年或次年即可达到绿化目的
观赏性状	覆盖程度	较为密集，覆盖程度高
	叶期	一年四季常绿，叶期较长
	花期	花期较长，花色艳丽
生态效应	降低温度效果	有降温效果
	固碳释氧能力	固碳释氧能力强

图6-24　垂直绿化（种植盒）效果图

图6-25　垂直绿化（不规则模块）效果图

参考文献

陈黎明. 老城区行道树绿化施工中应注意事项[J]. 低碳世界，2017(31)：221-222.
胡勇，何鑫元，陈纳，等. 道路行道树绿化施工技术的探讨[J]. 花卉，2018(4)：62-63.
胡优华. 区块链技术在低影响设计与开发中的应用模式研究：以安庆康熙河项目为例[J]. 中国园林，2017，33(11)：53-57.
李文. 高速公路边坡绿化项目喷播植草技术实践[J]. 交通节能与环保，2018，14(5)：78-80.
林长青，邓志方. 城市岩质边坡生态防护[J]. 市政技术，2018，36(6)：174-176.
刘汉友. 城市行道树栽植养护[J]. 中国花卉园艺，2017(20)：55-57.
唐黎标. 城市行道树种植存在的问题及其养护管理措施[J]. 新疆林业，2018(3)：36-37.
肖姣娣. 城市建筑屋顶绿化探讨[J]. 北京农业职业学院学报，2018，32(4)：27-31.
杨照坤，杨照青. 屋顶花园建设中的问题探讨[J]. 云南农业科技，2018(6)：19-22.
张娜，于晓莹. 浅议屋顶绿化植物配置的选择[J]. 现代农业，2019(4)：70-71.
张婉芬. 行道树种植的选择、配置与养护管理[J]. 科技创新与应用，2015(31)：289.

Challenging Urban Site

第7章

城市困难立地生态园林养护管理

7.1 城市困难立地生态园林养护管理的内容

生态园林养护工作可分为植物养护和绿地养护管理两种类型。植物养护一般按照植物特性、生态类型、园林应用来划分，养护的植物可分为乔灌木、花卉、地被植物、草坪、藤本、水生植物、竹类等多种类型。各种类型植物的养护工作可分为修剪整形、灌溉排水、施肥、中耕除草、病虫害防治、移植与补植等。绿地养护管理工作主要包括绿地清理与保洁、附属设施管理、景观水体维护、技术档案存储和安全保护等。

7.1.1 制订养护管理计划

城市困难立地生态园林应编制养护管理计划，并按计划认真组织实施。由于一年中不同季节植物养护管理的内容不同，因此将养护管理工作划分为春季、初夏、盛夏、秋季和冬季五个阶段，并根据这五个阶段的气候条件与植物生长发育的特性，制订相应的养护管理计划（表7–1）。

表7–1　城市困难立地生态园林的养护管理计划

阶段	月份	气候条件特点	养护管理内容
春季	3—4月	天气回暖，植物均萌芽开花或展叶	①苗木补植 ②春灌 ③施肥 ④封闭除杂 ⑤修剪 ⑥拆除防寒物
初夏	5—6月	气温迅速上升，植物生长旺盛	①浇水 ②修剪 ③施肥 ④化学除草 ⑤补植缺株
盛夏	7—9月	气候高温多雨，植物生长由旺盛逐渐变缓	①修剪 ②中耕除草 ③施肥 ④排涝 ⑤防台、防汛检查 ⑥扶直 ⑦防晒

续表

阶段	月份	气候条件特点	养护管理内容
秋季	10—11月	气温回落，植物开始落叶，陆续进入休眠期	①翻土 ②施底肥 ③浇灌防冻水 ④防寒
冬季	12月—次年2月	进入冬季，土壤夜冻昼化，植物进入休眠期	①修剪 ②除杂草 ③积肥 ④积雪检查 ⑤防寒

7.1.2　不同季节的养护管理

7.1.2.1　春季养护

3月天气回暖，中旬以后，植物开始萌芽，下旬部分植物开花。根据具体天气情况，逐渐拆除保护乔木越冬的防寒设施，并对各乔木进行回春水灌溉，可将植物基肥混于灌溉水中，施肥和灌水同时进行。对花灌木、造型植物进行1次造型修剪，单株灌木松土处理，以保证植物的正常生长，缺株断口的苗木列入补植计划，对退化及生长不良的灌木进行翻挖改种。对草坪进行1次修剪，保持草坪高度在5 cm以内，对缺肥明显的草地施1次薄肥，使草坪快速返青呈嫩绿色，并继续做好草坪的保水和保洁工作。

4月气温继续上升，树木均萌芽开花或展叶，开始进入生长旺盛期。疏剪乔木的内膛枝，清除枯枝、下垂枝、病虫枝等，对无观赏性乔木的花蕾进行剪除处理，以减少植物的营养消耗；四月上旬及时种植萌芽晚的树木，新栽树木浇水充分。对花灌木、造型植物进行造型修剪，使其层次分明。根据天气情况将浇水与施肥结合起来进行浇灌，以追施氮肥为主。冬季死亡苗木应及时拔除补种，对新种植物要充分浇水。在两季草坪开始换季的时候播撒草籽，撒草籽前对草坪进行1次深度修剪，使新撒的草籽可以获得足够的光照从而萌芽。对于不需撒草籽的草坪，应做好杂草清除工作。

7.1.2.2　初夏养护

5月气温急剧上升，植物生长迅速。植物抽枝展叶，需水量很大，应根据天气情况调整苗木浇水量。对行道树进行第1次剥芽修剪。做好新补植灌木的养护工作，除给予足够供水外，适时松土、追肥、打顶促发侧枝。对草坪进行1次修剪，保持生长高度在5 cm内，使草坪达到最佳欣赏效果；拔除明显的杂草，并做好日常的保洁工作。

6月气温较高，雨水增多。根据降雨情况及时安排浇水和排涝工作，对于生长较弱的乔木应实施松土、除草和施肥工作。对球类与部分花灌木实施修剪。对草坪进行拔除或使用选择性除草剂均匀喷杀，以达到除杂草的目的；并对草坪进行1次修剪，保持生长高度在5 cm内，使草坪达到最佳的欣赏效果。做好树木防汛、防台前的检查工作，对松动、倾斜的树木进行扶正、加固及重新绑扎处理。如遇大雨天气，要注意低洼处的排水工作。

7.1.2.3　盛夏养护

7月气温最高，中旬以后可能会出现大风、大雨情况。在台风多发季节，对行道树等乔木进行剥芽修剪，并对支撑杆进行逐个检查，发现松垮、不稳的支撑杆，立即扶正、绑紧，以对抗台风天气。做好灌木的切边、清沟及松土工作。对于生长于低洼地势的花灌木应及时检查排涝措施。对草坪进行1次修剪，保持生长高度在5 cm内，使草坪达到最佳的欣赏效果，大雨过后及时排除低洼处积水，以防涝灾。在雨季期间，水分充足，可以移植常绿树，遇到高温要及时浇水。

8月高温多雨，树木生长由旺盛逐渐变缓。天气炎热，做好防晒和养护供水措施。采取疏、截结合方法修剪树冠大、根系浅的树种，对地势低洼和不耐水树种在汛期前做好排涝准备工作。暴雨过后，积极采取排涝措施，支撑扶正倾斜的树木。

9月气温有所下降。疏剪乔木的内膛枝，及时清除枯枝、病虫枝，注意生长期修剪频率和修剪量。根据天气情况，降低浇水频率。对缺肥的花灌木施1次追肥，以复合肥为主，控施氮肥，增施磷钾肥和有机肥，促进新枝条木质化，提高抗冻性。修剪冷季型草坪，及时清除杂草，防止杂草抽穗结籽。

7.1.2.4　秋季养护

10月气温下降，植物开始落叶，陆续进入休眠期。整理树池及围堰，对乔木进行过冬涂白。干旱季节应适当提高浇水频率和浇水量。继续对缺肥的花灌木施1次追肥，以复合肥为主。增强新植草坪的养护管理，使其尽快成坪，及时清除成坪绿地上的接穗杂草。

11月土壤夜冻昼化，进入冬季。完成涂白工作，疏剪乔木的内膛枝，清理枯枝、病虫枝。对不耐寒乔木进行越冬防冻处理，灌溉越冬水，保证在漫长的冬季土壤可以为植物提供充足的水分。对花灌木进行松土，全面清理下层的枯叶，以免滋生病虫，对所有易感染病、虫的植物实施病虫害的预防消杀处理；灌溉越冬水。草坪开始准备越冬，两季草坪已经成坪，增施有机肥，增强土壤肥力；跟进草地的切边工作，保证边线整齐、流畅。

7.1.2.5　冬季养护

12月气温较低，开始冬季养护。清理落叶枯枝，完成不耐寒乔木的越冬防寒措施。对花灌木进行1次整体修剪，并做好清洁及维护工作。对部分老化的苗木做好整改计划。对新生草坪进行本年最后1次修剪，继续跟进草地切边工作。

1月是全年中气温最低的月份，露地树木处于休眠状态。全面展开对落叶树木的整形修剪作业，对大小乔木上的枯枝、伤残枝、病虫枝以及妨碍架空线和建筑物的枝杈进行修剪清理。对花灌木进行1次整体修剪，并对灌木丛进行1次土壤疏松，用锄头将土壤打碎、找平。对绿地草坪进行1次大型杂草的清除与切边工作；如遇干旱天气，草坪的浇水需注意防冻。对种植或移栽1年以内的行道树进行检查，及时检查行道树绑扎、支撑情况，发现松绑、铅丝嵌皮、支撑晃动等情况时应立即整改；如遇暴风雪等灾害天气，应及时检查各苗木的抗灾措施。

2月气温较上月有所回升，树木仍处于休眠状态。对所有乔木进行1次枯枝、黄叶清理，对缺肥的部分乔木进行施肥。对花灌木植物进行重剪处理，并做好松土、施肥、浇水等后续工作，使植物更具观赏性。对缺肥的灌木施1次复合肥，以保证植物生长所需营养。重剪1次整个草坪，减少草坪的枯草层，利于草皮生长，促进草坪根系的分蘖，控制双子叶杂草生长，降低单子叶杂草竞争能力。及时拔除草坪中的杂草，将杂草率降低至5%以下。

7.1.3 养护管理的标准与考核

7.1.3.1 苗木的修剪

乔木修剪整形应达到均衡树势、完整枝冠和促进生长的要求。乔木修剪后树冠应完整美观，主侧枝分布均匀，数量适宜，内膛不乱，通风和透光较好，没有3 cm以上的枯枝、折断枝、修剪后的废弃枝。修剪截口与枝位平齐，直径2 cm以上的截口要封蜡或者涂抹愈伤膏，防止伤口腐烂。

花灌木修剪整形必须按规定的造型进行，不允许随意改动造型。小叶灌木用大号修枝剪整形，大叶灌木要用小号修枝剪整形。同一棵灌木应在工作日当天修剪完毕，以避免影响美观。灌木修剪后应保持树冠丰满、造型美观，生长枝不超过5 cm，无明显的枯枝、折断枝和废弃枝。

地被植物修剪必须按照规定进行，不允许随意改变造型，地被植物上不能存在枯枝落叶、修剪枝条等杂物。地被植物修剪后应顶面平整、线条美观、造型饱满，生长枝控制在5 cm以下。不同地被植物交界处，线条分明，间隙为3 cm左右。

7.1.3.2 浇灌与排水

乔木浇透，浇水后无遗漏，无大面积的积水，无冲毁灌木造型、地被植物造型、草坪的现象，无冲毁时令花卉植物花蕾、花朵的现象。

绿地内无积水，绿地和树穴内的积水留存时间不得超过12 h。及时排出树木根部透气管内积水，积水不得超过苗木土球底标高。

7.1.3.3 施肥

乔、灌木施肥应采用穴施法或环施法，施肥结合中耕同时进行。检查施肥后是否需要浇水，肥料是否溶解，枝叶根部是否存在肥害现象。地被和草坪植物施肥方法为撒施，施肥要均匀适量，施肥种类、浓度应合理，无肥害发生，草坪施肥后不应产生花斑或云斑。

7.1.3.4　中耕与除杂

养护负责人对各区域乔、灌木进行1次全面清点，重点查明乔、灌木穴球是否圆滑整齐，人工除杂草是否连根拔起，并详细填写苗木养护巡查记录表（表7–2）。灌木上不允许存在寄生植物。地被植物边缘应明显，每平方米内的杂草应控制在5～7棵，没有高出地被植物的杂草。草坪没有明显高出8 cm的杂草，每平方米内8 cm以上的杂草不得超过5棵，没有明显的阔叶杂草，没有已经开花结籽的杂草。

表7–2　苗木养护巡查记录表

序号	苗木			问题苗木分析						采取何种措施				死亡数量	具体位置
	品种	规格	总数量	表现症状（叶、枝、干、根）		受害类型（旱、涝、冻、风、病、虫害）		养护措施（支撑、除草、修剪、抹芽、围堰、浇水、草绳等）		措施1		措施2			
				原因	数量	原因	数量	原因	数量	时间及方法	效果	时间及方法	效果		
记录人：									负责人：						

7.1.3.5　病虫害防治

选用药品应合理，浓度配比应合理，严禁使用剧毒农药。喷洒应均匀适量，不存在药害现象。防治后各种病虫害应有明显的控制效果，其中，乔木无蛀干害虫、介壳虫等危害，食叶害虫咬食的叶片每株在7%以下；灌木喷药后病虫枝叶在8%以下；地被植物虫口密度控制在8%以下。喷施农药后的瓶与袋子不能随意乱扔，要做到回收并进行科学处理，以免引起二次污染。

7.1.3.6　防寒与防晒措施

乔木涂白高度应达到标准，裹干措施应到位，高度应统一。宿根类花木应采用培土措施。新栽植物应根据具体需要采用遮阳网防晒，遮阳网与苗木的距离应达到30 cm的标准。

生态园林养护标准和等级要求可以参照住房和城乡建设部发布的行业标准《园林绿化养护标准》(CJJ/T 287—2018)，也可以在此基础上，制定更为具体和要求更高的养护管理标准，见表7-3。

城市困难立地生态园林养护管理反复按照计划执行、检查、总结、纠偏闭环流程循环运行，具体的养护计划、高效的执行以及细致的检查都是为了对整体绿化养护进行有效的管理，提升城市困难立地生态园林养护管理水平。

表7-3 养护等级及标准

项目	一级标准	二级标准	三级标准
景观效果	总体景观效果维护良好；养护到位、得当，土壤不裸露	总体景观效果维护较好；养护基本到位、得当，土壤基本不裸露	总体景观效果好；养护相对较好，土壤基本不裸露
树木生长状况	植株长势良好，无枯枝、死枝、徒长枝、病虫枝	植株生长正常，无枯枝、死枝、徒长枝，病虫枝不超过5%	植株生长正常，无枯枝、死枝、徒长枝，病虫枝不超过8%
	树冠完整，内膛枝疏密得当，主侧枝分布均匀，通风透光良好	树冠基本完整，内膛枝疏密得当，主侧枝分枝基本均匀，数量适宜，通风透光基本良好	树冠基本完整，内膛枝疏密得当，选留主侧枝基本合理，通风透光相对较好
	叶色、叶形正常，无卷叶、焦叶、黄叶(生长季节)，叶面干净无积尘	叶色、叶形基本正常，有少量黄叶(生长季节)、焦叶、卷叶，叶面基本干净、有少量积尘	叶色、叶形基本正常，有部分黄叶(生长季节)、焦叶、卷叶，叶面较干净、有部分积尘
植物养护状况	灌木：缺株在2%以下(含2%)	灌木：缺株在4%以下(含4%)	灌木：缺株在6%以下(含6%)
	花灌木：开花率大于70%，残花败叶及时清理	花灌木：开花率大于60%，残花败叶及时清理	花灌木：开花率大于50%，残花败叶及时清理
	绿篱及地被： ①生长良好，枝条茂密，无枯枝、断枝； ②修剪及时，形状完整无缺，高度一致，平面平整，弧面圆滑； ③绿篱基本无空缺、断层现象，下部基本无光秃现象，地被基本无缺株断行现象	绿篱及地被： ①生长正常，无明显枯枝、断枝； ②修剪基本及时，形状基本完整； ③绿篱无明显空缺、断层现象，下部无明显光秃现象，地被无明显缺株断行现象	绿篱及地被： ①生长基本正常，有少量枯枝、断枝； ②修剪较及时，形状较完整； ③绿篱有少量空缺、断层现象，下部有少量光秃现象，地被有少量缺株断行现象
	花卉： ①植株健壮，花色艳，株行距适宜，不露底土； ②花卉生长正常，无枯枝残花，无缺株、倒伏现象； ③花坛图案清晰，色彩鲜艳，花朵繁茂，花期一致； ④花境花卉层次分明，高矮有序	花卉： ①花卉植株生长良好，花色艳丽，具有一定的株行距，不露底土； ②花卉生长正常，缺株、倒伏不超过5%，无枯枝残花； ③花期基本一致	花卉： ①有整体色彩效果，不露底土； ②花卉生长基本正常，缺株、倒伏不超过8%，基本无枯枝残花； ③适时开花
	草坪： ①生长旺盛，生长季节不枯黄，无杂草，覆盖率达99%以上； ②修剪及时，修剪高度符合要求，基本无坑洼积水，无垃圾及堆料堆物； ③单块空秃面积不超过0.1 m²； ④无杂草	草坪： ①生长良好，杂草率≤2%，覆盖率达95%以上； ②修剪高度符合要求，能及时处理坑洼积水和堆料堆物； ③单块空秃面积不超过0.2 m²； ④基本无杂草，无缠绕性、攀缘性杂草，杂草高度控制在6 cm以下，不影响景观效果	草坪： ①生长基本正常，杂草率≤5%，覆盖率达90%以上； ②修剪高度基本符合要求，坑洼积水和堆料堆场清理能在规定期限内完成； ③单块空秃面积不超过0.3 m²； ④无缠绕性、攀缘性杂草，控制杂草高度，不影响景观效果
	造型树：及时修剪，形状完好	造型树：基本及时修剪，形状较完好	造型树：修剪相对及时，形状基本完好

续表

项目	一级标准	二级标准	三级标准
植物养护状况	水肥管理： ①根据当地气候、土壤保水、植物需水情况，适时适量浇水； ②根据树木生长需要和土壤肥力情况，制订年度施肥计划，施肥合理	水肥管理： ①根据当地气候、土壤保水情况，适时适量浇水； ②根据树木生长需要，制订年度施肥计划，施肥基本合理	水肥管理： ①根据当地气候、土壤保水情况，适时适量浇水； ②制订年度施肥计划，施肥相对合理
	防暴雨大风措施： ①暴雨大风天气应做好树木的修剪工作，以尽量减少危害，对危树及时采取加固措施； ②暴雨大风来临后，及时处理已倒伏而影响交通的树木，及时疏通道路，修剪断折、下垂的枝条，将歪斜、倒伏的树木扶正	防暴雨大风措施： ①暴雨大风天气应做好树木的修剪工作，以尽量减少危害，对危树较及时采取加固措施； ②暴雨大风来临后，应较及时处理已倒伏而影响交通的树木，及时疏通道路，修剪断折、下垂的枝条，将歪斜、倒伏的树木扶正	防暴雨大风措施： ①暴雨大风天气应做好树木的修剪工作，以尽量减少危害，对危树基本及时采取加固措施； ②暴雨大风后，应基本及时处理已倒伏而影响交通的树木，基本及时疏通道路，修剪断折、下垂的枝条，将歪斜、倒伏的树木扶正
	立体绿化、水生植物、花境植物齐整，最佳观赏期后及时修剪、归整	立体绿化、水生植物、花境植物齐整，最佳观赏期后修剪、归整较及时	立体绿化、水生植物、花境植物齐整，最佳观赏期后基本及时修剪、归整
作业规范管理	①管理员持证上岗，跟班作业； ②当班管理员做好检查记录； ③落实作业标准，对各种问题及时整改到位	①管理员持证上岗，跟班作业； ②当班管理员做好检查记录； ③落实作业标准，对各种问题整改较到位	①管理员持证上岗，跟班作业； ②当班管理员做好检查记录； ③落实作业标准，对各种问题基本及时整改到位
	①养护人员通过培训上岗； ②养护人员上岗必须穿着带有反光标志的统一制服	①养护人员通过培训上岗； ②养护人员上岗必须穿着带有反光标志的统一制服	①养护人员通过培训上岗； ②养护人员上岗必须穿着带有反光标志的统一制服
	①制订完善科学的养护技术方案，建有工种齐全和固定的养护队伍； ②及时上报月度工作总结和养护计划，以及业主和其他相关单位要求的资料	①制订较完善的养护技术方案，建有工种齐全和相对稳定的养护队伍； ②较及时上报月度工作总结和养护计划，以及业主和其他相关单位要求的资料	①备有养护管理技术方案，建有具备基本工种的养护队伍； ②基本及时上报月度工作总结和养护计划，以及业主和其他相关单位要求的资料
	①做好重大活动保障，突发事件处理得当； ②无群众投诉、媒体曝光事件； ③管理部门提出的问题应在规定时间内完成	①做好重大活动保障，突发事件处理得当； ②无群众投诉、媒体曝光事件； ③应在规定时间内完成管理部门提出的问题	①做好重大活动保障，突发事件处理得当； ②无群众投诉、媒体曝光事件； ③应在规定时间内完成管理部门提出的问题

7.2

城市困难立地生态园林养护管理的关键技术环节

城市困难立地生态园林建设主要在工业搬迁地、废弃地、垃圾填埋场、受损湿地和水域、建筑物外立面等困难立地条件下开展，对于建成后的生态园林养护，常规绿化养护技术往往无法应对其特殊的立地环境条件，需要在常规生态园林养护技术的基础上针对城市困难立地生态园林开展专项绿化养护技术的研究与创新。

7.2.1　自然型城市困难立地生态园林养护管理的关键技术环节

7.2.1.1　城市边坡绿化植物养护管理的关键技术环节

（1）养分管理

边坡土质一般较为贫瘠，因此通过合理施肥为植物生长提供足够的养分，是边坡绿化工作的重要内容之一。在喷播出芽15 d后，可在浇水养坡时按5‰的比例加入尿素，均匀喷洒至坡面。在喷播实施2个月左右，进行1次全面的施肥（尿素为10 g/m²，复合肥为20 g/m²）。每年4—5月和9—10月再进行2次施肥，秋季施用复合肥可适当增加磷钾肥用量，也可根据植被生长情况和生长季节合理调整施肥计划。

（2）水分管理

城市边坡绿化不同阶段对水分需求不同。初期养护一般为45 d，养护频率为每天2次，尽量早晚各1次，应注意基材混合物内勿形成“壤中流”。发芽期间（喷播后7～25 d）浇水时应将水滴雾化，坡面湿润深度大于50 mm，随着幼苗的生长，适当加大湿润深度。在高温干旱季节，种子幼芽及幼苗因地面温度较高容易被灼伤，每天应增加1～2次养护。避免在强烈的日光下进行喷水养护，以免灼伤幼苗叶片，上午浇水应在10点以前完成，下午浇水应在5点后进行。

喷播后3个月内，应按下列要求进行浇水养护：每次浇水的最小容量为10 L/m²，浇水间隔时间可以参考表7-4，在此期间如果发生降雨，可减少频次和浇水量；喷播后第4个月起，每月浇水养护1次至交工验收；每季度必须查验植物生长情况，并根据需要调整浇水养护计划。

表7-4　城市边坡植物浇水间隔时间

植物苗龄/周	浇水间隔时间
0~2	每2 d 1次
3~6	每4 d 1次
7~12	每10 d 1次
>12	每月1次

7.2.1.2　盐碱地生态绿化植物养护管理的关键技术环节

（1）土壤及养分管理

平整土地，对土壤进行深耕深翻，防止土壤斑状盐碱化。盐碱区域较小时，可将树坑、树池等地方的盐碱土挖出，重新填入外运来的良好砂壤土，从而对树池、花坛等微小区域进行土壤改良，对土壤返盐进行科学的局部控制，提高苗木的成活率。春季开冻后，及时铲除树盘上的覆土，去除地膜，注意表层覆土经冬季水分蒸发后多已形成斑状盐碱结晶体，将表层土铲除，铲除的土壤应清除至场外，并及时灌溉补水。

施用有机肥料或高效复合肥，控制低浓度化肥的使用，避免施用碱性肥料，如氨水、碳酸氢铵、石灰氮、钙镁磷肥等。施入微酸性硫酸钾复合肥，起到改良盐碱地的作用。定期剪除植物侧枝，控制枝条生长，及时去除病虫枝，避免养分供应不足。严禁大面积使用硫酸亚铁等化学物质降碱，防止次生盐渍的产生。

（2）水分管理

盐碱地区水体多呈碱性，水体硬度大，宜选用活水或城市供水灌溉。植物种植完成后，一次性浇足水。养护期内勤浇水，在土表板结前对色块和树盘进行松土，适宜深度为3～5 cm。根据实际需求，营造完善的排水系统，有效降低地下水位，避免出现积水现象，做好排涝工作。

夏季天气炎热干燥，会加重植物盐害症状。每天使用多功能绿化洒水车高压水炮向植物上方喷射水雾，适当增加空气湿度，降低植物的蒸腾作用，有效缓解因为盐度而产生的水分失调现象。冬季在冻土形成前做好越冬水灌溉工作，越冬灌溉后应在乔灌木树盘范围内铺设地膜，随后再覆土，覆土厚度高于地表10～20 cm。在土壤解冻前定期巡查，及时修补、定期通风，防止湿润土表滋生霉菌。

（3）受盐碱伤害植株的恢复养护

根系受到盐碱伤害的植株在发芽后会出现缩枝萎蔫现象，这样的植株应挖起重栽，同时换填良性土壤。或者建设洗盐池，对土壤洗盐处理后再掺加腐殖质和有机肥，对原树穴土壤进行更换后重栽植株。

7.2.2 退化型城市困难立地生态园林养护管理的关键技术环节

为了确保水生植物能够充分发挥修复、净化水质的功能，需要提高对水生植物管护工作的重视程度，做好栽植后的管理维护工作，为水生植物营造出良好的生长环境。

7.2.2.1 受损水域园林植物养护管理的关键技术环节

（1）水位管理

水生植物的存活、生长、繁殖等受水位影响较大，在植物栽种初期，通过涵闸、泵站等及时调控水位，促使植物根茎向下生长。当水体水位高于或低于要求水位20 cm以上时应及时排水或给水。

（2）植物管护

实时监测水生植物生长状况，合理调整水生植物的密度、长势及生长环境，使得各种群落相互制约，形成种间良性竞争生长机制。在水生植物混合栽植的区域，对繁殖速度较快的品种进行定期疏剪，避免出现个别物种疯长的现象，挤压其他物种的种植空间而形成单一物种环境。定期检查浮水植物生长密度，当浮水植物个体过大、叶面互相遮盖时，需要进行分株繁殖，防止其覆满水面，影响其他沉水植物的正常生长。

对外来引进植物进行严格筛选和安全测试，并建立物种数据库，为后期的风险评估做准备。实时监控外来物种，充分发挥其净化水体的功能，同时保障同一水域内的乡土植物不受侵害。对外来有害植物进行防范性控制和生态控制，必要时采取人工清理等措施，以防其过度生长对乡土植物造成危害。监测修复前后的水质变化和动植物物种数量及生长状况。

不同类型的水生植物生长速度存在差异，需要根据实际情况对其进行收割，一般上半年（3—5月）和下半年（9—11月）收割2次，以此来改善水域曝气和光照条件，加快有机质和氨、磷的分解。11月下旬对枯萎的观赏水生植物进行修剪，沉水植物死亡后尽快对其进行收割。及时清理水生植物收割后残留的植物碎屑，防止水体二次污染。水生植物生长不良或者死亡时，进行更新补种，以维持种群正常密度，保证群落结构的稳定。

（3）杂草控制

为有效控制杂草疯长，使得种植的水生植物生长占据优势，可在春季植物发芽时期提高水位，以达到保证水生植物正常生长发育而抑制其他杂草生长的目的。在水生植物生长季节内，可以采用人工拔除杂草。

7.2.2.2　城市行道树养护管理的关键技术环节

（1）整形修剪

行道树的整形修剪在养护管理中占据十分重要的地位，主要包括整形和修剪两部分工作。整形需要综合考虑行道树所处的位置、周边环境和交通情况等，在不影响交通的前提下，最大程度发挥行道树美化环境的作用。这就要求定期对行道树进行修剪，通过修剪保持合理的主干高度，适当剪除老弱枝、枯枝、病虫枝，以及影响交通的下垂枝、冗杂枝，从而保证行道树与架空线的安全距离和行道树正常的生长发育。在修剪时，要保证剪口平整，对有较大伤口的主干或者主枝，修剪后及时在伤口部位涂抹愈伤膏，减轻伤口处水分蒸发，并防止伤口感染。

（2）土壤和养分管理

行道树周边土壤非常容易受到行人的影响而出现踏实和土壤板结的问题，这就需要在条件允许的情况下，尽量在树带两边安装防护栏，增加树池标高，避免车辆和行人碾压行道树周边的土壤，同时做到定期松土，减少土壤板结。此外，每天还要做好清洁工作，及时清理行道树周围的垃圾；禁止向行道树周边排放或者倾倒污水，避免污水污染树池或树池里的土壤。

行道树每年施肥1～2次，有机肥或复合肥均可，一般落叶树种在冬季（12月至次年2月）施肥，常绿树种在春季（3—5月）施肥，越冬前（休眠期）全面增施有机肥。施肥可以采用沟施、穴施或者环施法，宜在晴天进行，施完后马上浇水以溶解肥料，施肥后检查枝叶根部有无肥害发生。对于长势较弱的行道树，可以在树干上打孔，将行道树生长所需要的维生素、微量元素等营养物质以液体形式注入行道树体内，促进行道树对营养物质的吸收及其生长发育。

（3）水分管理

在移植行道树的过程中会造成其根系的损伤，这将直接影响根系水分的吸收以及树木的成活率。因此，行道树栽植后须及时补充水分，尤其需要重视前3次的浇灌。在栽植当天要浇灌定根水，水量不宜过大，水流要缓慢，使土下沉；3～4 d后进行第2次浇水，一周内完成第3次浇水，后两次浇灌的水量要充足。每次浇水后要注意整堰，填土堵漏。除了浇灌充足的水分外，还需根据行道树的品种和天气情况进行喷水雾保湿或包裹树干处理。此外，在栽植时还要进行预埋排水管和回填石子等排水措施，以防止水分的淤积。在雨季要随时关注天气预报，加固树木支撑架，做好预防台风的保护措施。警惕突降大雨、暴雨及大风等灾害的发生，组织好排涝抢险工作。暴雨后，采用明沟排水的方法及时对树木周围过多的水分进行引流处理，减少因积水而造成的行道树死亡现象。

（4）防寒与防晒

入冬前要浇足浇透封冻水，并对行道树采取涂白、裹干以及搭设防风障等防寒措施。涂白前，刮去树皮上的粗翘皮和苔藓等寄生物，清理树皮缝，在刮皮部位涂刷涂白剂。涂白时以涂白剂不流失及干后不翘、不脱落为宜。涂白高度视行道树的大小而定，涂白的树干以离地面1.2～1.5 m为宜，涂成统一高度。使用无纺布、草绳、塑料薄膜等材料包裹树干，同一路段的裹干高度保持一致。冬季大雪时及时做好除雪工作，雪后如有损伤要及时抚育，用修、拉、扶、撑等方法恢复树势，平衡树冠。春季浇灌返青水，去除裹干的防寒物，适时中耕除草，保持树木周围地面土壤疏松，树堰内不堆积渣土和白灰。

夏季气温高、光照强，可以采取裹干保湿、搭设遮阳网、洒水抗旱等措施保证行道树的成活率，必要时进行喷水降温处理，但是要避免在烈日直射时喷水。

7.2.3 人工型城市困难立地生态园林养护管理的关键技术环节

7.2.3.1 屋顶绿化养护管理的关键技术环节

（1）养分管理

屋顶绿化的立地条件无法满足植物长期生长所需要的营养物质，必须根据植物的生长周期和季节等情况，及时、合理地补充长效有机肥或复合肥。一般在植物生长期内需要施加1～2次长效复合肥，同时还要根据植物表现适时喷施中、微量叶面肥，为植物生长提供所需的矿物营养。在管护的过程中，还要注意采取控制水肥的方法对屋顶绿化植物生长进行适当的控制，防止植物生长过旺增加建筑荷载和管护成本。

（2）水分管理

基于屋顶荷载的限制，屋顶绿化种植土厚度一般都选择满足植物生存的最小土壤厚度，这就使得种植基质较薄，加上屋顶风速高、昼夜温差大，基质水分的散失速度很快。因此，在养护工作中需要加强水分管理，坚持“少量频灌”的原则，尽量以智能灌溉为主，辅以人工浇水。同时，做好排水措施，实现浇灌与排水的平衡，保证植物正常的水分代谢需求。灌溉的时间和次数，需要根据屋顶绿化所选用植物的种类，以及季节、天气、环境情况来确定。一般在春季要注意根据天气情况提早浇灌返青水。夏、秋两季天气炎热，应早晚浇水，以保持较高的空气湿度，同时避免中午暴晒时浇水。冬季水分散失较慢，可在下午2点左右适当补水。

（3）修剪与补植

屋顶绿化植物的高度和疏密度需要严格控制，主要是进行定期修剪以控制植物的生长，保持合适的根冠比，确保屋顶荷载安全并满足防风的需求。大乔木和灌木选择降高缩冠修剪，在秋、冬两季对多年生攀缘植物进行强修剪。及时更新或补栽生长不良、枯死或损毁的植物，用于更新及补栽的植物应和原规格一致。生长季节应及时清除杂草、落叶残花并及时清运。

（4）其他养护

定期检查屋顶排水系统、树木固定措施和周边护栏，及时采取防风、防晒、防寒和防火措施，保证安全。定期检查屋面结构设备（出水口、排水沟和检查井），清理水循环系统以及枯枝落叶，疏通排水管道，保持水质清洁，防止排水口被堵造成积水倒流。在冬季，对新植苗木或不耐寒的植物采取搭设风障、防寒罩和包裹树干等措施进行防风防寒处理，对多年生地被植物应及时修剪地上部分，以防火灾。对于给排水设施外露部分应采取防冻措施。极端天气过后，应及时检查相关屋顶设施并修复损坏的设施。

7.2.3.2　垂直绿化养护管理的关键技术环节

（1）养分管理

通过水肥一体化设备为植物提供生长所需养分，根据植物生长年份、生长周期和季节等情况，科学、合理补充环保、长效的有机肥或复合肥。将有机缓释肥料按照说明书所示的比例溶于水中，进行自动施肥。在植物的生长季节，利用叶面施肥的方式进行快速追肥，每年喷4～5次，保障养分供应。在管护的过程中，应采取控制水肥的方法或者生长抑制技术来控制植物生长，减少建筑荷载和管护成本。

（2）水分管理

使用智能滴灌系统进行科学、合理的灌溉，根据植物种类、季节和天气情况调整灌溉时间和频率，夏季每天1～2次，春、秋季每周3～4次，冬季每周2～3次，每次20～30 min。夏季早晚浇水，避免中午暴晒时浇水，冬季适当补水，以确保建筑外立面绿化空间种植基质维持基本保水量。

（3）植物管护

养护前期每天需要进行叶面喷水保湿，及时修剪枯萎叶片，以免阻碍新芽的生长，影响景观效果。定期修剪植物，控制其生长，以确保建筑外立面荷载和防风安全。及时拔除外来野生的植物种类，秋、冬两季对多年生攀缘植物进行强修剪。及时更换或补栽生长不良或死亡的植株，更换与补栽的植物应和原植株规格一致。

（4）设备养护

定期检修智能滴灌系统，检查设备是否能够正常运行，管道有无漏水现象，过滤器是否堵塞，有问题应及时解决。冬季室外温度较低，很容易造成管道、过滤器等设备冻裂，需要对设施外露部分进行保温处理。根据建筑外立面植物种类、季节和所处环境不同，及时采取防风、防晒、防寒和防火措施，特殊天气过后，及时检查相关设施，并修复损坏的设施。

7.3 城市困难立地生态园林病虫害防治

病虫害是威胁植物健康生长的重要因子。相较于一般的绿地来说，城市困难立地条件下的植物病虫害发生具有特殊性。如何最大程度地降低病虫害对植物生长的影响，是一项极具挑战性的工作。

7.3.1 预防为主

随着我国城市化进程的持续推进，可以预计：城市困难立地生态园林建设将与许多其他类型的新建绿地类似，植物病虫害的发生势必面临愈加复杂的形势。因此，必须将城市困难立地生态园林病虫害发生的监测工作放在十分突出的位置，尤其需要关注入侵性、暴发性和危险性病虫害的发生。如果监测预警工作不到位，不仅使困难立地生态园林植物的健康受到威胁，还可能给城市社会经济发展带来损失。

植物病虫害暴发成灾与人类活动诱导生态因子发生恶变有着直接和间接的关系。通常在不适宜的结构、栽培和管护条件下，植物因环境恶化、各因子间动态关系失衡而发生病虫害甚至形成灾变。因此，城市困难立地生态园林植物病虫害防治必须要以保持和恢复良好环境生态平衡为基础，改善植物生长的立地条件，从而最大程度地创造有利于植物生长的环境，提高植物的生长势，预防病虫害的发生。

7.3.2 综合防治

随着人们对生态环境要求的日益提高，以往单一依靠化学农药防控病虫害的时代已经被逐步舍弃，害虫可持续控制策略（sustainable pest management，SPM）更多地成为园林绿化植保关注的重点。这一策略既能满足当前社会对有害生物控制的需求，也不会对今后的有害生物控制需求能力产生不利影响，是一种经济效益、社会效益和生态效益相互协调的有害生物控制策略。这就要求将物理、化学与生物技术相结合，采用综合防治的方法进行城市困难立地生态园林的病虫害防治。

7.3.2.1 植物检疫

检疫防治又称法规防治，是指导一个国家或地区，用法律或法令形式，禁止某些危险性病、虫、草人为地传入或传出，或者对已经传入的病、虫、杂草采取有效消灭措施或控制措施的防治方法。加强植物检疫，堵住有害生物入侵的源头，是控制病虫害暴发的第一道“关口”，能够最大程度地避免一些危险性病虫害通过人为因素传播扩散。随着城市园林绿化行业的发展，各类植物引种和种苗调运日益频繁，人为传播各类植物病虫害的风险大大增加。因此，在进行城市困难立地生态园林建设时，应务必做好植物引入前的检疫检查，将风险和隐患降到最小。

7.3.2.2　园艺防治

园艺防治工作穿插于园林植物养护及日常管理的过程中，目的是通过良好的养护管理为园林植物创造良好的生长条件，提高植物抵抗病虫害的能力。园艺防治的主要内容包括加强对园林植物的抚育管理；科学修剪，在修剪过程中注意清除各类病虫枝以减少病虫源基数，同时，枯枝落叶、修剪物等应集中处理销毁；肥料应使用充分腐熟的有机肥；做好冬季深翻，以消灭部分越冬虫源；等等。

7.3.2.3　生物防治

生物防治主要是指利用天敌昆虫、病原微生物、捕食性动物和昆虫激素等方法来防治害虫。自然界中的各类天敌资源十分丰富，是抑制病虫发生发展的重要因素，也是利用和研究生物防治的基础。

天敌昆虫包括瓢虫、草蛉、食蚜蝇、食虫虻、蚂蚁、猎蝽、泥蜂、步甲等捕食性天敌，以及寄生蜂和寄生蝇等寄生性天敌。对于天敌昆虫的利用，可以采用保护自然天敌以及人工大量繁殖天敌昆虫进行释放等方法。病原微生物主要包括细菌、真菌、病毒、立克次氏体、原生动物和线虫等。目前利用最多的是真菌、细菌和病毒，其中主要是苏云金杆菌（Bt）和白僵菌。

7.3.2.4　物理防治

物理防治是指利用物理方法在一些特定阶段对害虫进行防治的方法。这些特定阶段包括一些食叶性害虫的虫卵期、蛹期或者低龄幼虫的大量集聚阶段，刺吸性害虫、钻蛀性害虫的产卵期、初孵期等。发病严重的植物，可采用人工采集或剪除有病虫枝的方法降低虫口密度，去除部分害虫，有效降低害虫基数。另外，还可以利用害虫对某些物质和条件的趋性对其进行诱杀。目前常用的方法有黑光灯诱杀、饵木诱杀等。

7.3.2.5　化学防治

化学药剂由于见效快、广谱性好、操作方便等特点，长期以来受到植保工作的欢迎。但是，近年来随着全社会对生态环境要求的日益提高，化学药剂一夜之间又成了“过街老鼠”，屡受诟病。实际上，在城市困难立地植物病虫害防治中，要综合考虑病虫害发生的生物学特性、演变趋势以及立地条件等多种因素，遵循安全性、有效性、经济性、对人畜和生态环境无害性的原则，有选择地使用化学药剂。

7.3.3　2010年上海世博园区的病虫害防治

虽然目前总体上有关城市困难立地生态园林的建设还处于起步阶段，但在病虫害防治方面已经有了一些可供借鉴的经验。其中，2010年上海世博园区的病虫害防控工作是一个有代表性的案例。

2010年上海世博会的选址位于黄浦江两岸、卢浦大桥与南浦大桥之间约5.4 km^{2}的规划控制区内。此地原是早期工业发展地区，用地性质包括工厂、仓库、码头、堆场、住宅等，是典型的城市困难立地。为了确保世博园林景观面貌不受有害生物的危害，相关团队在世博园林景观建设前、建设中、建设后三个阶段进行了多方面研究。

在筹备期，利用有害生物风险分析和植物检疫处理技术，通过从国外引种植物名单分析潜在的传入外来危险生物，在前期开发的有害生物预警数据库基础上，对园区内原生植物上原有有害生物发生情况进行调查监测，编写《世博园区重要有害生物警示名录及防控技术指南》；建设期内，对园区绿化植物有害生物发生情况进行跟踪调查监测，结合典型已传入外来危险生物名单及有害生物调查监测结果提出应急预案，并编写《世博园区行道树有害生物防控技术指南》和《2010年上海世博园有害生物防治月历》（表7-5）；世博会运营期间，结合信息技术和网格化管控理念，开发基于Web Service的有害生物实时监控PDA系统，对园区内建成绿地进行调查监测，定期发布预警信息。整个世博会期间，园区植物生长健康，达到了原有设计要求，为大型城市困难立地生态园林病虫害的防治工作提供了很好的范例。

表7-5　2010年上海世博园有害生物防治月历

植物种类	有害生物或病症	防治适期	防治方法
银杏	茶黄蓟马	6—8月	从6月上旬开始，每周调查1次，若30%的叶片出现黄白色褪绿斑点，建议采取防治措施，可喷施1.8%阿维菌素3 000倍液、啶虫脒2 500倍液或噻虫嗪10 000倍液进行防治
	叶枯病	7—9月	从7月上中旬开始，喷施代森锰锌600倍液2次，每次间隔15 d，可减轻发病可能
无患子	无患子长斑蚜	4月	在4月初，喷施2次艾美乐10 000倍液或噻虫嗪10 000倍液，每次间隔10 d
榉树	黄刺蛾	2月，6—9月	2月开始，击毁树干上的越冬茧；6月下旬开始，则喷施Bt（苏云金杆菌）500倍液，若同期兼治其他食叶性害虫，则可喷施灭幼脲或烟·参碱800～1 000倍液
	丽绿刺蛾	2月，6—9月	2月开始，击毁树干上的越冬茧；6月下旬开始，则喷施Bt（苏云金杆菌）500倍液，若同期兼治其他食叶性害虫，则可喷施灭幼脲或烟·参碱800～1 000倍液
	异榉长斑蚜	4月	4月开始，每周调查1次，若榉树新叶出现斑驳，且被害叶达30%以上，立即喷施艾美乐10 000倍液或噻虫嗪10 000倍液，连续喷施2～3次，每次间隔10～15 d
重阳木	重阳木锦斑蛾	6—9月	6月初开始，以防治第1代幼虫最重要，防治可喷施烟·参碱800倍液或灭幼脲3号1 000倍液
	褐边绿刺蛾	6—9月	6月下旬开始，则喷施Bt（苏云金杆菌）500倍液，若同期兼治其他食叶性害虫，则可喷施灭幼脲或烟·参碱800～1 000倍液
	桑褐刺蛾	6—9月	6月下旬开始，则喷施Bt（苏云金杆菌）500倍液，若同期兼治其他食叶性害虫，则可喷施灭幼脲或烟·参碱800～1 000倍液
	黄刺蛾	2月，6—9月	2月开始，击毁树干上的越冬茧；6月下旬开始，则喷施Bt（苏云金杆菌）500倍液，若同期兼治其他食叶性害虫，则可喷施灭幼脲或烟·参碱800～1 000倍液
	扁刺蛾	6—9月	6月下旬至7月上旬，喷施Bt（苏云金杆菌）500倍液，若同期兼治其他食叶性害虫，则可喷施灭幼脲或烟·参碱800～1 000倍液

续表

植物种类	有害生物或病症	防治适期	防治方法
朴树	朴树棉蚜	4—5月	4月开始，每周调查1次，若被害叶达30%以上，立即喷施艾美乐10 000倍液或噻虫嗪10 000倍液，连续喷施2次，每次间隔10～15 d
马褂木	炭疽病	6月	6月初，若新叶受害率达30%，建议喷施1次甲基托布津，半月后喷施大生800倍液，连喷2次，每次间隔10～15 d
枫杨	桑褐刺蛾	6—9月	6月下旬开始，喷施Bt（苏云金杆菌）500倍液，若同期兼治其他食叶性害虫，则可喷施灭幼脲或烟·参碱800～1 000倍液
	褐边绿刺蛾	6—9月	6月下旬开始，喷施Bt（苏云金杆菌）500倍液，若同期兼治其他食叶性害虫，则可喷施灭幼脲或烟·参碱800～1 000倍液
	丽绿刺蛾	6—9月	6月下旬开始，喷施Bt（苏云金杆菌）500倍液，若同期兼治其他食叶性害虫，则可喷施灭幼脲或烟·参碱800～1 000倍液
	扁刺蛾	6—9月	6月下旬至7月上旬，喷施Bt（苏云金杆菌）500倍液，若同期兼治其他食叶性害虫，则可喷施灭幼脲或烟·参碱800～1 000倍液
	黄刺蛾	2月，6—9月	2月开始，击毁树干上的越冬茧；6月下旬开始，则喷施Bt（苏云金杆菌）500倍液，若同期兼治其他食叶性害虫，则可喷施灭幼脲或烟·参碱800～1 000倍液
	枫杨刻蚜	4月	4月中旬，喷施2次吡虫啉1 000倍或啶虫脒2 500倍药剂，每次间隔10～15 d
香樟	樟叶瘤丛螟	6—11月	6月上中旬，见香樟叶片2～3叶粘住，可喷施灭幼脲1 000倍液或烟·参碱800倍液；6月下旬起，经常巡视香樟，有虫巢及时摘除，集中销毁
	樟个木虱	4月中旬	4月中旬前后，在香樟换叶期，检查香樟新叶，若有30%以上新叶有针眼状亮点或凸起，选用噻虫嗪10 000倍液喷施1～2次，间隔15～20 d1次
	樗蚕	6—7月	一般樗蚕对香樟的危害不大，但若1株上虫量较多，也可短期内将叶片吃光；可在6月初检查香樟，如每株虫量超过10头，建议喷施灭幼脲1 000倍液或烟·参碱800倍液
	樟背冠网蝽	5月	在5月上旬，检查香樟中下部叶片，若叶害率超过30%，建议喷施吡虫啉1000倍液或啶虫脒2 500倍，视虫情隔10 d左右再喷1次
	藤壶蚧	4月底—5月初	从4月20日开始，每隔2～3 d检查1次藤壶蚧母蚧产卵情况，若卵孵化率达到40%以上，则其后的第5—15天是防治适期，在防治适期使用具有内吸性的药剂进行防治，如噻虫嗪10 000倍液或艾美乐10 000倍液防效较好
乐昌含笑	藤壶蚧	4月底—5月初	从4月20日开始，每隔2～3 d检查1次藤壶蚧母蚧产卵情况，若卵孵化率达到40%以上，则其后的第5—15天是防治适期，在防治适期喷施阿克泰10 000倍液或艾美乐10 000倍液
香抛（柚）	吹绵蚧	3月，7—8月	在3月第1代成虫和7月上旬至8月中旬第2代成虫产卵时，喷施噻虫嗪10 000倍液或艾美乐10 000倍液
	棉蚜	4月	4月初，若嫩梢危害率超过80%，且每个嫩梢或新叶幼虫超过100头，建议喷施吡虫啉1 000倍液或啶虫脒2 500倍液，每次间隔10～15 d，连续2～3次
	星天牛	全年	4—5月和7月后防治幼虫，检查有无排木屑蛀孔，有排泄孔的进行人工钩杀或蛀孔内灌药；6—7月，检查树干基部，发现产卵刻槽，可用小刀刮杀卵和初孵幼虫。成虫防治：于晴天的中午前后，捕捉成虫；5—8月，用10%高效氯氟氰菊酯微胶囊剂600倍全株喷雾防治天牛成虫。对于根基部易受天牛危害的部分槭树品种如日本红枫，喷施时需注意加大根颈部的用药量

参考文献

陈定川，莫健生．屋顶绿化养护与管理探析：以广西利澳物业服务小区为例[J]．南方园艺，2017，28(2)：44-47.

陈宏波，王伟．上海市主要花卉园林病害初步调查[J]．中国植保导刊，2009，29(4)：11-14.

高磊，鞠瑞亭，丁俊杰，等．上海地区新入侵草坪害虫早熟禾拟茎草螟的鉴定及危害[J]．昆虫学报，2013，56(9)：1020-1025.

顾萍，周玲琴，徐忠．上海地区栾多态毛蚜生物学特性观察及防治初探[J]．上海交通大学学报(农业科学版)，2004，22(4)：389-392.

李巧，张格，郭宏伟，等．三角枫上的一种重要害虫：小圆胸小蠹[J]．中国森林病虫，2014，33(4)：25-27.

李忠．中国园林植物蚧虫[M]．成都：四川科学技术出版社，2016.

刘平．垂直绿化植物的栽植与养护[J]．现代园艺，2016(3)：103-104.

陆春晖．上海迪士尼乐园星愿公园水生植物的种植施工技术及后期养护[J]．中国园林，2017，33(7)：26-29.

路广亮，徐颖，罗卿权，等．草坪害虫淡剑灰翅夜蛾高致病力莱氏野村菌菌株的筛选及其田间防治效果[J]．中国森林病虫，2017，36(6)：29，44-48.

罗卿权，路广亮，徐颖，等．一株淡剑灰翅夜蛾病原性真菌莱氏绿僵菌的多基因序列鉴定[J]．植物保护学报，2018(3)：614-621.

王凤，詹慧敏，鞠瑞亭．上海地区悬铃木方翅网蝽种群动态及防治指标[J]．植物保护，2013，3(4)：147–150.

王凤，朱烨，蔡丹群，等．性信息素与化学药剂防治梨小食心虫效果比较[J]．中国森林病虫，2013，32(4)：24-26.

王如月，王如意．盐碱地植物养护[J]．现代园艺，2017(17)：89-90.

萧刚柔．中国森林昆虫[M]．2版．北京：中国林业出版社，1992.

邢洁，王彦军，陈震．行道树的养护与管理[J]．现代农业科技，2017(3)：142，149.

徐公天，等．园林植物病虫害防治原色图谱[M]．北京：中国农业出版社，2003.

许刚．特殊立地环境植物的栽培与养护：垂直绿化植物的栽植养护[J]．居舍，2018(21)：123.

云川．如何科学养护城市行道树[J]．中国花卉园艺，2016(24)：33.

钟进凯．行道树的选择原则与养护技术要点[J]．现代化农业，2015(6)：25-26.

LI Y Z，ZHU Z R，JU R T，et al. The red palm weevil，*Rhynchophorus ferrugineus* (Coleoptera：Curculionidae), newly reported from Zhejiang, China and update of geographical distribution[J]．Florida Entomologist，2009，92(2)：386-387.

第8章

城市困难立地生态园林建设后评估

8.1

城市困难立地生态园林建设后评估概述

8.1.1　项目后评估的概念

项目后评估（也称后评价）是指对已经完成项目的目的、执行过程、效益、作用和影响进行系统、客观分析的过程。使用后评估（post occupancy evaluation，POE）最早是20世纪60年代从环境心理学领域发展起来的一种针对建筑环境的研究。美国经济学家弗雷德曼在其著作中对这一概念定义如下："使用后评估是用'度'来衡量建成环境对人们需求的满足。"

项目后评估的内容主要涵盖项目目标评价、项目实施过程评价、项目经济效益评价、项目环境影响评价、项目社会影响评价以及项目可持续性评价等几方面。项目后评估通常有以下三种作用：

①通过对项目活动实践的检查、分析和总结，确定项目是否达到预期目标，项目是否合理有效，项目主要效益指标是否实现。

②可对项目前评估与项目决策失误责任进行追究，为未来新项目的决策，以及提高投资决策管理水平提出建议，同时针对项目实施运营中出现的问题提出改进建议。

③通过分析项目的社会、经济与环境影响，及时采取有针对性的措施提高项目的投资效益，为项目的宏观决策和决策政策的实施提供科学依据。

与项目或者工程实施之前的可行性研究（即项目前评估）不同，项目后评估一般在项目或者工程建设完成后开展。与项目前评估相比，项目后评估在评价主体、评价性质、评价内容、评价依据和评价阶段等方面存在较大区别（表8–1）。

对于城市困难立地生态园林建设项目而言，其主要目的在于持续改善城市生态条件，保障城市环境的健康，为人们创造景色宜人、适合休闲的绿色空间。因此，城市困难立地生态园林建设项目的后评估，是在项目建成后一段时间内，对项目在环境、社会和经济等方面产生的影响或效益进行的系统性评价，对项目预设目标的实现程度进行判定，对项目本身的可持续性进行评估。后评估的结果可以用于反馈支持对现有项目的优化，并对未来生态园林建设项目的投资决策、规划设计和建设实施提供参考依据。

表8-1　项目后评估与项目前评估的主要区别

范围	项目前评估	项目后评估
评价主体	由投资主体（企业、部门或银行）及其主管部门组织实施	以投资运行的监督管理机构、第三方权威机构或上一层的决策机构为主，组织主管部门会同多个相关部门进行
评价性质	以定量指标为主，侧重于经济效益的评价，是项目投资决策的重要依据	要结合行政和法律、经济和社会、建设和生产、决策和实施等各方面进行综合评价
评价内容	主要对项目建设的必要性、可行性、技术方案和建设条件等方面进行评价，对项目未来的经济和社会效益进行科学预测	除了前评价的主要内容外，还要对项目立项决策和实施效率进行评价，对项目实施和运行状况进行深入分析
评价依据	主要以历史资料、经验性资料以及国家和部门颁发的政策、法规和标准等文件为依据	主要依据项目建成实施后获取的现实资料，并结合历史资料进行对比分析，准确度较高
评价阶段	在项目决策前的前期工作阶段进行，作为投资决策的依据	在项目投产运营一段时间内，对项目全过程（包括建设期和生产期）产生的效益进行综合评估

8.1.2　项目后评估的意义

随着党的十八大提出“五位一体”的总体布局，中央城市工作会议提出“转变城市发展方式，完善城市治理体系，提高城市治理能力，着力解决城市病等突出问题”的指导思想，我国城市建设已进入生态环境改善及人居环境质量提升的高级阶段。因此，生态园林已经成为城市生态修复和绿化林业建设的主要内容，并在很大程度上决定了建成区绿化覆盖率和人均绿地面积等衡量城市生态环境建设水平的核心指标。

在此情形下，各级地方政府纷纷以打造园林城市或生态园林城市为目标，不断加强城市园林绿化建设，各地的园林绿化项目建设方兴未艾。然而，在实际的城市园林绿化建设项目中，由于现存建设和管理机制不够健全，很多项目普遍存在重建轻管、重复投资、浪费资源、破坏生态等不良现象。大量项目建成使用后，与项目前期评估和决策预测的效果相去甚远，项目本身在环境、社会和经济等方面的产出及其为城市居民带来的福祉等常常达不到预期目标。

在城市困难立地生态园林建设工程中引入项目后评估，对我国当前方兴未艾的城市生态园林建设与发展具有非常重要的现实意义。开展园林绿化工程的项目后评估，有利于建立一种更加完善的园林绿化工程建设与管理机制，有利于提高园林绿化工程的设计和施工质量，有利于进一步完善园林设计、施工、验收的有关规范与规定，有利于在实践中再次检验项目前评估、可行性研究的质量和水平，最终使城市生态园林建设步入程序化、规范化、科学化的有序轨道，真正促进城市的可持续发展。

8.1.3　项目后评估在生态园林建设中面临的主要问题

（1）尺度选择的差异性

对生态园林建设项目进行后评估，首先需要考虑的是时间尺度和空间尺度的问题。在时间尺度上，园林植物生长状况和景观表现在不同的生长阶段和不同的季节都可能产生变化，需要根据实际情况选择项目建成后的不同时期和不同季节进行评估。在空间尺度上，可以选择局部小范围（如针对某个植物群落）的评估，也可以选择区域内大范围（如针对整个公园和整片绿地）的评估。评估时应根据项目实际情况，选择不同的评估时空尺度。只有在时空尺度确定后，才能有针对性地收集相关资料，并正确选择评估指标。

（2）评估重点的差异性

不同生态园林建设项目的绿地类型、建设目标和功能定位不同，评估的重点应当有所侧重。例如：针对居住区绿化项目的后评估，应以景观效益、生态环境效益为主，经济效益、社会效益为辅；对公园绿化项目而言，其评估重点应是社会效益和生态环境效益；对于道路绿化项目，评估重点则是生态环境效益、社会效益和景观效益。因此，针对不同的园林绿化项目，应在普遍原则指导下选择有针对性的评价指标，并设置其指标权重。这样可以根据项目实际情况突出评估重点，但同时也要考虑其他次要效益。

（3）指标量化的困难性

生态园林项目后评估过程中所涉及的指标众多，有些指标可以用仪器测定或者通过问卷调查获得进行定量化，有些则不能进行定量化。在评估中，应尽量选择可以定量化的指标，特别是某些关键指标则要尽量使其定量化。对于不能定量化的指标，也应该通过一定方法赋予其相应的等级范围。

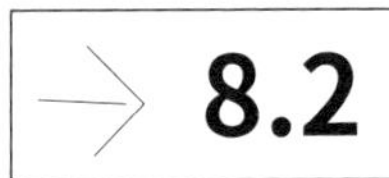

8.2 城市困难立地生态园林建设后评估指标体系

城市困难立地生态园林作为典型的“自然–经济–社会”人工生态系统，具有开放性、非线性、自组织性等特点。建立科学合理的评价指标体系，是准确进行城市困难立地生态园林后评估的首要前提。

一般来讲，指标（indicator）是对复杂事件或系统的表征，是一组反映系统特性或系统状态的信息，可以从数量方面说明一定现象的某种属性或特征，其“语言”是数字。指标体系是指两个或两个以上指标的组合，通过将多种指标以及数据综合，描绘出对象系统某种现象的整体发展变化趋势。其目的在于寻求一组既具有代表意义，又能全面反映对象系统各方面要求的特征性指标，并通过一定形式的指标组合使人们对整个系统有一个定量或定性的了解。

根据城市困难立地生态园林的特点，制定一套完整、科学且具操作性的后评估指标体系，才能更加准确地估算城市困难立地生态园林的综合效益，从而为项目绩效分析和可持续性评价提供重要的理论依据和决策支持。

8.2.1　指标体系构建原则

在构建城市困难立地生态园林工程后评估指标体系时，不仅应体现园林绿化工程的基本特征，更要突出城市困难立地生态修复的独特价值，还应注意城市居民对城市生态园林重要服务功能的迫切需求。同时，城市困难立地生态园林具有生态、社会和经济方面的多重效益和功能，其提供服务的表现也多种多样，在进行城市困难立地生态园林工程后评估时，指标之间的相互独立是十分重要的。另外，还应适当考虑生态园林项目投资者在工程建设和养护管理等方面的成本。对于城市困难立地生态园林工程的项目后评估，在确定评估指标体系时应依据以下原则：

（1）科学性和系统性

城市困难立地生态园林工程后评估指标体系必须建立在科学依据的基础上，体系中各指标的逻辑关系必须明确，指标体系的从属关系和层次关系需要有科学理论的支撑。

（2）层次性和阶段性

城市困难立地生态园林工程后评估指标体系是一个包含多层次的复杂系统，指标体系应该包含自上而下的各个层次，以便反映不同层次上的效益和影响，以及各指标分层次/分阶段的目标值。

（3）完备性与简明性

城市困难立地生态园林是针对城市人口密度大、人居环境较差、活动空间小、环境污染加剧、可用资源短缺等城市问题而提供的。因此，指标体系应能较为全面地反映其可持续发展的主要状态和发展趋势。选取指标的内容应简洁、准确、具有代表性。

（4）针对性和独立性

要求选用的指标能有针对性地反映城市困难立地生态园林的主要特征，并确保各指标在意义上互相独立，并减少各指标之间的关联性。

（5）稳定性和动态性

指标体系应在一段时间内保持相对稳定的状态；同时，由于植被生长、生态演替和社会影响都可能处于不断变化之中，评估指标体系应能较好地反映这一动态过程。

（6）代表性

城市困难立地生态园林建成后的效益和影响具有多样性。在建立指标体系时不仅要注意它的直接价值，也要注意它的间接价值，不仅要考虑其有形价值，还要考虑其无形价值。

（7）可操作性

待选指标的量化数据应便于获取、采集和更新，尽可能选择通过现有调查方法、仪器设备可以获取的指标。若待选指标的数据难以获取或缺失，即使该指标表征作用明显，也不应将其纳入指标体系。

（8）适应性

评估指标体系应尽可能涵盖不同类型城市困难立地生态园林，并具有较好的时空适用性和扩展性，便于在不同区域、不同类型的项目中进行推广和应用。

8.2.2 指标体系构建方法

城市困难立地生态园林建设项目涉及多个学科领域，各个领域的评价指标庞杂多样，不可能全部引入项目后评估过程，必须以科学、合理为准绳，根据评价对象的特点、评价数据的可用性等因素选取合适的指标，即选取指标必须具体问题具体分析，在评价不同区域、不同类型的城市困难立地生态园林项目时，要采用不同的指标组合。一般来讲，指标筛选和指标体系构建方法，主要可以分为定性方法、定量方法和综合方法三大类。

定性方法主要包括理论分析法和德尔菲法（即专家咨询法）两种。这两种方法都需要判断者具备相关专业背景和经验。该类方法的优点在于简便易行，通过集思广益、取长补短，能够发挥专家的作用。然而该方法的不足也比较明显，专家在判断时必然存在主观差异，不同专家的专业、知识面、阅历及经验都会对决策产生不同影响，即使同一位专家在不同认识阶段也存在一定的主观差异。因此，定性方法一般常用于指标的初步筛选。

定量方法主要包括主成分分析法和灰色关联分析法。这两种方法一般要求评价指标为量化数据或可量化数据。与灰色关联分析法相比，主成分分析法对数据样本量的要求较高，并且一般需要数据样本服从正态分布规律；而灰色关联分析法对数据样本的要求较低，在小样本、贫数据的条件下同样适用。但是，灰色关联分析法在临界值的确定上一直存在争议，有待进一步研究。

综合方法主要包括层次分析法和人工神经网络法。这两种方法都包含指标量化部分，如层次分析法中的判断矩阵和一致性检验，人工神经网络法中的自适性学习过程等。这种方法一方面可以降低对于指标可否量化的要求，另一方面可以把主观认识偏差降低到可接受的范围之内。与人工神经网络法相比较，层次分析法具有算法简单、可操作性强等优势，更能满足预警指标的快速筛选要求。

表8-2展示了以上6种指标体系构建方法的特点。需要指出的是，以上6种方法只是适用范围和条件不同，相互之间并没有优劣之分。例如，理论分析法和德尔菲法可以用于指标体系初步筛选阶段，也可以作为非量化指标体系构建优先选择的手段。相对于部分量化或纯量化指标体系构建方法来讲，该方法具有较好的灵活性。定量筛选方法较适用于可测量指标，具备较强的客观评判性，但评估结果的准确程度高度依赖于所得数据的准确性。综合筛选方法的优势集合了以上两类方法的特点，避免了主观经验的不足和客观运算的不便，在保证一定精度的前提下，具备较好的可操作性。在实际应用过程中，要根据指标的特点选择合适可行的指标体系构建方法。

表8-2　不同指标体系构建方法的比较

构建方法	优势	缺点	复杂程度
理论分析法	只需要进行理论分析和定性比较，对于研究指标无要求	筛选程度较粗略，所得估计精确度不够	理论分析要求较高
德尔菲法	借助专家学识和经验，所得结果具有权威性，对于研究指标无要求	专家对于问题主观认识程度存在差异	专家的选择和方法实施步骤较困难
主成分分析法	通过相应算法可以筛选出主要影响指标，量化的结果可分析程度高	指标需为数据资料且样本量足够大	计算过程较复杂
灰色关联分析法	所得关联度矩阵反映指标间相关性程度，易于剔除等价指标	需要指标的数据样本，临界值通常难以确定	计算过程较简单，临界值确定需要探讨
层次分析法	定性分析与定量计算相结合，结果层次关系显著，指标差异数量化	需结合专家判断，存在主观认识差异	指标重要程度比较部分较难确定
人工神经网络法	人为因素影响较弱，能适应指标影响程度变化的要求	构建及调试神经网模型较烦琐	计算过程过于复杂，需借助专门软件

8.2.3　后评估指标体系组成

考虑到城市困难立地生态园林建设目前的发展阶段，采用层次分析法构建城市困难立地后评估指标体系较为合适。层次分析法通常根据研究对象的总体发展目标建立指标体系的目标层，然后在目标层下建立一个或者数个较为确定的分目标层，再然后是更为详细的准则层，最后为指标层。该方法能够有效对复杂问题进行逐步分层比较和一致性检验分析，将专家和决策者对指标层指标的主观意见定量化，并确定其对准则层指标的贡献程度，从而评价基层指标对总体目标或综合评价目标的重要程度。该方法计算简单、使用广泛、可操作性较强。

依据前述指标体系构建原则，通过综合分析不同类型城市困难立地生态园林建设项目预期效益和影响的共性和不同，对国内外生态修复和生态园林建设效益评估的主要实用性指标进行整理归纳和统计分析，筛选使用频率高、代表性强的指标建立待选指标库。在此基础上，对城市困难立地生态园林化过程中涉及的生态学、风景园林学、植物学、土壤学、社会科学、经济学等相关学科，以及园林工程建设和管养相关专家进行意见征询和同类指标共线性分析，对指标库中的待选指标进行提取和筛选。最终建立了包含环境、社会、经济和景观4个一级指标、16个二级指标，覆盖5类城市困难立地的生态园林建设后评估指标体系，具体见表8-3。在针对某个具体项目的后评估工作中，可以根据项目所属城市困难立地类型以及其生态园林工程的场地条件和功能需求，从该指标体系框架中选择相应的评估指标建立特征化的适用指标体系。

表8-3 城市困难立地生态园林工程后评估指标体系及评估内容

一级指标	二级指标	评估范围	城市搬迁地	垃圾填埋场	新成陆盐碱地	立体绿化	受损湿地
环境效益（A）	水文调控（A1）	调节雨水量	√	√	√	√	√
		净化水质量	√	√	√	√	√
	应对气候变化（A2）	固定二氧化碳量	√	√	√	√	√
		降低碳排放量	√	√	√	√	√
	净化大气（A3）	提供负离子量	√	√	√	√	
		滞纳PM2.5量	√	√	√	√	
	调节小气候（A4）	降低温度水平	√	√	√	√	
		提高湿度水平	√	√	√	√	
	改良土壤（A5）	土壤基本质量	√	√	√		
		特征性污染物浓度	√	√	√		
	生物多样性（A6）	珍稀物种数量	√	√	√		√
		物种丰富度	√	√	√	√	√
社会效益（B）	休闲游憩（B1）	休闲游憩价值	√	√	√	√	√
	可达性（B2）	周边居民可达性	√	√	√	√	√
	科普教育（B3）	科普宣教水平	√	√		√	√
经济效益（C）	年净财务收益（C1）	项目直接投资、运行年净收支核算	√	√	√	√	√
	园林产品（C2）	木材、苗木、花卉、水果等产量	√	√	√	√	√
	地产增值（C3）	周边地产增值程度	√	√	√	√	√
	增加就业（C4）	新增就业岗位数量	√	√	√	√	√
景观效益（D）	绿化覆盖率（D1）	透水地面面积比	√	√	√		
	景观配置（D2）	植物景观配置水平	√	√	√		√
	视觉美学（D3）	植物景观美景度	√	√	√		√

注："√"表示这一指标适用于此种类型的城市困难立地生态园林工程后评估。

8.3 城市困难立地生态园林建设后评估的内容和方法

20世纪80年代，英国在国际上最早开始对棕地等城市困难立地开展了生态修复和生态园林建设活动。早期的后评估工作主要以开发商、融资机构和土地所有者为中心，评估重点是其经济或财务效益。而事实上，由于城市困难立地园林建设通常具有较强的公益性，必须要考虑更广泛的利益相关者，即考虑其生态性和社会性。

因此，对于项目后评估应以生态园林工程的项目建设目标为基本参照，在生态园林工程的全生命周期中，对一系列环境、社会、经济和景观文化等要素进行动态监测和连续记录，并在生态园林工程建成后的一段时间内，分别评估城市困难立地生态园林在环境、经济、社会和景观等方面所产生的多重效益，并在此基础上对生态园林工程所产生的综合效益（即项目绩效）进行总体分析，从而系统性地反映城市困难立地生态园林工程的可持续性，最终为该类工程项目的规划、设计和建设管理提供决策依据和实践经验。

8.3.1 环境效益评估

城市困难立地生态园林作为一种基于自然的城市生态环境建设方案，其后评估工作首先应评估其在改善城市生态环境方面的作用，主要包括水文调控、应对气候变化以及土壤改良等方面的效益。

8.3.1.1 水文调控

该指标需要定量化计算城市困难立地生态园林工程调节洪水和净化水质的功能。其中，调节水量公式为：

$$G_{调}=10\times A\times(P-E-C) \quad (8\text{-}1)$$

式中：$G_{调}$——林分年调节水量，单位为m^3/a；

P——降水量，单位为mm/a；

E——林分蒸散量，单位为mm/a；

C——地表径流量，单位为mm/a；

A——林分面积，单位为hm^2。

净化水质量即为调节水量。

参数选取：

①降水量（P）：采用评估年份评估对象所属区域的年平均降水量。

②蒸散量（E）：按照不同植被类型蒸散率乘以年降水量获得（表8–4）。

③林分地表径流（C）：一般为裸地径流的5%～25%，推荐按照平均值15%估算，大小为70.88 mm。

表8–4　上海市生态园林不同植被类型的蒸散率参数

植被类型	蒸散率/%	年蒸散量/mm	植被类型	蒸散率/%	年蒸散量/mm
松	66.0	720.7	阔叶混交林	69.6	760.0
杉	77.3	844.1	针阔混交林	71.6	781.3
硬阔林	49.6	541.6	竹林	65.0	709.8
软阔林	58.9	643.2	经济林	65.9	719.6
针叶混交林	73.5	802.6	灌木林	65.0	709.8

8.3.1.2　应对气候变化

（1）固碳释氧

该指标需要定量化计算城市困难立地生态园林工程植被的固碳和释氧能力。

对于城市困难立地生态园林中的陆生植被，其固碳功能$G_{固碳}$包括植被固碳$G_{植被固碳}$和土壤固碳$G_{土壤固碳}$。其中植被固碳量采用以下公式计算：

$$G_{植被固碳}=1.63\times R_{碳}\times A_{植被}\times B_{植被} \tag{8–2}$$

式中：$G_{植被固碳}$——植被年固碳量，单位为t/a；

$R_{碳}$——二氧化碳中碳的含量，为27.27%；

$A_{植被}$——植被面积，单位为hm^2；

$B_{植被}$——植被单位面积净生产力，可通过植被调查分析，结合不同树种的异速生长方程法等生长量计算方法获得，单位为$t/(hm^2\cdot a)$。

表8–5给出了上海市主要园林绿化树种的异速生长方程。

表8–5　上海市生态园林主要树种的异速生长方程

模型树种	树种组	生物量组分/kg	异速生长方程
马尾松	其他松类	地下生物量M_b	$M_b=0.008\ 28D^{2.738\ 28}H^{-0.080\ 255}$
		地上生物量M_a	$M_a=0.066\ 62D^{2.093\ 17}H^{0.497\ 63}$
		全树生物量M_t	$M_t=M_a+M_b$
柳杉	柳杉	地下生物量M_b	$M_b=0.016\ 79D^{2.697\ 56}H^{-0.212\ 18}$
		地上生物量M_a	$M_a=0.093\ 11D^{1.811\ 74}H^{0.606\ 77}$
		全树生物量M_t	$M_t=M_a+M_b$

续表

模型树种	树种组	生物量组分/kg	异速生长方程
杉木	水杉、柏类、其他杉类等	地下生物量M_b	M_b=0.016 39$D^{2.017\ 32}H^{-0.117\ 44}$
		地上生物量M_a	M_a=0.065 39$D^{2.017\ 32}H^{0.494\ 25}$
		全树生物量M_t	$M_t=M_a+M_b$
枫香	枫香	地下生物量M_b	M_b=0.120 52$D^{2.421\ 78}H^{-0.403\ 70}$
		地上生物量M_a	M_a=0.089 09$D^{2.255\ 64}H^{0.304\ 14}$
		全树生物量M_t	$M_t=M_a+M_b$
女贞	女贞	地下生物量M_b	M_b=0.107 47$D^{1.619\ 21}$
		地上生物量M_a	$M_a=M_t-M_b$
		全树生物量M_t	M_t=0.139 99$D^{2.342\ 73}$
玉兰	木兰类	地下生物量M_b	M_b=0.104 94$D^{1.809\ 28}$
		地上生物量M_a	$M_a=M_t-M_b$
		全树生物量M_t	M_t=0.330 79$D^{1.909\ 57}$
杜英	杜英	地下生物量M_b	M_b=0.126 84$D^{1.613\ 75}$
		地上生物量M_a	$M_a=M_t-M_b$
		全树生物量M_t	M_t=0.188 33$D^{2.141\ 25}$
栾树	栾树	地下生物量M_b	M_b=0.047 27$D^{2.327\ 26}$
		地上生物量M_a	$M_a=M_t-M_b$
		全树生物量M_t	M_t=0.109 94$D^{2.484\ 38}$
樟树	樟树、榆树、其他硬阔类	地下生物量M_b	M_b=0.033 45$D^{2.436\ 92}$
		地上生物量M_a	$M_a=M_t-M_b$
		全树生物量M_t	M_t=0.103 87$D^{2.535\ 00}$
鹅掌楸	鹅掌楸	地下生物量M_b	M_b=0.047 72$D^{2.106\ 47}$
		地上生物量M_a	$M_a=M_t-M_b$
		全树生物量M_t	M_t=0.063 93$D^{2.611\ 47}$
银杏	银杏	地下生物量M_b	$\ln M_b$=−3.750 00+2.450 00$\ln D$
		地上生物量M_a	$\ln M_a$=−2.560 00+2.400 00$\ln D$
		全树生物量M_t	$M_t=M_a+M_b$
杨树	杨树、柳树、其他软阔类	地下生物量M_b	M_b=0.013 45$D^{2.453\ 50}$
		地上生物量M_a	$M_a=M_t-M_b$
		全树生物量M_t	M_t=0.019 01$D^{3.105\ 10}$

土壤固碳量采用以下公式计算：

$$G_{土壤固碳}=A_{植被}\times F_{土壤} \tag{8-3}$$

式中：$G_{土壤固碳}$——土壤年固碳量，单位为t/a；

$F_{土壤}$——单位面积土壤年固碳量，可通过定期的土壤采样和检测获得，单位为t/(hm^2·a)；

$A_{植被}$——植被面积，单位为hm^2。

对于城市困难立地生态园林中的湿地，其固碳功能表现为包含二氧化碳和甲烷的净碳交换，计算公式如下：

$$G_{固碳}=(24.5\times M_{甲烷}+M_{二氧化碳})\times A_{湿地} \tag{8-4}$$

式中：$G_{固碳}$——净碳交换量，单位为t/a；

$M_{甲烷}$——湿地甲烷的净交换量，单位为t/(hm^2·a)；

$M_{二氧化碳}$——湿地二氧化碳的净交换量，即NEE，单位为t/(hm^2·a)；

$A_{湿地}$——湿地的面积，单位为hm^2；

24.5——甲烷的全球增温潜势取值。

（2）降低碳排放

调查城市困难立地生态园林工程的可再生能源、雨水（中水）利用、低碳材料和废弃材料的使用水平。参考一般园林绿化工程的基线水平，计算通过采用这些节能低碳措施每年所节约的能源、水和材料的量及其相应价值。

8.3.1.3 净化大气环境

城市困难立地生态园林建设能够通过吸收有害气体和阻滞粉尘净化大气环境，同时还能释放对人体健康有益的负氧离子。因此，选择滞纳PM2.5和提供负离子两个指标反映城市困难立地生态园林净化大气环境的能力。

（1）滞纳PM2.5

园林绿化植物消减PM2.5物质量的计算公式如下：

$$G_{PM2.5}=A\times Q_{PM2.5} \tag{8-5}$$

式中：$G_{PM2.5}$——生态园林年滞纳PM2.5量，单位为t/a；

A——生态园林面积，单位为m^2；

$Q_{PM2.5}$——单位面积生态园林年滞尘量。

（2）提供负离子

园林绿化植物提供负离子量的计算公式如下：

$$G_{负离子}=365\times 24\times 60\times 10^{10}\times Q_{负离子}\times A\times H/L \tag{8-6}$$

式中：$G_{负离子}$——生态园林年提供负离子物质量，单位为个/a；

$Q_{负离子}$——生态园林提供负离子能力，单位为个/cm^3；

A——生态园林面积，单位为m^2；

H——生态园林高度，单位为m；

L——负离子寿命，本次取值为10 min。

上海市生态园林不同植被类型提供负离子的能力$Q_{负离子}$见表8-6。

表 8-6　上海市生态园林不同植被类型净化大气及调节小气候能力

植被类型	提供负离子/（个/cm³）	降温/℃	增湿/%
松	1 441	0.60	9.64
杉	1 457	1.32	12.28
硬阔林	1 484	1.21	7.82
软阔林	1 527	0.90	6.64
针叶混交林	1 265	1.40	10.96
阔叶混交林	609	0.80	9.28
针阔混交林	1 049	0.50	7.86
竹林	2 751		
经济林	727		
灌木林	727		

8.3.1.4　调节小气候

园林植物具有遮阳庇荫、缓解热岛效应和增加空气湿度的作用，对调节和改善局地小气候有着极为重要的意义。因此，选择缓解热岛效应和增加空气湿度两项指标来核算城市困难立地生态园林的小气候调节能力。

（1）缓解热岛效应

生态园林缓解热岛效应的服务功能可用空调降温所耗电量替代生态园林缓解热岛效应的电量进行体现。用园林内外温度的差别来表征生态园林夏季降温效果，不同植被类型的降温效果见表8-6。

$$W_{温}=\frac{A\times H}{14.4\times 4}\times(T_{外}-T_{内})\times t\times m \tag{8-7}$$

式中：$T_{内}$、$T_{外}$——园林内、外温度，单位为°C；

$W_{温}$——林带降温效果折合耗电量，单位为kW·h；

A——生态园林面积，单位为m²；

H——生态园林高度，单位为m；

t——年均使用空调的时间，单位为d；

m——空调调温1 °C每日所需的耗电量（一般房间为14.4 m²、高度为3 m的居民住宅，平均每降温1 °C，每日需用电1 kW·h左右），单位为kW·h/(°C·d)。

（2）增湿

增加湿度的物质量可用加湿器所耗电量替代生态园林增加空气湿度的电量进行体现。用林内外空气含湿量的差别来表征生态园林的秋冬季增湿效果，不同植被类型的增湿效果见表8-6。

$$W_{湿}=\frac{A\times H}{12\times 2.8\times(D_{60}-D_{30})}\times(D_{内}-D_{外})\times 180\times k \tag{8-8}$$

式中：$W_{湿}$——生态园林增湿效果折合耗电量，单位为kW·h；

A——生态园林面积，单位为m^2；

H——生态园林高度，单位为m；

D_{60}、D_{30}——20 ℃条件下，相对湿度分别为60%和30%时空气含湿量，单位为g/kg；

$D_{外}$——林外一定温度和湿度条件下的实测空气含湿量，单位为g/kg；

$D_{内}$——林内一定温度和湿度下的实测空气含湿量，单位为g/kg（$D_{内}$-$D_{外}$表示增湿效果），相对湿度和空气含湿度之间的换算通过查询焓湿表获得；

180——加湿器主要用于在秋冬季节增加空气湿度，取年运行天数为180 d；

k——加湿器增湿每日所需的耗电量（面积为12 m^2、高度为2.8 m的房间，一个功率为25 W、加湿量为300 mL/L的加湿器，20 ℃条件下在1 h内将相对湿度从30%提升至60%，每日需用电0.025 kW·h左右，k=0.025 kW·h/d。

8.3.1.5 土壤质量改良

城市困难立地生态园林建设对土壤质量的提升和改善，可以通过现场采样和室内分析测试，对比工程实施前后场地土壤的物理指标、化学指标等肥力质量以及污染物浓度等环境质量的变化来反映。

（1）土壤肥力质量

绿地土壤物理、化学指标的分析、评价方法和技术要求推荐参见行业标准《绿化种植土壤》（CJ/T 340—2016），主控指标为pH值、含盐量、有机质、质地和土壤入渗率。土壤生物活性采用土壤微生物生物量代表，其土壤分析、评价方法参见国家标准《土壤微生物生物量的测定 底物诱导呼吸法》（GB/T 32723—2016）。

（2）土壤环境质量

根据城市困难立地生态修复和生态园林建设之前的用途和属性，对场地土壤特异性污染物（主要是重金属和持久性有机污染物）进行识别。特异性污染物的分析、评价方法和技术要求参见国家标准《土壤环境质量 建设用地土壤污染风险管控标准（试行）》（GB 36600—2018）。

8.3.1.6 生物多样性保护

物种丰富度指数（species richness）为群落中丰度大于0的物种数之和，数值越大表明群落中物种种类越丰富。物种丰富度为表征物种多样性最普遍采用的指标之一。濒危物种（endangered species）是指由于滥捕、盗猎、环境破坏、数量稀少、栖地狭窄等种种原因导致有灭绝危机的物种。一个关键物种的灭绝可能破坏当地的食物链，造成生态系统的不稳定，并可能最终导致整个生态系统的崩溃。濒危物种为表征物种稀有性最普遍采用的指标之一。同时，这两个指标也是中国生物多样性与生态系统服务评估指标体系的代表性指标。

（1）物种丰富度

通过划设典型样方或系统性抽样，调查城市困难立地生态园林内存在的高等植物、鸟类、两爬类和兽类等生物物种的丰富度。也可参照已有的近期调查数据。

（2）珍稀濒危动植物种类及数量

城市困难立地生态园林为城市建成区内的动植物提供了生存与繁衍的场所，通过调查可以获得生态园林内栖息的或由于生态园林的建设而得以保护的珍稀濒危物种种类及其数量。具体物种参见《中国生物多样性红色名录——高等植物卷》和《中国生物多样性红色名录——脊椎动物卷》中的极危、濒危和易危物种。

8.3.2 社会效益评估

研究表明，公园、街头绿地等绿色空间能够为居民、游客提供休息、锻炼、娱乐、交流的场所，也可以增加空气中的负离子，缓解空气污染，降低道路噪声和城市热岛效应，减轻人们的紧张情绪，对居民的公共健康具有积极作用。因此，城市困难立地生态园林建设具有多重社会效益。

8.3.2.1 休闲游憩

困难立地生态园林的休闲游憩价值可以采用旅行费用法（travel cost method，TCM）和门票收入进行核算。假设绿地游览为居民出行的唯一目的，并以时间成本为价值评估依据。游憩价值量计算公式如下：

$$U_{游憩}=C\times\alpha\times(T_1+T_2)+P \tag{8-9}$$

式中：$U_{游憩}$——年游憩价值量，单位为元；

C——年游客量，单位为人次；

α——人均时薪，单位为元/(人·h)；

T_1——出行时间，单位为h；

T_2——游览时间，单位为h；

P——年门票收入，单位为元。

参数选取：门票收入P的计算以游客数量为主要依据，对于收费的公园绿地，门票收入可以直接按照公园门票乘以游人数量计算；对于不收费的公园绿地，门票收入可以参考收费公园进行计算。

8.3.2.2 可达性

可达性是指居民前往该绿色空间的难易程度。度量绿地可达性的方法主要有四种：行政或统计单元计算法、最小邻近距离法、服务区法和引力模型法。其中，最小邻近距离法通过计算居住地到最邻近绿地的欧式距离或者时间来衡量可达性，因为简便直观而被广泛应用。一般是调查绿地周边一定半径范围内（如500 m）或者在一定时间内（如步行10 min）能够到达该生态园林的居民人数或比例。

8.3.2.3 教育科普

调查在城市困难立地生态园林内开展科普宣教活动的年均人次，单位为人次。

8.3.2.4 促进就业

调查在城市困难立地生态园林工程规划、设计、建设和养护管理生命周期全过程中所增加的就业人数，单位为人。

8.3.3 经济效益评估

对城市困难立地进行生态修复和生态园林建设可以极大地促进周边区域的城市更新与发展，成为促进当地经济发展的助推器。生态园林建设的经济效益一般是指项目建成后的一定时期内，对区域内经济发展产生的直接和间接经济效益。其中，直接效益一般包括项目建设投资、运营的直接经济成本、效益核算后的净财务收益，以及园林木质和非木质林产品资产的产出等。间接经济效益又包含有形价值和无形价值，有形价值是可量化的，与可识别的资源或资产有关，如对周围地价和房产的增值作用。无形价值是不能直接量化的，但与项目的存在与否有关系，如降低环境保护成本等。本指标体系主要涵盖项目年净财务收益和园林产品生产两项直接经济效益，以及生态园林项目对周边地价和房产促进的间接经济效益。

8.3.3.1 年净财务收益

通过收集工程项目建设投资、经营和维护等成本和收益的相关数据，按照工程开发和发展时间，计算项目的年平均直接财务收支，并以此评估城市困难立地生态园林项目的直接经济盈利或者负债状况。单位为元。

8.3.3.2 园林产品生产

园林产品生产主要是指城市困难立地生态园林工程进入稳定经营阶段后，可能会出现的木质或非木质园林产品产出，如木材、苗木、花卉、水果等。若某一生态园林工程确实具有不可忽略的园林产品生产功能，则应调查统计其产出相关园林产品的面积，以及相应的单位面积年产量，在此基础上计算该项目的年度园林产品生产量。单位为kg。

8.3.3.3 地产增值

多项研究表明，城市绿地能够促进附近房产增值5%～20%，增值效果与绿地所处的地段、类型以及面积有关。为定量估算城市困难立地生态园林项目对周边地价或者房产价值的间接拉动和提升作用，可收集新建项目周边不同距离上的房地产价格数据，采用享乐估价法（hedonic price method，HPM）估算生态园林对周边房产价值所带来的间接经济效益。单位为元。

8.3.4 景观效益评估

在人类对外界的知觉中，视觉占所有感官的近九成。因此，新建生态园林景观效益评价是城市困难立地生态园林工程后评估的重要内容。

园林植物景观是有别于自然风景的人工植物组合，科学合理的园林植物配置符合景观的美学原则。其中，生态园林中的绿化覆盖率、基调树种的景观表现、植物的配置方式、植物的色彩与季相变化、软质与硬质景观的协调与统一，以及景观与周围环境的和谐性等方面，都是景观效益评估的主要内容。此外，生态园林景观要符合美学原则，在进行景观效益评估时，不仅要充分地反映生态园林的艺术美和文化性，也要反映出二者之间相结合的程度。

8.3.4.1　透水地面面积比

采用统计资料或遥感判读等方法，调查城市困难立地生态园林工程中透水地面（包括植被、水体等）面积在总地面面积（包括透水地面和不透水地面）中所占比例。

8.3.4.2　植物景观配置水平

采用统计资料、遥感判读和样方调查等方法，分别调查城市困难立地生态园林植被中乔木、灌木和草本植物的面积占比和水平配置方式，及其植物群落在垂直空间上的层片数量和空间配置方式。

8.3.4.3　植物景观美景度

目前，在对植被景观效益的诸多定量评估方法中，植物美景度评价法（scenic beauty estimation，SBE）的发展较为完善和成熟，是一套比较科学的、应用广泛的景观评价方法。它由观测者的审美尺度和景观本身的特征两方面决定，是主客观结合的一种较全面的分析方法。

在对城市困难立地生态园林工程的景观美景度进行评估时，可根据其工程特点和主要景观，设计调查问卷或拍摄不同景观的照片，以相关领域的专家和普通游客为对象，调查他们对不同景观因子的打分和评级情况。美景度评价涵盖的内容可以包括观赏性、和谐性和艺术性等定性因子，也可以包含植物多样性、植物季相等定量因子。

8.3.5　综合效益评估

城市困难立地的生态园林化，在环境、社会、景观和经济四个方面都可能产生一定的效益。因此，为了评估工程建成后的整体效益水平，需要引入综合效益指数来对城市困难立地生态园林工程综合效益作定量化的总体判断。

综合评价（comprehensive evaluation，CE），也叫综合评价方法或多指标综合评价方法，是使用比较系统和规范的方法对多个指标、多个单位同时进行评价的方法。综合评价按照一定标准，对特定客体总体价值或优劣进行评判比较的过程，既是一种认知过程，也是一种决策过程。综合评价方法一般是主客观相结合的，但是具体方法的选择需基于实际指标数据情况确定。其中的关键是指标的选取（表8-3）以及指标权重的设置。

8.3.5.1　评估指标的权重设置

评估指标的权重分值计算步骤：

①依据上述构建的城市困难立地生态园林工程后评估指标体系，采用AHP法构造判断矩阵，开展综合效益

评价。在确定不同层次各因素之间的权重时，邀请园林绿化、林学、生态学、社会科学和环境艺术等学科领域的专家，将各元素两两相互比较，按照其重要性进行打分。

②使用偏离一致性指标、平均一致性指标对判断矩阵进行一致性检验。

③根据重要性打分结果对评估指标进行层次单排序和总层次排序。

④计算城市困难立地生态园林工程后评估指标的权重分值，公式如下：

$$B_i = \sum_{j=1,i=1}^{m,n} a_j b_{ij} \times 100 \tag{8-10}$$

式中：B_i——评估指标的权重分值，其值越高该评估指标越重要；

a_j——层次总排序所得到的权重值；

b_{ij}——与a_j对应的B层次的单排序得到的权重值；

i和j——分别代表矩阵$m \times n$的标度。

8.3.5.2 评估指标标准化和赋值

依据表8–2中的内容，可估算得到不同指标定量或定性的评价结果。为了提高所涉及指标的可比性，反映困难立地生态园林工程的整体表现，需要对不同指标的评价结果进行标准化或者等级赋值。对于一个地区的城市困难立地项目来讲，应该制定统一的标准化方法或者赋值依据。

其中，定量化评价指标可根据该地区或同类地区对城市绿地的相关研究结果，结合所在地区社会经济条件、困难立地类型和生态园林用途等，确定某项指标的最大值、最小值范围，推荐采用如下公式进行标准化，将该指标的结果归一到0～1的范围以内。

对于正向评价指标，归一化公式如下：

$$S_i = (X_i - X_{min}) / (X_{max} - X_{min}) \tag{8-11}$$

对于负向评价指标，归一化公式如下：

$$S_i = (X_{max} - X_i) / (X_{max} - X_{min}) \tag{8-12}$$

式中：S_i——评价因子标准化值；

X_i——某一指标计算值；

X_{max}——某一指标最大值；

X_{min}——某一指标最小值。

对于定性或者半定性的评价指标，可采用德尔菲法进行各项评估指标等级的赋值。邀请当地绿化林业、生态学、工程技术、环境科学等相关学科领域的专家，依据不同指标的评估结果，结合对当地社会经济条件下不同指标基线值的主客观认知，对各评价指标进行等级划分和赋值。对同一评价指标的赋值进行频率统计，采用出现频次最高的赋值。若某一赋值频次相同，则组织重新赋值。基于此评估判断该项效益的发挥效果，进而对各评估指标进行赋值，赋值标准见表8–7。

表8-7　城市困难立地生态园林工程后评估指标赋值标准

序号	效益等级	描述	赋值
1	强	极好地发挥此项效益	1.0
2	较强	较好地发挥此项效益	0.8
3	中等	此项效益发挥处于中等水平	0.6
4	较弱	此项效益较弱	0.4
5	弱	此项效益很弱，仅发挥了一点	0.2
6	无	未发挥此项效益	0

注：必要时赋值可取0.1、0.3、0.5、0.7、0.9。

8.3.5.3　评估结果

根据城市困难立地生态园林工程后评估指标体系中每一项指标的权重分值和等级赋值，可计算得到生态园林工程综合效益指数WI，具体公式如下：

$$S_j = \sum_{i=1}^{n}(N_i \times W_i)$$
$$WI = \sum_{j=1}^{m}(S_j \times W_j) \tag{8-13}$$

式中：S_j——一级评估指标的分值；

N_i——二级评估指标的分值；

W_i——二级评估指标权重分值；

WI——评估指数，取值范围为0～100分；

W_j——一级评估指标权重分值。

8.3.5.4　评估等级

WI数值越高，则城市困难立地生态园林项目的综合效益越好。其中：80分以上项目的综合效益为优，70～80分项目的综合效益为良，60～70分项目的综合效益为中，60分以下项目的综合效益为差。综合效益越好，该项目绿色生态水平和可持续发展性也就越高，项目的成功度也就越高。

城市困难立地生态园林后评估的单项效益评价结果，环境、社会、经济和景观效益评价结果，以及综合效益评价结果均可用于表征该项目不同方面和层级的现状效果，有利于项目管理方在运营管养过程中及时对项目进行适当调整和改进，并对未来同类基于城市困难立地的生态园林化和生态修复项目的投资决策、规划设计和建设实施提供参考依据。

参考文献

傅伯杰，于丹丹，吕楠．中国生物多样性与生态系统服务评估指标体系[J]．生态学报，2017，37(2)：341-348.
贾俊平，何晓群，金勇．统计学[M]．4版．北京：中国人民大学出版社，2009.
李博，宋云，俞孔坚．城市公园绿地规划中的可达性指标评价方法[J]．北京大学学报，2008，44(4)：618-624.
李成，李会云，孔德义．园林景观美景度评价研究进展[J]．安徽农业科学，2019，47(11)：10-12.
刘清龙，姜国璠，王丽娟．家用加湿器适用面积计算及测试方法探讨[J]．家电科技，2015(5)：46-47.
屠星月，黄甘霖，邬建国．城市绿地可达性和居民福祉关系研究综述[J]．生态学报，2019，39(2)：421-431.
王犇，席茹阳，刘志成．美的扩宽，棕地再生：以普罗维登斯钢铁厂庭院为例[J]．南方建筑，2018(2)：107-113.
王美婷，孙冰，陈雷，等．广州市典型性城市公园植物景观美景度研究[J]．浙江农林大学学报，2017，34(3)：501-510.
叶正波．基于三维一体的区域可持续发展指标体系构建理论[J]．环境保护科学，2002，28(1)：35-37.
张彪，王艳萍，谢高地，等．城市绿地资源影响房产价值的研究综述[J]．生态科学，2013，32(5)：660-667.
张浪，朱义，薛建辉，等．转型期园林绿化的城市困难立地类型划分研究[J]．现代城市研究，2017(9)：114-118.
张浪．谈新时期城市困难立地绿化[J]．园林，2018(1)：2-7.
张三力．项目后评价[M]．北京：清华大学出版社，1998.
张文泉，王泓艳，程美山．项目后评估方法与项目后评估制度[J]．电力技术经济，2005，17(5)：42-45
张哲，潘会堂．园林植物景观评价研究进展[J]．浙江农林大学学报，2011，28(6)：962-967.
郑晓笛．棕地再生的风景园林学探索：以“棕色土方”联结污染治理与风景园林设计[J]．中国园林，2015，31(4)：232-232.
仲启铖，傅煜，张桂莲．上海市乔木林生物量估算及动态分析[J]．浙江农林大学学报，2019，36(3)：524-532.
ATKINSON G，DOICK K J，BURNINGHAM K，et al. Brownfield regeneration to greenspace：delivery of project objectives for social and environmental gain[J]．Urban Forestry & Urban Greening，2014，13(3)：586-594.
BONTHOUX S，BRUN M，DI P F，et al. How can wastelands promote biodiversity in cities? A review[J]．Landscape and Urban Planning，2014，132：79-88.
DE V J. Valuing urban ecosystem services in sustainable brownfield redevelopment[J]．Ecosystem Services，2019，35：139-149.
DOICK K J，SELLERS G，CASTAN-BROTO V，et al. Understanding success in the context of brownfield greening projects：the requirement for outcome evaluation in urban greenspace success assessment[J]．Urban Forestry & Urban Greening，2009，8(3)：163-178.
KAUFMAN D A，CLOUTIER N R. The Impact of small brownfields and greenspaces on residential property values[J]．The Journal of Real Estate Finance and Economics，2006，33(1)：19-30.
MITCHELL R J，RICHARDSON E A，SHORTT N K，et al. Neighborhood environments and socioeconomic inequalities in mental well-being[J]．American Journal of Preventive Medicine，2015，49(1)：80-84.
O'BRIEN L，FOOT K，DOICK K. Evaluating the benefits of community greenspace creation on brownfield land[J]．Quarterly Journal of Forestry，2007，101(2)：145.
RALL E L，HAASE D. Creative intervention in a dynamic city：a sustainability assessment of an interim use strategy for brownfields in Leipzig, Germany[J]．Landscape and Urban Planning，2011，100(3)：189-201.
ZHONG Q，ZHANG L，ZHU Y，et al. A conceptual framework for ex ante valuation of ecosystem services of brownfield greening from a systematic perspective[J]．Ecosystem Health and Sustainability，2020，6(1)：1743206

第9章

城市困难立地生态园林建设管理体制与机制研究

区别于一般的城市绿化和园林建设，作为城市用地“再开发”和生态“再修复”的重要抓手，城市困难立地生态修复和生态园林建设不仅面临诸多技术上的挑战，而且在相关体制机制和配套政策方面同样存在一系列亟待完善之处。制度和政策层面的问题形成原因复杂，与相关法律制度不完善、管理职能叠合错位、缺乏全面统筹协调、“三生”（生产、生活、生态）空间布局不合理、城市生态系统组分和结构不健全、对城市更新过程中困难立地生态园林化的重要性缺乏科学认知等多种因素有关。

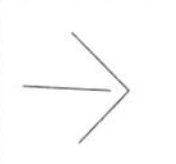

9.1 城市困难立地生态园林管理体制机制现状分析

9.1.1 法律法规体系现状

9.1.1.1 国家层面

1984年，第六届全国人民代表大会常务委员会第五次会议颁布了《中华人民共和国水污染环境防治法》。此后，围绕城市水、土、气、噪、生、辐射等生态环境要素，全国人民代表大会及其常务委员会先后出台了《中华人民共和国城乡规划法》《中华人民共和国土地管理法》《中华人民共和国环境保护法》《中华人民共和国水法》和《中华人民共和国大气污染防治法》等一系列法律，为我国城市生态环境保护和建设提供了重要的法律依据和保障（表9-1）。

表9-1　国家层面的与城市困难立地生态园林相关的法律法规

法律法规	颁布及修订时间
《中华人民共和国水污染环境防治法》	1984年颁布，1995年、2008年修订
《中华人民共和国森林法》	1984年颁布，1998年修订
《中华人民共和国土地管理法》	1986年颁布，1988年、1998年、2004年修订
《中华人民共和国大气污染环境防治法》	1987年颁布，1995年、2000年修订
《中华人民共和国河道管理条例》	1988年颁布
《中华人民共和国水法》	1988年颁布，2002年修订
《中华人民共和国环境保护法》	1989年颁布，2014年修订
《城市绿化条例》	1992年颁布，2017年修订
《城市市容和环境卫生管理条例》	1992年颁布

续表

法律法规	颁布及修订时间
《中华人民共和国固体废物污染环境防治法》	1995年颁布，2005年修订
《风景名胜区条例》	2006年颁布，2016年修订
《中华人民共和国城乡规划法》	2007年颁布
《城市生活垃圾管理办法》	2007年颁布
《城镇排水与污水处理条例》	2013年颁布

在园林绿化的专项法规方面，1992年国务院第104次常务会议通过了《城市绿化条例》，2017年国务院对该条例进行了修订。作为绿化方面的全国性行政法规，《城市绿化条例》的通过和颁布实施有力地促进了我国城市绿化事业的发展。2006年国务院颁布了《风景名胜区条例》，并于2016年进行了修订。该条例通过加强对风景名胜区的管理，促进了对风景名胜资源的有效保护和合理利用。

除了法律法规外，国务院行政主管部门先后出台了一系列城市生态修复和园林绿化领域的部门规章，包括中共中央、国务院2016年印发的《关于进一步加强城市规划建设管理工作的若干意见》，国务院办公厅2015年印发的《关于推进海绵城市建设的指导意见》，建设部2002年颁布实施的《城市绿线管理办法》，住房和城乡建设部2016年颁布实施的《国家园林城市系列申报评审管理办法》、2017年颁布实施的《园林绿化工程建设管理规定》和《关于加强生态修复城市修补工作的指导意见》等。

9.1.1.2　地方层面

《城市绿化条例》规定，地方绿化管理体制由省、自治区、直辖市人民政府根据本地实际情况规定自行设置。以上海市为例，2007年上海市十二届人大常委会第三十三次会议通过并颁布了园林绿化的地方性专项法规《上海市绿化条例》。市人大、市政府及其下设各委办局还先后制定了一系列与城市园林绿化和生态修复有关的地方性法规、规章和实施细则（表9-2），涉及城乡规划、城市绿化、环境保护、污染防治、水资源管理、土地资源管理和公园管理等方面内容。

表9-2　地方层面（上海市）的与城市困难立地生态园林相关的法律法规

相关法规	颁布及修订时间
《上海市环境保护条例》	1994年颁布，1997年、2005年、2011年修订
《上海市公园管理条例》	1994年颁布，1997年、2003年、2010年修订
《上海市城乡规划条例》	1995年颁布，1997年，2003年，2010年修订
《上海市河道管理条例》	1997年颁布，2003年、2006年、2010年、2011年修订
《上海市市容环境卫生管理条例》	2001年颁布，2003年、2009年修订
《上海市环城绿带管理办法》	2002年颁布

续表

相关法规	颁布及修订时间
《上海市扬尘污染防治管理办法》	2004年颁布
《上海市绿化条例》	2007年颁布，2015年、2017年、2018年修订
《上海市居住区绿化调整实施办法》	2007年颁布，2017年修订
《上海市绿化行政许可审核实施细则（暂行）》	2007年颁布
《上海市绿化行政许可审核若干规定》	2014年颁布
《上海市闲置土地临时绿化管理暂行办法》	2000年颁布，2012年修订
《上海市规范公共绿地和行道树养护作业管理暂行办法（试行）》	2014年颁布

9.1.2 行政组织体系现状

9.1.2.1 国家层面

1992年颁布的《城市绿化条例》规定，国务院设立全国绿化委员会，统一组织领导全国城乡绿化工作。全国绿化委员会办公室是全国绿化委员会的常设办事机构，其办公室设在国务院林业行政主管部门——国家林业局。全国绿化委员会办公室下设城市组，有专门的办公室负责领导城市绿化造林工作，对社会各行各业进行组织、协调、督促和检查。目前，全国绿化委员会办公室日常工作由国家林业和草原局生态保护修复司承担。

随着2018年国务院机构改革方案的出台和落地，目前我国城市困难立地生态园林建设相关的行政管理主体，主要涉及自然资源部、生态环境部、住房和城乡建设部。这些行政管理主体的职能中与城市困难立地生态园林建设相关的内容主要包括：

①自然资源部：履行土地资源所有者和国土空间用途管制职责，拟定国土空间规划，研究拟定城乡规划政策并监督实施，牵头组织编制国土空间生态修复规划并实施有关生态修复重大工程。其中，国家林业和草原局（由自然资源部管理）负责林业和草原及其生态保护修复的监督管理；组织林业和草原生态保护修复和造林绿化工作；加强森林、草原、湿地监督管理的统筹协调，大力推进国土绿化，保障国家生态安全。

②生态环境部：负责环境污染防治的监督管理，组织指导城乡生态环境综合整治工作。指导协调和监督生态保护修复工作。组织编制生态保护规划，监督对生态环境有影响的自然资源开发利用活动、重要生态环境建设和生态破坏恢复工作。负责制定生态环境监测制度和规范、拟定相关标准并监督实施。

③住房和城乡建设部：指导城市市政设施、园林、市容环境治理、城建监察等工作，指导城市规划区的绿化工作，承担国家级风景名胜区、世界自然遗产项目和世界自然与文化双重遗产项目的有关工作。

另外，交通运输部负责全国公路系统的道路绿化，水利部负责蓝线范围内滨水缓冲带的造林绿化，国家发展和改革委员会负责重点建设项目的规划计划、各级财政经费的审批、核准及审核等事项。

9.1.2.2　地方层面

在地方层面，截至2018年9月，我国31个省（自治区、直辖市）机构改革方案全部“出炉”并对外公布，地方机构改革进入落地实施阶段。城市生态园林管理对象涵盖了由植物、动物、微生物等城市生物群落，城市气候，城市地质地貌，城市水文与水资源，土地资源，城市生态基础设施，等等，多种自然和人为要素。不同地方的行政组织体系也有一定的差别。以上海市为例，由于对于相关涉及要素的管理分属于不同的行政部门，城市困难立地园林绿化和生态修复项目实施过程中可能涉及的行政管理主体以上海市绿化和市容管理局（上海市林业局）为主，另外还包括上海市生态环境局、上海市规划与自然资源局、上海市发展和改革委员会、上海市住房和城乡建设管理委员会、上海市水务局（上海市海洋局）和上海市交通委员会等多个委办局。

9.1.3　配套支撑体系现状

9.1.3.1　规范标准

标准是法律、法规的技术延伸。表9-3列出了住房和城乡建设部、自然资源部、生态环境部等部委制定颁布的城市困难立地生态园林建设相关的部分国家标准和行业标准，涵盖了土地复垦、绿化造林、水土保持、环境治理、绿色建筑等多个方面和领域。

表9-3　城市困难立地生态园林相关的国家标准和行业标准（部分）

内容	标准类别	标准名称
城市绿化	国家标准	风景名胜区总体规划标准（GB 50298—2018）
		城市绿地设计规范（GB 50420—2016）
		城市园林绿化评价标准（GB/T 50563—2010）
		城市绿线划定技术规定（GB/T 51163—2016）
		公园设计规范（GB 51192—2016）
		城市古树名木养护和复壮工程技术规范（GB/T 51168—2016）
	行业标准	城市道路绿化规划与设计规范（CJJ 75—97）
		园林绿化工程施工及验收规范（CJJ 82—2012）
		城市绿地分类标准（CJJ/T 85—2017）
		风景园林基本术语标准（CJJ/T 91—2017）
		镇（乡）村绿地分类标准（CJJ/T 168—2011）
		垂直绿化工程技术规程（CJJ/T 236—2015）
林业建设	国家标准	封山（沙）育林技术规程（GB/T 15163—2018）
		造林技术规程（GB/T 15776—2016）
		生态公益林建设技术规程（GB 18337.3—2001）

续表

内容	标准类别	标准名称
林业建设	行业标准	长江以北海岸带盐碱地造林技术规程（LY/T 2992—2018）
		困难立地红树林造林技术规程（LY/T 2972—2018）
		三北防护林退化林分修复技术规程（LY/T 2786—2017）
		三峡库区消落带植被生态修复技术规程（LY/T 2964—2018）
水土保持	国家标准	水土保持林工程设计规范（GB/T 51097—2015）
环境治理	行业标准	建设用地土壤污染风险管控和修复监测技术导则（HJ 25.2—2019）
		建设用地土壤修复技术导则（HJ 25.4—2019）
		污染地块风险管控与土壤修复效果评估技术导则（试行）（HJ 25.5—2018）
绿色建筑	国家标准	绿色建筑评价标准（GB/T 50378—2019）
土地复垦	行业标准	土地复垦质量控制标准（TD/T 1036—2013）

自生态文明建设被纳入中国特色社会主义事业“五位一体”总体布局以来，各省（自治区、直辖市）园林绿化和生态建设技术的地方标准也有了较大发展，在某些发展较快的城市，围绕着城市绿化造林和生态建设的标准体系已见雏形。以上海为例，上海市绿化和市容管理局（上海市林业局）、上海市城市管理行政执法局于2014年开始联手建设生态环境工程领域的相关专业基础标准体系。体系建设从环境通用标准、市容环卫通用标准、园林绿化通用标准、林业通用标准等方面展开，结合国家标准和上海市气候、环境、资源条件等具体情况，梳理现行专业基础标准、通用标准、绿化规划设计专用标准、绿化工程施工建设专用标准、绿化工程质量验收专用标准、绿化养护工程专用标准、绿化植物材料专业标准，建立地方标准体系、绿化管理与信息化专用标准等园林绿化标准体系。同时，对生态环境工程（绿化市容）专业基础标准、生态林业通用标准、林业规划、设计专用标准、林业建设验收专用标准等林业标准体系等进行整理。截至2019年底，上海市园林绿化行业现行国家标准、行业标准、地方标准、团体标准和相关定额标准共152项，涉及基础标准，通用标准，专用标准，工程管理，施工和验收标准，植物、土壤和信息化建设标准等17个方面。

9.1.3.2 监督考核

在国家层面，住房和城乡建设部于2017年印发了《园林绿化工程建设管理规定》，规定住房和城乡建设部负责指导和监督全国园林绿化工程建设管理工作，包括制定园林绿化市场信用信息管理规定，建立园林绿化市场信用信息管理系统，等等。省级住房和城乡建设（园林绿化）主管部门负责指导和监督本行政区域内园林绿化工程建设管理工作，制定园林绿化工程建设管理和信用信息管理制度，并组织实施。城镇园林绿化主管部门应当加强对本行政区内园林绿化工程质量安全的监督管理。

在地方层面，以上海为例，市建设行政管理部门是本市建设工程质量和安全的综合监督管理部门。上海市绿化和市容管理局按照法律、法规和市人民政府规定的职责分工，负责本市园林绿化工程质量和安全监督管理。

上海市绿化和市容（林业）工程管理站具体实施上海市园林绿化工程的质量和安全监督工作，确保园林绿化工程质量和安全生产，维护城市生态安全。其管理依据为《上海市园林绿化工程质量和安全管理暂行办法》。

9.1.3.3　资金保障

长期以来，我国一般性公益林和公共绿地的营建主要以地方各级政府财政经费为主。一般性经济林和城市建设用地中的附属绿地，其建设费用多由建设和运营主体自行承担。2019年，国家发展和改革委员会印发了《建立市场化、多元化生态保护补偿机制行动计划》。该计划要求建立市场化、多元化的生态保护补偿机制，健全资源开发补偿、污染物减排补偿、水资源节约补偿、碳排放权抵消补偿制度，合理界定和配置生态环境权利，健全交易平台，引导生态受益者对生态保护者进行补偿。积极稳妥发展生态产业，建立健全绿色标志、绿色采购、绿色金融、绿色利益分享机制，引导社会投资者对生态保护者进行补偿。鼓励大中城市将近郊垃圾焚烧、污水处理、水质净化、灾害防治、岸线整治修复、生态系统保护和修复工程与生态产业发展有机融合，完善居民参与方式，引导社会资金发展生态产业，建立持续性惠益分享机制。

9.2

城市困难立地生态园林管理体制机制存在的主要问题

9.2.1　法律法规方面的问题

9.2.1.1　专门性城市困难立地生态园林化立法缺失

我国当前没有专门性的城市困难立地生态园林化的行政法规。现有的国家和地方性的《城市绿化条例》主要面向一般立地条件，无法有效指导和规范基于城市困难立地的生态园林建设。另外，在城市困难立地的污染土壤防治和管理方面，缺乏全面系统的专门性法规体系，关于污染土地的法律责任的归属界定还不明确。同时，对于如何规范城市困难立地的利用方式和开发程度，也缺少相关法规依据。

9.2.1.2　现有法律法规缺乏精细化和差异化管控指引

我国现有的《城市绿化条例》颁布于1992年，尽管经历了前后两次修订，其相关内容目前仍然落后于我国城乡一体化绿化事业的发展需求。同样的情况也出现在地方层面，以上海为例，现行的《上海市环境保护条例》

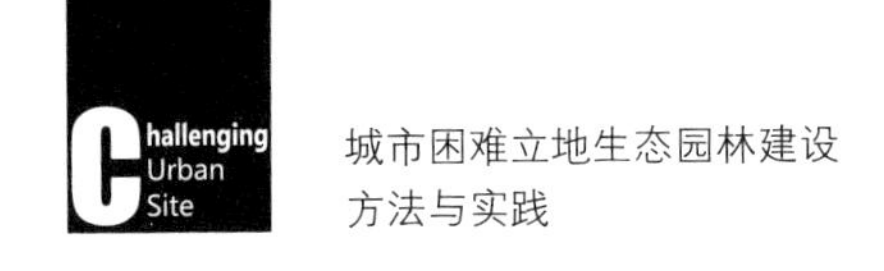

《上海市公园管理条例》和《上海市河道管理条例》都是2000年以前颁布的法律法规。《上海市城市绿化条例》制定于2007年，尽管2018年经历了修订，但没有涉及城市绿化用地立地条件的高度复杂性和异质性，在城市生态文明建设和“城市双修”的时代背景下，该条例已无法适应大中型城市用地紧缩条件下的城市精细化、差异化国土绿化和生态建设需求，更难以满足上海2035年生态之城建设对新增高质量生态空间的现实需求。

9.2.2 行政管理方面的问题

9.2.2.1 缺乏部门之间的有效协同合作机制

城市困难立地生态园林建设涉及林业、住建、环保、交通、水利、发改等一系列行政管理部门，但是现阶段有关城市困难立地生态园林的主管部门权责并不十分明晰。在解决困难立地土地资源问题、衍生性生态环境问题和社会经济影响等方面还存在职能缺位、职能交叉、权责模糊等问题，相互推诿或者扯皮的现象还在不断出现。这就需要明确城市困难立地生态园林建设的牵头部门或机构，以及相关行政管理主体的管理权限、职责范围和彼此关系，建立协调联动机制，提高运行组织效率，从而有力促进城市困难立地生态园林建设的健康、可持续发展。

9.2.2.2 部门之间信息不对称

城市困难立地生态园林建设的管理缺乏部门之间的数据共享和资源的统一管理，部门间信息的不对称影响到各部门的沟通与协调。关键问题在于缺乏统一的信息共享平台。大数据、人工智能、物联网等新兴科学技术手段的不断涌现，使得建立包括城市困难立地生态园林建设在内，涉及土地资源、社会经济条件、生态环境水平、法规政策等内容的共享大数据平台和决策会商系统成为可能。统一共享的数据资料、监管信息有利于各行政主体及时同步掌握相关情况，并通过信息平台开展综合决策与管理，提升工作效率和效果。

9.2.3 配套支撑措施方面的问题

9.2.3.1 技术标准和规范缺乏

国内目前仅出台了土壤污染防治等相关方面的指导意见，以及场地环境调查、场地环境监测、污染场地土壤修复、污染场地风险评估等方面的技术导则，缺乏明确的技术标准规范。城市困难立地生态园林化方面还处于空白状态，各地在面临困难立地时往往比较棘手，直接照搬一般的园林绿化技术标准，无法完成高质量的城市困难立地生态建设。目前急需制定基于城市困难立地的生态园林配套标准技术体系，指导城市困难立地生态园林的建设和发展。

9.2.3.2 监管存在真空

目前，我国还没有与城市困难立地生态园林建设直接相关的法律法规，这导致城市困难立地监管监测体系不完善，也缺乏城市困难立地污染土地的信息管理系统。同样的，现行的园林绿化工程监测评价水平，以及园林绿化工程质量和安全管理办法，也无法适应城市困难立地生态园林建设工程质量和效益的评价需求。

9.2.3.3　资金保障不力

资金是目前城市困难立地生态修复与再开发进行生态园林建设的主要瓶颈之一。由于典型的城市困难立地（如城市搬迁地、棕地、城中村、垃圾填埋场等）大多位于城市已开发区域，属于对城市建成区的用地“再开发”和生态“再修复”。城市建成区地价高、水土资源条件差，部分场地还可能存在一定水平的污染，因此基于城市困难立地的生态园林建设资金需求量大、工程时间长，如果没有充分的资金保证，很难实施。

9.2.3.4　缺乏民间组织机构的参与

在我国，城市困难立地的生态修复和生态园林化还缺乏对民间组织的有效激励机制，政府往往只充当卖地的角色，而开发商往往只关心项目的经济效益。尽管2019年国家发展和改革委员会印发了《建立市场化、多元化生态保护补偿机制行动计划》，鼓励大中城市将生态系统保护和修复工程与生态产业发展有机融合，完善居民参与方式，引导社会资金发展生态产业，建立持续性惠益分享机制。但是，如何根据不同地区的社会经济条件和生态环境水平，将这一政策落地实施，促进民间资本参与城市困难立地生态园林建设，还需要在实践中进一步摸索。

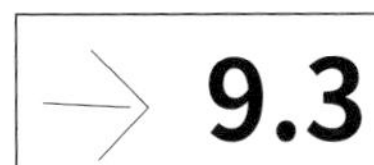

9.3 城市困难立地生态园林管理体制机制的实施对策

9.3.1　法律法规体系实施对策

9.3.1.1　完善已有相关法规

进一步完善已有的相关法律法规体系，包括将城市污染场地、工业搬迁地、垃圾填埋场等受损土地资源的治理、修复和生态园林化纳入《中华人民共和国环境保护法》和《中华人民共和国城乡规划法》，明确不同企业、事业单位和相关经营者的法律责任。修订现行的国家和地方性城市绿化条例，增强实施精细化、差异化城市绿化建设管理的法律依据，使其更好地满足城市生态文明建设和“城市双修”的需求。

9.3.1.2　制定专门性法规

针对城市已开发用地“再开发”和生态“再修复”制定专门性的法规，将城市困难立地生态园林化规定为这类用地的主要用途之一，并根据不同城市的用地资源条件和生态建设需求，明确规定将这类用地应用于城市生态修复和城市生态园林建设的比例。

9.3.2 行政组织体系实施对策

9.3.2.1 强化组织领导

明确城市各级政府是城市困难立地生态园林化的责任主体，城市主要领导要将城市困难立地生态修复和生态园林化工作作为重要的职责和工作内容，排上议事议程，统筹谋划，亲自部署。建立由城市自然资源管理部门以及绿化、林业、住建、环保、水务、交通等部门作为成员的城市困难立地生态修复和生态园林建设沟通协调工作机制，从而实现政府主导、部门协同、上下联动，形成工作合力，保障城市困难立地生态园林建设工作的顺利进行。

9.3.2.2 加强规划引导

城市自然资源管理部门、绿化和林业管理部门可以根据城市困难立地生态修复和生态园林建设需要，修改完善城市国土空间规划，编制生态保护和生态园林建设专章，确定生态空间总体格局、生态保护以及生态园林建设要求。编制城市困难立地生态园林建设专项规划，加强其与城市地下管线、绿地系统、水系统、海绵城市等专项规划的统筹协调，明确不同部门在城市困难立地生态园林建设专项规划中重点工作的职责分工和主要任务，建立拟建设项目的清单管理机制。

9.3.2.3 制订实施计划

根据评估和规划，各级政府及其职能部门统筹制订城市困难立地生态园林建设实施计划，明确工作任务和目标；细化具体工程项目，建立项目库，明确项目的位置、类型、数量、规模、完成时间和阶段性目标、建设时序和资金安排，落实实施主体责任；加强对实施计划的论证和评估，增强实施计划的科学性、针对性和可操作性；将重要项目纳入国民经济社会发展规划和近期建设规划。

9.3.3 配套支撑体系实施对策

9.3.3.1 建立标准规范

针对城市搬迁地、受损湿地、新成陆盐碱地、立体空间和垃圾填埋场等不同类型的城市困难立地，组织编制城市困难立地生态园林建设技术标准体系。注重其与相关国际、国家及行业标准体系和标准规范的区别、联系和衔接。自上向下、分步健全，逐步覆盖城市困难立地生态园林建设的各个方面和各个层面。

9.3.3.2 开展监督考核

对城市困难立地生态园林建设的资金投入、制度完善、管理绩效等工作展开评价和考核，逐步减少地方城市建设的随意性和盲目性。要建立监督考核制度，明确考核指标体系和监督管理标准，严格目标考核、问责管理，定期组织开展城市困难立地生态园林化实施效果评价。结合城市建设管理情况，加强监督，严格奖惩，把城市困难立地生态园林建设成效情况纳入领导干部考核体系。

9.3.3.3 加大资金投入

引导各级财政积极支持城市困难立地生态园林建设工作，鼓励把城市困难立地生态园林建设项目打包，整合使用各类转移支付资金，提高资金使用效益，发挥政府资金的引导作用。鼓励政府与社会资本合作，大力推行PPP模式。同时，通过税收优惠、政策奖励等优惠措施发动社会力量，为城市困难立地生态园林建设提供切实的资金保障。

9.3.3.4 引导公众参与

利用大数据、云技术、平台、移动互联等前沿技术，提高城市困难立地生态园林建设项目的公开性和普惠性。充分利用微博、微信、APP等新型载体的优势，不断扩大公众参与范围，方便社会公众了解情况，引导市民监督城市困难立地生态园林建设，提高监督实效。通过信息服务、信息消费将城市困难立地生态园林化的效益切实回馈给城市居民。

参考文献

陈静，纪丹雯，沈洁．城市困难立地的社区农园营造探索：以城市农业实践为例[J]．园林，2018(1)：12-15.

甘云涛，李欢．城市园林绿化与生态恢复研究进展[J]．现代园艺，2019(10)：174-176.

郭徽．生态理念下的林业绿化管理策略分析[J]．现代园艺，2018(22)：174.

李佳．生态规划理念在园林景观设计中的应用[J]．现代园艺，2019(8)：138-139.

李晓策，张浪，张桂莲，等．城市生态系统管理体制与机制现状分析与对策[J]．上海建设科技，2018(5)：59-62，72.

李燕初.生态规划理念在园林景观设计中的应用[J]．现代园艺，2018(24)：84.

李永先．我国园林绿化管理问题及对策[J]．乡村科技，2019(10)：49-50.

力浩荣．刍议园林绿化养护管理市场化运作问题：以兰州为例[J]．甘肃农业，2018(10)：27-28.

刘风．城市园林绿化存在的问题与对策探讨[J]．绿色科技，2019(11)：81-82.

刘娅迪．生态园林城市规划建设思考[J]．现代园艺，2018(24)：144-145.

刘燕生．城市生态系统环境保护建设和管理[J]．城市问题，1991(4)：34-36.

欧阳晓芳．浅谈生态城市建设与园林绿化管理[J]．南方农业，2019，13(6)：61-62.

钱颖．城市园林管理与生态建设[J]．南方农业，2019，13(3)：43-45.

苏丹华．困难立地造林综合技术要点[J]．南方农业，2018，12(36)：69，71.

王翔宇．城市生态环境与园林配置探讨[J]．现代园艺，2019(9)：120-121.

王兴岐．生态园林与城市环境保护[J]．现代园艺，2019(11)：109-110.

熊春苗．连平县基于困难立地的生态景观建设技术探讨[J]．林业勘察设计，2018(2)：113-114.

杨湘衡．园林绿化管理对城市生态建设的重要性探究[J]．现代园艺，2019(13)：189-190.

张国增．辽西半干旱地区困难立地条件造林技术探讨[J]．中国林副特产，2019(2)：60-61.

张浪，朱义，薛建辉，等．谈新时期城市困难立地绿化[J]．园林，2018(1)：1-7.

张浪，朱义，薛建辉，等．转型期园林绿化的城市困难立地类型划分研究[J]．现代城市研究，2017(9)：114-118.

张浪，朱义．超大型城市绿化系统提升途径与措施：以解读“关于上海市‘四化’工作提升绿化品质指导意见”为主[J]．园林，2019(1)：2-7.

张浪，朱义．住建部《关于加强生态修复城市修复工作的指导意见》的生态修复导读[J]．园林，2017(4)：42-43.

赵淑琴．兰州市园林绿化养护管理市场化运作存在的问题与对策[J]．河南农业，2018(11)：51-52.

郑思俊，李晓策，张浪．新时期上海城市绿化“四化”建设思考[J]．园林，2019(1)：24-27.

结　语

1

背景认识——转变城市建设用地性质改善人居环境

城市是人口及各种活动的聚集地，自18世纪产业革命以来，工业城市化以惊人的速度增长，城市人口急剧膨胀。2008年以来，超过1/2的全球人口居住在城市，预计到2030年将有50亿人生活在城市，发展中国家将是城市化发生的主要区域。城市化集中表现为在城市人口集中、城市面积扩张和生产生活方式转变基础上，作为一个经济、社会、文化等多种因素综合发展的过程。虽然城市仅占全球面积的3%，但是深刻改变了人类与其共存物种赖以生存的环境条件，在城市、区域和全球等尺度上产生持续影响。中国的城市化水平由1978年的17.92%上升到2016年的57.35%，预计到2030年城市人口将达到68.7%。快速城市化和工业化发展过程中，随着人口、产业聚集和城市日益扩张，交通拥堵、空气污染、生境破碎化和生物多样性降低等“城市病”频发。通过消耗大量自然资源，向区域环境排放大量污染物，生态系统结构和生态过程发生了改变，城市及其区域的生态系统服务功能被削弱，严重威胁到城市居民身心健康和福祉，制约了城市生态系统的可持续发展。

中国经历了世界历史上规模最大、速度最快的城市化进程，经济发展和生态环境的矛盾凸显得更加尖锐。2015年召开的中央城市工作会议，指出我国城市发展已经进入新的发展时期，特别是出台了《住房城乡建设部关于加强生态修复城市修复工作的指导意见》，明确将“城市生态修复”作为城市发展建设的主要任务，提出了治理“城市病”、推进生态建设、改善环境质量、打造和谐宜居城市的要求。城市绿色空间包括城市园林、城市森林、生态廊道、都市农业、城市湿地、立体绿化、郊野公园等区域绿地，是城市生态系统的重要组成部分。随着城市化进程的加速和环境问题的加剧，城市绿色空间对城市生态环境和可持续发展的重要性越来越得到重视。然而由于前期强烈的人为扰动，由其他城市建设用地转变为城市绿地时，植物赖以生存生长发育必备的立地条件遭受严重破坏。同时，城市生态园林建设客观上要求统筹兼顾生态和景观，在目标和前提条件方面均有别于非城市化过程用地所开展的生态修复和风景园林化研究。因此，以“城市困难立地”生态修复和风景园林化为对象，研究城市绿色生态空间复合功能快速提升方法，聚焦其他城市建设用地空间转变为城市绿化用地空间的关键技术途径，对改善城市和人居环境具有重要的应用价值和现实意义，更是中国快速城市化进程末端转型期的迫切任务。

2

概念诞生——城市更新中提出城市困难立地概念

当城市发展到一定阶段，城市更新就成为城市自我调节机制中的重要环节，也是其突破某些发展瓶颈、开拓新的发展空间的有效手段。在发达国家，比较有代表性的“城市更新”概念是Peter Roberts根据第二次世界大战以后英国城市发展状况和问题，在经济、社会、物质环境等方面对城市地区做出长远的、持续的改善和提高，主要以消灭贫民区和提升中心城区商业价值为目的。随着20世纪70年代可持续发展理念的深入，城市更新理论和途径发展呈现多元化、多尺度的特征，恢复城市中已经失去的环境质量和改善生态功能成为目标之一。城市更新背景下土地整治或土地利用变化，为提高城市生态系统安全格局和服务功能提供了契机。

城市空间扩展是城市地理学、景观生态学共同关注的研究热点之一，在城市用地形成、城市空间演变规律和模式、运用模型模拟城市未来空间扩展方面开展了大量研究。城市空间结构是在一定的经济、社会发展等基本驱动力作用下，综合了人口变化、经济职能分布变化以及社会空间类型等要素形成的复合性城市地域形式。改革开放以来的中国城市化发展特征，整体上表现为城市人口郊区化和工业郊区化的空间增长格局，城市扩展中生态安全问题越来越受到重视，运用景观生态学理论，通过辨别一些关键生态区域、廊道，建立城市扩展用地的生态安全性等级。此外，包括预景、干扰分析、GAP分析在内的多种分析方法，被应用于国内外许多城市自身及其所在区域的生态安全格局构建中，支撑起城市土地整治中生态安全格局的优化。同时，基于生态系统服务功能开展土地整治对土壤、植被、水、生物多样性等生态因子影响的综合权衡与评价，成为现阶段我国指导区域尺度或重大工程土地整治的有效手段。应用InVEST工具、VER模型等技术，对城市绿地、城市森林和城市湿地等生态基础设施的功能定量化评价，成为国内外城市生态学研究与城市规划管理决策的有效沟通途径。

中国从20世纪90年代后期开始进行土地整治，城市中，特别是特大型城市，均陆续大规模开展“建设用地减量、生态用地增加”工作。污染工业迁移、老旧城区拆除和生态用地优化调整等城市更新措施的推行，标志着我国发达地区城市化发展进入了新的阶段，由此带来的城市困难立地生态园林化再利用，也变得日益紧迫。因此，笔者提出了“城市困难立地”概念。应该说，此概念不是完全意义上的新概念，而属于传统林学领域立地概念的大范畴，重点表述的是受人为因素干扰出现的立地条件“困难”的部分用地空间，应该是立地或困难立地概念的内涵外延中一个子领域和新分支。

笔者于2005年直接置身于上海世博会园区绿化实践时，对此类场地快速生态修复和风景园林化技术领域的复杂和疑难程度，有了更深刻的认知。笔者在经典学术概念范畴的聚焦与发展上做了比较和选择，是参考生态学意义上的"特殊生境"或"逆境"，还是林学意义上的"困难立地"？经过几年的索源思考和同行讨论，特别是结合现实问题和出于易于理解接受的角度，最终选择了参照林学上的"困难立地"概念。从广义和狭义两个角度，对城市困难立地进行定义，即：广义上的城市困难立地，是指城市区域环境中，不能满足地带性植被主要物种正常生长所需立地条件的场地空间的总称；狭义上的城市困难立地，是指受人为因素干扰后，导致城市所在区域地带性植被主要物种适生条件退化的立地总称。城市困难立地客观条件上都存在植物生存、生长发育的障碍因子，缺乏维持自身生态系统健康稳定的基础条件，更难以提供高效的生态系统服务功能，这也导致城市困难立地绿化及其生态园林化和常规一般用地绿化及其生态园林化存在重要差异。狭义的城市困难立地基本特征包括：①城市区域环境中，人为干扰形成；②不能满足地带性植被正常生长；③城市困难立地再开发利用为城市绿化提供空间。

通过对国内外城市生态用地分类研究和《城市用地分类与规划建设用地标准》（GB 50137—2011）进行系统分析，从易识别、便对接、可落地的角度，笔者对基于城市园林绿化用途的城市困难立地进行了进一步梳理，并重新进行了分类，划分为3个一级大类别（不含复合型）、10个二级中类型。3个一级大类别（不含复合型）分别为自然型城市困难立地、退化型城市困难立地和人工型城市困难立地。其中，自然型城市困难立地属于广义范畴，退化型和人工型城市困难立地属于狭义范畴。

3 主要问题——城市困难立地生态修复和风景园林化难点

3.1 内涵定量化和标准化薄弱

城市作为典型的社会、经济、自然复合的生态系统，同样具有一定的调节气候、净化环境、涵养水源、维持生物多样性及景观文化等生态系统服务功能。城市土地整治过程中产生的建设用地资源，可以规划建设为生态用地，对完善和增强城市生态系统服务功能具有积极作用。但是，长期以来生态学和规划学难以有效衔接，限制了城市生态系统服务功能在微观层面的质量提升。目前，从宏观视角探讨城市规划中生态对策的研究较多，而从微观视角针对城市的生态研究较少。具体到城市污染场地和废弃地的生态修复研究和应用领域，虽然目前形成了基于人体健康的污染场地（尤其是重污染场地）等级划分评价标准，但广泛用于城市生态建设的中度和轻度污染场地往往被忽视，对其内涵界定、形成机制、结构组成和类型等级等方面的研究薄弱，无法支撑规划和修复应用工作中相关场地类型的定量化和标准化。

3.2 统筹监管和信息透明度不足

由于目前城市生态修复大规模实践工作处在起步阶段，城市困难立地生态修复与相关的大气污染防治、水环境治理、垃圾处理等生态环境建设项目，在公众认识、投资力度和研究积累等方面存在较大差距。发达国家在该领域进行了顶层设计和监管制度完善，如美国EPA和联邦政府通过制定一系列法律法规、设立修复超级基金、划分棕地再生区、建立优先清单等措施，建立了高度法制化、信息透明化的制度设计；德国鲁尔工业区作为典型的城市更新成功案例，通过《鲁尔区区域发展计划》《鲁尔区开敞空间体系》等一系列区域尺度发展计划，在规划层面制定了“自上而下”与“自下而上”相结合的信息反馈模式。自2016年5月国务院印发了《土壤污染防治行动计划》（简称“土十条”）以来，针对污染场地治理的研究和应用力度很大，但是从国外发展经验分析，仅仅从污染治理角度，缺乏用途导向的场地整治和修复，可能存在“过度治污”影响后续植物生存的潜在问题，不利于从城市更新中获得最优的生态环境改善投入产出效益。同时，城市困难立地生态修复涉及的行政管理部门和利益主体比较复杂，各部门监管职责模糊重叠和数据信息透明度不高，行业之间、行政区域之间的统筹协调力度不够，严重影响了高效修复和风景园林功能化目标的实现。

3.3 关键技术系统性适配整合水平较低

城市困难立地生态修复和风景园林化是城市发展到一定阶段对多学科创新融合的需求，因此，以构建稳定高效的城市生态安全格局为目标，将环境学、土壤学、生态学、景观地理学、风景园林学、林学等研究成果和关键技术进行整合，才能有效支撑城市生态和风景园林规划建管应用。目前，国内绿地营建主要集中在局部环境的生态群落或者生态化设施营建方面，围绕单一技术的概念和原理阐述较多。虽然近年来，东部沿海发达城市困难立地绿化建设中，出现了如上海世博会园区等具有典型性和影响力的案例，对场地尺度的固体废弃物资源化利用、土壤改良质量提升、近自然植物群落营建等方面进行了技术创新和统筹应用，取得了一定影响力，但是在城市困难立地生态修复和风景园林化的理论方法和关键技术研究上，以及成套技术集成适配应用水平上，还有待进一步提高。

4

对策——推进城市困难立地生态修复和风景园林化实施

正确处理好人与土地（包括地表的水、土、气、生物和人工构筑物）的生态关系是城市人居生态研究的核心任务。城市困难立地生态园林化作为城市转型期发展的一项探索性系统工程，成为住房和城乡建设部“生态修复、城市修补”的重要组成部分。如何在现有体制机制基础上建立有效的实施技术和管理对策成为重要命题。主要对策包括以下几个方面：

4.1　强化城市自然环境质量调查评估，建立共享数据

强化城市自然环境特别是中心城区及周边遭到前一阶段城市化破坏的重要生态空间健康诊断识别，完善分散在各行业的城市生态资源定位监测资源，形成标准化的生态关键指标监测共享数据库和城市困难立地生态园林化决策支持平台。

4.2　加强城市规划建设生态指标引导，统筹制定建设项目优先清单

根据城市困难立地生态空间的健康诊断结果，研究城市生态安全格局构建情景下生态服务和人居空间适应性关键指标体系，突出近自然生态环境质量结果对城市规划建设的支撑引导地位，制定城市困难立地生态修复和风景园林化建设的优先等级清单，统筹协调利用城市困难立地生态园林建设与其他建设专项的关系。

4.3　构建城市困难立地生态修复和风景园林化的理论方法和技术体系

以人居环境理论、生态重建理论为基础，综合造林学、园林学、环境保护学、系统工程学和城市生态学研究成果，创建城市化与区域生态耦合的城市困难立地修复和风景园林化理论；针对城市化过程中绿林湿地等生态系统受损等问题，重点开展城市困难立地分类分级、水土质量快速监测网络建设、固体废弃物资源化利用、城市土壤改良修复、适生抗逆植物群落构建等关键技术研发，并通过标准化示范提高关键技术整体集成适配水平。

4.4 完善政府主导、公众参与的监管制度化顶层设计

建立城市困难立地生态修复监督考核制度，明确政府、企业、公众等各方面利益群体的职责定位和利益诉求，明确政府作为责任主体的职责定位，并纳入领导干部考核体系；研发城市困难立地生态修复效果评价和监测技术，制定典型城市困难立地生态修复技术标准，完善各级财政主导的生态修复资金投入，尤其是提高各类转移支付资金的使用效率，引导社会力量和资金推进城市困难立地生态修复，改善并提升城市困难立地生态园林化系统质量与效益。

5

展望——城市困难立地生态修复和风景园林化阶段性重点

5.1 完善城市生态安全格局优化方法

在城市更新发展阶段，城市困难立地为城市生态网络的优化提升提供了宝贵的土地资源。针对城市化进程中绿林湿地等重要生态空间格局不合理与生态系统受损等问题，研究城市绿地系统空间格局优化和功能提升关键技术体系，深入研究城市更新阶段生态网络空间布局与城市困难立地空间的关联特征，明确重要生态斑块的功能定位具有重要价值；建立缓解生态环境压力、降低生态环境风险的城市生态网络优化布局方法，形成易于操作、指导城市生态规划的空间结构优化技术方法。

5.2 研发共性关键技术及集成应用

一方面，土壤具有维系生物质生产、容纳和消减污染物、涵养水源、固碳、维护生物多样性等多种功能。城市困难立地修复改良的主要目标就是在保证土壤安全的基础上，通过将污染治理技术和种植土研发技术相结合，形成对植物生长有促进功能的配生土。另一方面，针对城市中广泛存在的中度、轻度污染场地，快速灵敏地诊断识别生态园林化的制约因子，构建水土立地条件耦合改良和植物群落的关键技术模式，则是场地尺度城市困难立地生态修复技术及其集成应用的研究重点领域。

5.3 构建智慧化大数据平台

生态环境大数据在解决生态环境问题方面具有独特的机遇和优势。城市困难立地的形成原因复杂，造成的

城市生态环境退化是一个复杂和综合的动态过程，涉及跨领域、跨学科、跨部门的各种生态环境数据，传统分析技术不能系统地整理和分析这些数据，甚至会造成提炼的信息是错误的。国际生态系统研究网络系统收集和存储了海量观测数据，是污染控制、生物多样性保护、全球气候变化等研究的重要方向。长期以来我国城市生态环境定位监测体系缺失，2016年环境保护部发布了《生态环境大数据建设总体方案》，为环保系统开展生态环境大数据建设提供了强有力的政策支持和技术框架，综合多个行业数据和定位监测数据，建立城市困难立地生态修复大数据分析平台，将有助于为政府和公众提供支撑精细化管理的更加灵敏的数据支撑。

5.4　形成公共政策和法规保障机制

研究城市更新情景下土地利用格局变化及其驱动力，探究城市困难立地对生态网络的安全格局和生态系统服务功能的影响，研发城市统筹城乡空间的绿地生态网络构建模式及其管控机制；构建基于国内外城市生态安全管控机制的相关理论及实施途径方法，剖析城市困难立地生态园林化建设推进的有效性和障碍因子，形成符合城市健康协调发展的公共政策和法规保障机制。

综上，在城市困难立地上开展城市人居生态环境建设，是城市发展到一定阶段的必然选择。目前我国城市陆续进入了“城市新开发”与“城市再开发”并重的发展阶段，而东部沿海经济发达城市已经普遍进入以“建设用地减量、生态用地增加”为目标导向的“城市再开发”发展阶段，优化城市人居环境的城市更新已经到了阶段性攻坚期。立足于城市更新发展的背景，提出城市困难立地概念和城市困难立地绿化技术科技攻关领域，开展城市困难立地生态修复和风景园林化的理论、方法、技术和制度顶层设计实施对策研究，创新建立符合中国城市困难立地生态修复和风景园林化建设需求的理论方法、技术体系和法规政策。利用城市困难立地资源，构建城市生态系统与生态安全格局；开展城市困难立地生态修复和风景园林化关键技术研发与集成、城市困难立地成因判别和建设成效管控大数据平台构建等方面研究和推广应用，实现我国城市高质量、可持续、健康发展。

参考文献

崔胜辉，洪华生，黄云凤，等．生态安全研究进展[J]．生态学报，2005，25(4)：861-868.
冯健，刘玉．转型期中国城市内部空间重构：特征、模式与机制[J]．地理科学进展，2007，26(4)：93-106
傅伯杰，刘宇．国际生态系统观测研究计划及启示[J]．地理科学进展，2014，33(7)：893-902.
胡聃，奚增均．生态恢复工程系统集成原理的一些理论分析[J]．生态学报，2002，22(6)：866-877.
环境保护部办公厅．关于印发《生态环境大数据建设总体方案》的通知［Z/OL］．(2016-03-08)［2016-03-14].http://www.mep.gov.cn/gkml/hbb/bgt/201603/t20160311_332712.htm.
姜林，钟茂生，梁竞，等．层次化健康风险评估方法在苯污染场地的应用及效益评估[J]．环境科学，2013，34(3)：1034-1043.
李锋，王如松，赵丹．基于生态系统服务的城市生态基础设施：现状、问题与展望[J]．生态学报，2017，34(1)：190-200.
刘丽香，张丽云，赵芬，等．生态环境大数据面临的机遇与挑战[J]．生态学报，2017，37(4)：4896-4904.

刘耀彬，李仁东，宋学锋．中国区域城市化与生态环境耦合的关联分析[J]．地理学报，2005，60(2)：237-247.
吕永龙，王尘辰，曹祥会．城市化的生态风险及其管理[J]．生态学报，2018，38(2)：1-12.
马克明，傅伯杰，黎晓亚，等．区域生态安全格局：概念与理论基础[J]．生态学报，2004，24(4)：761-768.
马世骏，王如松．社会-经济-自然复合生态系统[J]．生态学报，1984，4(1)：1-9.
欧阳志云，王如松，赵景柱．生态系统服务功能及其生态经济价值评价[J]．应用生态学报，1999，10(5)：635-640.
权亚玲．欧洲城市棕地重建的最新实践经验：以BERI项目为例[J]．国际城市规划，2010，25(4)：56-61.
沈清基．论城市规划的生态学化：兼论城市规划与城市生态规划的关系[J]．规划师，2000，16(3)：5-9.
沈仁芳，腾应．土壤安全的概念与我国的战略对策[C]．中国科学院院刊，2015，30(增刊)，37-45
苏伟忠，杨桂山，甄峰．长江三角洲生态用地破碎度及其城市化关联[J].地理学报，2007，62(12)：1309-1317.
王军，钟莉娜．景观生态学在土地整治中的应用研究进展[J]．生态学报，2017，37(12)：3982-3990.
王如松．转型期城市生态学前沿研究进展[J]．生态学报，2000，20(5)：830-840.
王少剑，方创琳，王洋．京津冀地区城市化与生态环境交互耦合关系定量测度[J]．生态学报，2015，35(7)：2244-2254.
肖龙，侯景新，刘晓霞，等．国外棕地研究进展[J]．地域研究与开发，2015，34(2)：142-147.
薛建辉，吴永波，方升佐．退耕还林工程区困难立地植被恢复与生态重建[J]．南京林业大学学报(自然科学版)，2003，27(6)：84-88.
阳文锐，王如松，黄锦楼，等．反距离加权插值法在污染场地评价中的应用[J]．应用生态学报，2007：9(18)：2013-2018.
杨培峰．我国城市规划的生态实效缺失及对策分析：从“统筹人和自然”看城市规划生态化革新[J]．城市规划，2010，34(3)：62-66.
张浪，陈伟良，张青萍，等．城市绿地生态技术[M]．南京：东南大学出版社，2013.
张浪，韩继刚，伍海兵，等．关于园林绿化快速成景配生土的思考[J]．土壤通报，2017，48 (5) ：1264-1267.
张浪，王浩．城市绿地系统有机进化的机制研究：以上海为例[J]．中国园林，2008，24(3)：82-86.
张浪，姚凯，张岚，等．上海市基本生态用地规划控制机制研究[J]．中国园林，2013，29(1)：95-97.
张浪，朱义，薛建辉，等．转型期园林绿化的城市困难立地类型划分研究[J]．现代城市研究，2017(9)：114-118.
张浪．城市绿地系统布局结构模式的对比研究[J]．中国园林，2015，31(4)：50-54.
张浪．基于基本生态网络构建的上海市绿地系统布局结构进化研究[J]．中国园林，2012，28(12)：65-68.
张浪．特大型城市绿地系统布局结构及其构建研究[M]．北京：中国建筑工业出版社，2009.
郑善文，何永，欧阳志云．我国城市总体规划生态考量的不足及对策探讨[J]．规划师，2017，5(33)：39-46.
钟茂生，姜林，姚珏君，等．基于特定场地污染概念模型的健康风险评估案例研究[J]．环境科学，2013，34(2)：647-652.
周文华，王如松．城市生态安全评价方法研究：以北京市为例[J]．生态学杂志，2005，24(7)：848-852.
Dorsey W J. Brownfields and greenfields：the intersection of sustainable development and environmental stewardship[J]．Environmental Practice，2003，(5)：69-76.
Grimm N B，Faeth S H，Golubiewski N E，et al.Global change and the ecology of cities[J]．Science，2008，319，756-760.
Li F，Wang R S. Eco-services evaluation and eco-planning of urban green spaces[M]．Beijing：China Meteorological Press，2006.
McDonnel M J，MacGregor-Fors I. The ecological future of cities[J]．Science，2016，352(6288)，936-938.
Sousa A D. Turning brownfields into green space in the City of Toronto Christopher[J]．Landscape and Urban Planning，2003，62(4)：181-198.

United Nations Population Fund. State of the world population 2007：unleashing the potential of urban growth[J/OL]. Geneva：United Nations Population Found，2007. http://www.unfpa.org/swp/index.html.

Yin K，Wang R S，An Q X，et al. Using eco-efficiency as an indicator for sustainable urban development：a case study of Chinese provincial capital cities[J]. Ecological Indicator，2014，(36)：665-671.

Zhang L. Organic evolution of the urban green space system：a case study of Shanghai[M]. Shanghai：Shanghai Scientific and Technological Education Publishing House，2014.

附录1

上海三林楔形绿地滨江南片区公共绿地动之谷4号地块设计任务书

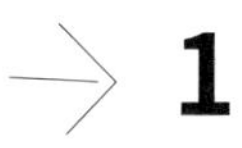

1 项目概况

三林滨江南片地区位于上海市中心城南部，黄浦江下游段的起点，规划用地面积约为446.2 hm^2，其中楔形绿地面积为412.3 hm^2，是上海市中心城八片楔形绿地之一（附图1–1）。

三林滨江南片地区作为黄浦江进入中心城区的南部门户，随着前滩等重要城市功能区的规划建设，地区的区位优势日益凸显。结合区域规划，三林滨江南片地区的开发建设要求充分体现上海三林人文精髓，体现人、城市与自然和谐共存的生态核心，创造独一无二的生态景观，让三林看向世界，也让世界看向三林。

附图1–1　三林滨江南片地区地理位置图

1.1　项目背景

黄浦江两岸地区作为承载上海城市功能提升和形象展示的重要发展轴，综合开发和建设工作从城市核心区不断向南北两侧拓展。作为黄浦江综合开发的重要组成部分，前滩地区正被建设成为黄浦江沿线以总部经济、文化传媒和运动休闲为主的重要城市功能区。其南侧的三林滨江南片地区的区位优势日益凸显，生态功能的重要性更为突出，地区的转型发展已提上了日程。

目前，三林滨江南片地区内农民宅基地及工业仓储用地较大。由于区域长期处于闲置阶段，违章搭建现象普遍，环境问题较为突出（附图1–2）。为加快推进三林滨江楔形绿地建设，推动“城中村”改造，上海市规划国土资源局会同浦东新区政府、地产集团组成联合工作团队，启动了三林滨江南片地区规划设计编制研究工作。2014年11月，上海市政府批复了《三林滨江南片区结构规划》及《三林滨江南片区东区控制性详细规划》，目前《三林滨江南片区西区控制性详细规划》也已开展规划公示工作，相关上位规划明确了区域总体结构和近期用地控制要求。

附图1-2　三林滨江南片地区卫星图

为突出楔形绿地生态效应，提升地区文化魅力和景观特色，坚持可持续发展，推动三林滨江南片区转型升级，上海地产集团三林公司于2016年12月23日启动了三林滨江南片区生态景观绿地国际方案征集活动，经过多轮专家评审，美国TLS公司被评为优胜者，其方案被最终选定为深化实施对象。

1.2　建设意义

1.2.1　有利于推进城中村项目改造，提升区域价值

作为外环周边的“城中村”，三林滨江南片地区是重点改造区域。项目建设将改变人口居住密集、环境品质和居住质量不佳的现状，形成符合地区高标准发展的市政设施体系，进一步优化土地使用结构和功能布局，

发挥地区良好的地理优势，完善其配套设施，将该区域建设成为前滩CBD的后花园和上海新的世界级中央商务区域。

1.2.2　有利于提升整体景观效果，成为整个三林地区的新地标

三林滨江地块地理位置优越，区域北侧的华夏西路（中环线）、南侧的外环线以及东侧正在快速化改造的济阳路，将为该地区提供高标准的周边基础设施。而南片区内部整体的景观规划则将这块“最后的黄金地块”推上了打造国际级社区的新高度，将成为整个三林地区的新地标。

1.2.3　有利于成为南片区的启动区，作为后续整体建设的模板

根据总体规划，三林滨江南片区的定位为楔形绿地，需体现人、城市与自然和谐共存的核心生态理念，创造独一无二的区域景观。而4号地块由于内部的功能复杂，建筑和景观结合紧密，与周边道路、水系、桥梁均有关系，设计统筹协调难度大。4号地块的启动将成为后续整体建设的模板，为其他区域的建设提供标准和参照。

2 设计范围及内容

2.1　设计范围

①三林滨江南片地区范围：北起中环线，西至黄浦江，南接外环线，东临涵林路，面积是354.15 hm^2。

②4号地块研究范围：耀龙路—凌兆西路—皓川北路—鳗鲡嘴路—皓川南路—华夏西路围合的范围，面积是65.17 hm^2。

2.2　设计内容

本次工程内容主要为生态园林景观工程，包括地形地貌、植物系统、内部道路、配套设施，以及实施工程和地块内建筑物的协调、实施工程和周边水系的结合、实施工程和周边桥梁道路的联系。

3

设计依据

3.1　设计资料

①地块现状地形图

②三林滨江南片区生态园林景观绿地国际方案征集（美国TLS优胜方案）

③地块内建筑的全套方案图纸

④周边相关管线图纸，水系、道路、桥梁等设施图纸

3.2　现有上位规划

①《上海市基本生态网络结构规划》

②《上海市浦东新区绿地系统规划》

③《上海市浦东新区“十三五”规划》

④《三林滨江南片区结构规划》

⑤《三林滨江南片区东区控制性详细规划》(2015年)

⑥《三林滨江南片区城市设计》(2015年)

⑦《浦东新区0Z00–0801单元（原黄浦江南延伸段ES6单元滨江地区）控制性详细规划重点地区（A街坊）附加图则》(2016年)

3.3　主要设计规范

①《公园设计规范》(GB 51192—2016)

②《城市绿地设计规范》(GB 50420—2007)

③《绿地设计规范》(DG/JT 08–15—2009)

④《城市用地分类与规划建设用地标准》(GB 50173—2011)

⑤《无障碍设计规范》(GB 50763—2012)

⑥《园林绿化栽植土质量标准》(DG/TJ 08–231—2013)

⑦《绿化种植土壤》(CJ/T 340—2016)

4 设计条件

4.1 基地现状

目前，本区域已完成拆迁，现状主要为拆迁后遗留的居民区、企业区及农田、绿地、河流等，基地有大量建筑废弃物。

通过调查，现状植物共有160种，草本植物78种，木本植物82种，分别占植物总量的48.8%和51.2%。

4.2 区域规划

4.2.1 土地使用规划

①三林滨江南片地区西区用地规模：本规划范围的总用地面积为354.15 hm^2，其中建设用地面积为274.12 hm^2，水系为80.03 hm^2（含半幅黄浦江水域面积）。

②三林滨江南片地区西区建设规模：本次规划范围内计划规划总建筑面积为75.06×10^4 m^2，其中住宅建筑面积为41.95×10^4 m^2、配套服务设施面积为1.22×10^4 m^2、商业办公设施面积为31.89×10^4 m^2（其中包含保留建筑面积1.20×10^4 m^2，在待建建筑面积7.20×10^4 m^2，均位于滨江古民居带内）。

4.2.2 区域结构规划

根据对城市设计方案的总结与提炼，本规划地区的整体空间景观构架为“多区、三核、五带”。

①多区：包括滨江古民居带、三林滨水湾区、多元居住社区以及C字形生态绿地。

②三核：滨江门户广场、三林湾区景观节点、地铁站点门户节点。

③五带：三林湾区滨水景观风貌带、滨江门户至三林湾两岸开放广场的滨江中央景观轴线、贯穿小镇的南北向绿园道景观带、滨黄浦江的古民居风貌带，以及C字形绿环生态带。

4.2.3 区域控制性详细规划

①三林滨江南片地区西区规划原则：生态多样复合、宜居多元活力、用地高效集约。

②三林滨江南片地区西区功能定位：三林滨江南片地区作为上海中心城南部的楔形绿地和未来生态建设的

标杆地区，将被建设成为以生态体验、文化艺术、健康宜居为主导的多元复合滨江绿地，也是最生态、最海派、最未来的21世纪海派生活实践区。在整片区发展框架下，本次规划范围定位为依托生态楔形绿地建设发展的市级生态斑块和具有海派风貌的特色小镇。

4.2.4　绿地系统规划

三林滨江南片地区西区人均公共绿地面积达到169.88 m^2。鼓励乔、灌、草结合设置，保证绿化的质量和生态功能。

4.2.5　交通设施规划

4.2.5.1　三林滨江南片地区西区交通设施控制线

①轨道交通控制线：轨道交通8号线已建成，采用地下线路与车站方式；地下车站结构与线路盾构边线外两侧10 m以内为规划控制线范围，地下车站结构与线路外边线外两侧50 m以内为安全保护区。

②防护要求：轨道交通8 号线在保护区范围线内进行开发活动时应根据有关规定，征询相关部门意见。

③鼓励轨道交通线路、车站及其有关附属设施与周边地块的建筑物及地下空间结合建设。

④轨道交通预控通道：规划机场联络线南站支线沿鳗鲤路南北向穿越三林滨江片区，规划预留相应通道，整体控制宽度约45 m；规划轨道交通26号线沿规划六路—凌兆西路东西向穿越三林滨江片区，规划预留相应通道，整体控制宽度约40 m。轨道交通线路位置和车站设置，可在专项规划中深化调整。

4.2.5.2　三林滨江南片地区西区交通设施

在建设项目规划管理阶段，同一地块内经营性设施建筑量不增加的前提下，非独立设置的交通设施可根据具体建设方案确定建筑量，适用乙类适用程序。动迁房地块的配建停车泊位指标可小于相关标准规定的泊位数量。

住宅建筑的机动车停车配建标准参照《建筑工程交通设计及停车库（场）设置标准》（DG/TJ 08–7—2014）配建泊位。

机动车公共停车场（库）的出入口应设置在次干路或支路上，若必须设置在主干路上，则应位于距交叉口最远处。

5　设计要求

5.1　总体要求

公园总体定位以绿色生态为核心，融合休憩、文化、运动等公共活动功能的大型市级楔形绿地和生态廊道，保障城市生态安全。同时，通过活化绿地功能，提升文化魅力和景观特色，建设可持续发展、与周边功能区互动的生态绿地，使之成为三林滨江南片区转型提升的发展引擎。

征集到的优胜方案用不断变化的微地形及“山谷”赋予场地活力，通过地形与水系的交织连接构成一系列的“山谷”。4号地块是以运动文化为主的动之谷，区块的功能定位经过一系列精密的设计及场地研究，将城市所需的活动与本地生态有机的交织在一起。本次设计应充分按照已确定的规划理念和布局，保持与整体空间结构的协调性，衔接4号地块内的主要建筑，在确定自身地块标志性的同时，从形态、空间、功能等方面做好与周边环境条件的衔接。

5.2 设计原则

5.2.1 生态优先，以人为本

以绿色生态为核心，修复生态系统，维护区域生态系统平衡和生物多样性。为市民提供良好、高品质的生态景观、体育运动、科普教育和文化休闲环境。

5.2.2 因地制宜，注重实效

充分考虑水绿基底，因地制宜提出设计方案。在充分尊重既有规划成果的基础上，实现生态绿楔与城市功能区穿插融合，完善提升服务功能。

5.2.3 提升内涵，突出特色

保留基地内老民居，凸显和提升本土人文内涵；使绿地具有参与性、文化性、观赏性及示范性。

5.2.4 绿城融合，相互促进

处理好绿地与周边城市功能及空间的协调关系，实现绿城融合。绿地与城市结构、建筑形式、功能业态、公共空间等要素互相促进，和谐共融。

5.3 设计重点

5.3.1 承接上位规划，完善方案设计

充分全面地研究各项上位规划与设计，依据国内规范和设计经验，对TLS方案进行深入理解和分析，全过程参与设计工作，为TLS完成景观初步设计工作提供专业意见和技术支撑，确保总体景观方案的设计意图全面落地。

5.3.2 融合建筑市政，形成总体统筹

动之谷4号地块中有大体量的建筑物，需要在总体层面上对各专业进行统筹，确保建筑融合于景观中，且

与各个专业衔接顺畅。同时，该地块对外交通既有道路也有桥梁，需要在景观方面总体把控对接的尺度、标高、管线等，为内外对接做好统筹，依序完成下一步施工图设计工作。

5.3.3　立足地形营造，把握整体效果

基地的设计特色为“谷”的概念，地形营造成为最终效果呈现的重点。动之谷4号地块中“极天观山”区域相对标高为25 m，另有多处覆土建筑，基于上海滨江地区土质特点，地形设计需结合岩土结构重点考量；种植设计是绿地景观的重中之重，总体景观方案中明确该地块以常绿针叶阔叶混交林为主，以局部种植浙楠、紫楠等体现“珍贵化”的特色种植，设计单位需结合本土植物环境特点，依据市场资源情况，因地制宜地完善种植设计工作。

5.3.4　注重细节设计，成就精品设计

动之谷4号地块总体地形复杂，建筑体量大，除把控好各重点区块和重要专业设计外，更需注重精细化设计，关注硬质铺装与种植区域间、绿地区域与市政道路间、绿地区域与河道水体间等方面的设计衔接，预先考虑系统排水、土壤改良、雨水冲刷、植物长势等远期影响整体景观效果的各项细节因素，并在过程中及时梳理基础资料，为项目申报精品工程添砖加瓦。

6 主要设计内容

6.1　项目建议书阶段

项目建议书阶段主要是对投资机会进行研究，形成项目建设设想，并向有关部门提出申请建设该项目的建议文件。本阶段主要任务是充分论述项目建设的必要性和迫切性，形成结论，并提供可行的建议实施方案、实施进度、估算造价，供上级部门审批，必要时应包含专家评审意见。

6.2　可行性研究阶段

编制工程可行性研究报告，以批准的项目建议书为依据，在完成了对地区社会、经济发展及基地状况充分的调查研究评价预测和必要的工作的基础上，对项目建设必要性、经济合理性、技术可行性、实施可能性，提出综合性的研究论证报告。

可行性研究的主要内容应包括：①建设项目依据、历史背景；②建设地区现状和建设项目在区域中的地位及作用；③论述建设项目所在地区的经济发展，研究建设项目与经济发展的内在联系，预测周边居民数量和需求的发展水平；④建设项目的地理位置、地形、地质、地震、气候、水文等自然特征；⑤建筑材料来源及运输条件；⑥论证建设项目的建设规模、技术标准，提出推荐意见；⑦评价建设项目对环境的影响；⑧测算主要工程数量，估算投资规模，提出资金筹措方式；⑨提出设计、施工计划安排；⑩确定运输成本及有关经济参数，进行经济评价、敏感性分析；11评价推荐方案，提出存在问题和有关建议。

配套工程设计说明书、设计图纸包含总平面图、地形标高平面图、绿化种植面图、道路系统平面图、配套设施布置图，以及必要的附属图纸、排水系统方案图、照明工程图纸等，根据建设方需求进行补充。

上报工程可行性研究报告前，配合专业单位完成环境评估报告的报批工作，配合建设单位办理土地批文和规划许可证等证照的办理工作，并将环评的内容和结论纳入可行性研究报告中。最终完成可行性研究报告的评审、修改补充以及报批工作。

6.3　初步设计阶段

根据批复的可行性研究报告及业主要求，确定设计方案。根据收集到的有关部门意见，开展初步设计工作。在选定方案时，对拟建项目的场地、周边控制条件进行现场核查，征求周边地方政府、业主及规划、土地、环保等相关部门的意见。具体工作内容如下：

①依据业主、行业主管部门的意见，优化总体设计方案和各专业设计方案。

②完成初步设计内容，对接基地内的建筑设计，确保景观与建筑衔接的整体性及准确性。

③对基地内的地形进行合理分析，对局部高堆坡区域提出可实施的建设设计方案，局部需要加固的部分需要邀请专业团队配合完成设计。

④对内部配置的植物品种进行细化和深化，对基地的土壤及周边环境要做出适合本地生长的植物种植配置方案，并且在必要时提出土壤改良的方案。

⑤对于内部交通的组织及与外部的道路桥梁的联系要进一步深化。

⑥对于基地周边的水利工程要细致对接，并根据水务部门的要求对基地周边的驳岸进行景观处理。

⑦各专业配套设计包括水、电、结构等，计算工程数量并编制概算文件及设计说明书。

⑧编制汇报材料，为各级评审进行技术准备。

⑨根据评审意见进行必要的修编、完善。

本阶段应达到足够的设计深度，能指导下阶段设计和控制投资。工程概算造价原则上不超工可批复，如遇特殊情况，在业主和主管部门允许的条件下工程概算造价也不能超过工可批复的10%，否则应调整工可并重新上报。

6.4　施工图设计阶段

本阶段将根据初步设计批复，深化、优化各项设计，编制施工图设计文件。同时根据业主施工招标的要求，提供满足施工招标所需的工程图纸和工程说明。具体实施内容如下：

①编制设计大纲、明确设计原则，并在设计过程中贯彻实施。

②遵照现行有关规范、标准、办法、规定等，精心设计、认真编制施工图设计文件。

③总体平面图纸：根据区域规划，确定各种内部广场、道路、地形、绿化、设施的位置，并与基地内建筑进行对接，确保建筑和景观的完整性。

④各个分区图纸：按照合理比例，细化总体图纸的相关内容，完善局部区域内的详细设计，并确保其与总体的一致性。

⑤详细图纸：对内部的广场、道路、花坛、树穴、构筑物、屋顶绿化等细节做详细设计，并配合所需的结构设计。

⑥设备图纸：配合景观图纸进行各专业图纸的设计，确保图纸的一致性和合理性。

⑦施工招标文件：提供业主施工招标所需的设计图纸和技术说明等。

6.5　施工配合阶段

①施工和监理招标：配合业主做好招标技术文件的编制工作。

②技术交底：本项目施工图设计完成后，将根据业主安排的时间，及时安排各分项设计技术骨干对施工单位进行技术交底。

③设计变更的快速响应措施：在施工阶段，设计人员根据合同安排到现场服务，及时解决施工中与设计有关的问题，主动做好与施工单位的对接。

④竣工验收及其他：积极配合业主进行竣工验收工作，应业主要求，参加竣工验收及各种工程资料的备案归档工作。

6.6　相关配合工作

①在设计阶段，需指派设计人员协助业主与相关职能部门协调沟通，及时收集整理上报审批所需的设计方案和各项材料，协助业主完成相关审批手续的办理，同时做好各类评审的准备及修改工作。定期组织召开设计例会，汇报设计进度。

②在施工阶段，及时落实施工交底工作，设计负责人应参加工程例会，及时解决施工中的设计问题。

③工程结束后，配合业主及施工单位做好竣工验收及竣工备案工作。

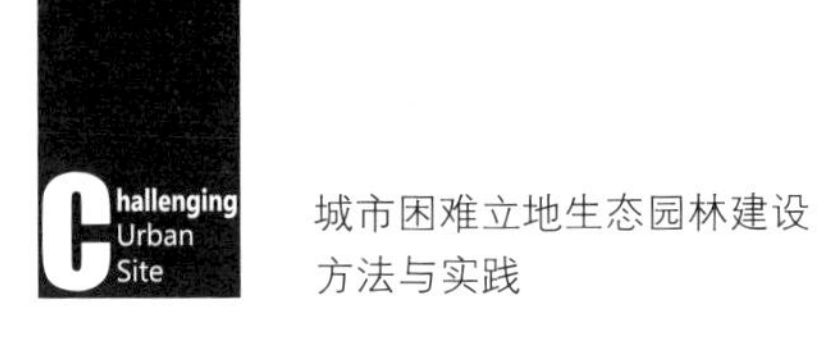

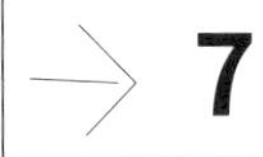

7

实施计划

工程初步计划于2019年9月开工，于2021年6月竣工，建设期为2年。开工前的工作进度安排如下：

①2019年1月，完成项目建议书及批复。

②2019年4月，完成项目工程可行性研究、评审及批复。

③2019年6月，完成工程初步设计、评审、批复。

④2018年8月，完成工程施工图设计、审查。

⑤根据项目推进计划，同步进行规划、土地、环境等报批和工程协调工作。

以上时间节点为项目批复及审批完成时间，设计提交时间应适当提前。

8

设计成果

8.1　项目建议书

项目建议书的重点在于对三林滨江南片地区4号地块景观项目进行梳理，对景观绿化、广场道路、建筑配套等专业提出合理的建设规模建议，做好投资匡算及资金筹措工作。同时，协助建设方进行立项工作的报批。

项目建议书拟包含以下内容：

①项目概况：包含项目背景、项目性质、项目内容等。

②投资方简介。

③项目建设的必要性。

④项目建设条件：包括项目范围、场地概况、自然地理条件、交通状况、雨污水排水现状、供水供电燃气等现状，以及道路系统、交通设施、市政公用设施等项目总体规划。

⑤建设内容：包括建设目标、场地内其他项目情况、建设内容及主要工程规模（含地形、绿化、广场、道路、配套建筑、运动设施及相关配套）等。

⑥项目实施进度。

⑦投资匡算及资金筹措：包括匡算范围、匡算依据、主要匡算内容、投资匡算指标汇总等。

⑧财务平衡及社会效益分析：包括财务平衡、社会效益分析及社会风险因素及对策。

⑨结论与建议。

8.2　工程可行性研究

工程可行性研究的重点在于在充分调查研究、评价预测和必要的勘察工作基础上，对项目建设必要性、经济合理性、技术可行性、实施可能性，进行综合性的研究和论证，对不同建设方案进行比较，选出推荐建设方案。工程可行性研究报告应能满足设计招标的要求，经主管部门批准后，作为初步设计的依据。

在工程可行性研究阶段，设计方将配合建设方做好环评、社会风险评估及安全措施评估，并协助完成审批工作。

三林滨江南片地区4号景观设计可行性研究报告及设计图纸具体工程内容涉及景观绿化、道路广场、配套建筑等。

8.2.1　设计说明书

工可报告将通过对三林滨江南片地区4号景观工程基地现状、社会经济、自然条件、可持续发展的调研与分析，从实际出发正确处理需要与可能的关系，完成以下主要研究内容：

①对项目情况及建设背景进行解读。

②进行现状评价及建设条件的调研与分析。

③通过对三林滨江南片地区控规的解读，进行景观结构分析。

④论述建设本工程的必要性与可行性。

⑤合理确定及论述工程范围和建设内容。

⑥进行工程总体方案设计和重要节点、系统的方案论证。

⑦进行各专业的工程设计，确定工程建设规模和主要技术标准。

⑧提出环境保护、资源综合利用和节能方面的内容。

⑨提出新技术应用及建议的科研项目内容。

⑩进行工程建设阶段划分和进度计划安排设想。

⑪通过投资估算和经济评价，论述本工程实施方案在经济上的可行性。

⑫提出本项目存在的问题与解决建议。

8.2.2 设计图纸

设计图纸包括：平面区位图、用地现状图、总平面图、功能分区图或景观分区图、铺装设计图、交通分析图、竖向设计图、绿化设计图、主要景点设计图（放大图、效果图）、照明示意图、其他必要图纸（如驳岸、水景、假山等）等，根据建设方需要进行补充。

8.3 初步设计

初步设计应根据批准的可行性研究报告进行编制，要明确工程规模、建设目的、投资效益、设计原则和标准，深化设计方案，提出设计中存在的问题、注意事项及有关建议，其深度应能控制工程投资，满足编制施工图设计、主要设备订货、招标及施工准备的要求。

在初步设计阶段，设计方将配合建设方做好扩初专家评审工作，并协助完成审批工作。

初步设计阶段成果应包括：设计图纸、主要材料设备数量和工程概算。

8.3.1 设计说明

设计说明应包括如下内容：

①设计依据、场地概述。

②竖向设计、种植设计原则。

③相关配套专业说明（如结构专业、给水排水专业、电气专业等设计说明）和涉及市政需求的交通、防汛、消防等其他专业说明。

8.3.2 设计图纸

设计图纸应包括：总平面图，总平面定位图，总平面竖向设计图，总平面道路广场图，总平面地坪铺装图，总平面种植图（乔木、灌木、地被等），主要苗木品种、规格，各分区平面图（包括：各分区的放大平面图、各分区放大种植平面图、各分区的局部立面图或局部剖面图），景观小品图（包括主要景观小品的平面图、立面图或剖面图），相关的机电、给排水、结构图纸。

8.4 施工图设计

施工图设计的重点在于对初步设计阶段已确定的工程方案进一步细化，以满足施工的需要。

8.4.1 设计说明

设计说明应包含如下内容：

①根据初步设计文件及批准文件简述工程概况。

②竖向设计的依据、原则。

③基地地形特点。

④种植设计的原则。

⑤对栽植土壤的要求。

⑥对树木与建筑物、构筑物、管线之间的间距要求。

⑦对树穴、种植土、介质土、树木支撑的必要要求。

⑧苗木种植。

⑨结构专业设计说明。

⑩给水排水专业设计说明。

⑪电气专业设计设计说明。

8.4.2　设计图纸

8.4.2.1　总图

①总平面图。

②总平面定位图（含小品、地被和植被的定位、景观道路定位、水体定位、坡道桥梁定位、驳岸定位等）。

③总平面尺寸图（含铺装划格尺寸、小品定位尺寸、小品主体尺寸等）。

④总平面竖向设计图（标明人工地形标高，标明基地内各项工程平面的详细标高，小品构筑物、绿地、水体、园路广场等标高，并且标明其排水方向、计算出挖方与土石方平衡表）。

⑤总平面地坪铺装图（标明各级广场道路的材料、硬质地坪铺装的变形缝及详细做法）。

⑥总平面种植图（标出不同植物类别、位置、范围，标出植物的名称和数量）。

⑦苗木表（列出乔木的名称、规格、数量，列出灌木、竹类、地被、草坪等的名称、规格）。

⑧总平面照明布置图。

⑨总平面分区索引图。

8.4.2.2　各分区平面图

①各分区的放大平面图（含定位、尺寸、竖向、铺装的详细设计内容）。

②各分区的放大种植平面图。

③各分区的局部立面图。

④各分区的局部剖面图。

8.4.2.3　单项景观小品图

单项景观小品图包括主要单项景观小品的平面图、立面图、剖面图、节点详图（含所有标注尺寸及材料标注，并在平面上注明详图索引）。

8.4.2.4 结构专业图

①结构平面布置图（所有构件的定位尺寸和构件编号并在平面上注明详图索引）。

②结构基础布置图（基础构件的位置、尺寸、底标高、构件编号）。

③构件详图。

复杂的小品构筑物应给出结构计算书，计算书经审校后存档。

8.4.2.5 给排水专业图

①给排水总平面图（包含全部给排水管网及附件的位置、型号、详图索引号，并注明管径，埋置深度或敷设方法，水流坡向、洒水栓、消火栓井、水表井、检查井、化粪池等其他给排水构筑物等，给排水管道与市政管道系统连接点的标高和位置、管径水流坡向）。

②水泵房平面剖视图或系统图。

③水池配管详图。

④凡由供应商提供的设备如水景、水处理设备等应由供应商提供设备施工安装图，设计方加以确认。

⑤主要设备表（分别列出主要设备的名称、器具、仪表，及管道附件配件的名称、型号、规格参数、数量、材质等）。

8.4.2.6 电气专业图

①照明配电平面图（含配电箱位置、编号、线路走向、回路编号等）。

②配电系统图（含标出电源进线总设备容量、计算电流，注明开关、熔断器、导线的型号规格、保护管径和敷设方法，标明各回路用电设备、设备容量和相序等）。

③主要设备表（一般包含在设计说明的图例表中，含高低压开关柜、配电柜、电缆及桥架、开关等，应标明型号规格、数量）。

④根据业主要求可能涉及公司广播、安防等方面的内容。

附录2

上海国际旅游度假区生态园林建设技术集成应用

1

项目概况

2009年10月，经报请国务院同意，国家发展和改革委员会正式批复核准上海迪士尼乐园项目。2010年底，上海国际旅游度假区（以下简称“度假区”）成立，并明确度假区应以上海迪士尼项目为核心，整合周边旅游资源联动发展，建成能级高、辐射强的国际化旅游度假区和主题游乐、旅游会展、文化创意、商业零售、体育休闲等产业的集聚区。

度假区位于上海市中心城东南面，浦东机场西面，占地24.7 km^2，由核心区和发展功能区构成。根据上位规划，度假区将形成“一核、五片”的空间发展格局。国际旅游度假区以迪士尼为核心，不同片区现状有较大差异，五片区内基本涵盖了非工业整治遗留地、废弃地、低效绿林地、垃圾填埋场、退化湿地等常见城市困难立地类型（附图2–1）。

附图2–1　国际旅游度假区河道现状

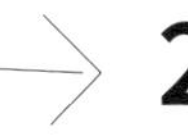

2 技术评价与分类

根据度假区现有植物资源、水环境和土壤状况，结合各功能区的用地类型与规划定位要求，开展生态园林建设技术评价与分类（附表2-1）。

附表2-1　国际度假区生态园林建设技术分类

要素	大类	中类		效应分类	技术应用目标分类
绿	植物种类选择和群落构建	A1	乡土植物种类选择	基础技术	产能型：提升生物多样性水平，促进生态系统健康发展，加快园林绿地自然发育
		A2	复层群落构建	核心技术	
		A3	河岸带植物序列构建	核心技术	
		A4	现有绿林地林相改造	核心技术	
		A5	生物多样性促进技术	相关技术	
	功能型绿林地营建	B1	林业碳汇技术	基础技术	产能型：利用植物构建功能型绿林地，提升绿林地生态服务效能
		B2	降噪型绿林地	核心技术	
		B3	保健型绿林地	核心技术	
	立体绿化营建	D1	薄层屋顶绿化	基础技术	复合型：促进雨水资源利用，降低建筑能耗，提高整体绿量
		D2	花园型屋顶绿化	基础技术	
		D3	垂直绿化	基础技术	
水	城市绿地对降雨径流的低影响开发	C1	雨水花园	基础技术	减废型：提高雨水资源利用率，降低水污染，缓解城市雨洪
		C2	滞留型湿地塘	核心技术	
		C3	植被过滤带	核心技术	
		C4	植草沟	基础技术	
		C5	透水型铺装	相关技术	
		C6	雨水收集装置	相关技术	

2.1　植物种类选择和群落构建

针对城市生物多样性衰退和生态系统健康度降低等问题，采取包括A1乡土植物种类选择、A2复层群落构建、A3河岸带植物序列构建、A4现有绿林地林相改造、A5生物多样性促进等技术。

2.2　功能型绿林地营建

针对道路噪声污染，为增加空气负离子和林业碳汇能力，采取B1林业碳汇技术、B2降噪型绿林地、B3保健型绿林地等植物构建技术。

2.3　城市绿地对降雨径流的低影响开发

针对城市建设开发造成的地表水污染、城市雨洪和雨水资源再利用等问题，采取C1雨水花园、C2滞留型湿地塘、C3植被过滤带、C4植草沟、C5透水型铺装、C6雨水收集装置等技术。

2.4　立体绿化营建

针对建筑能耗高、城市绿量不足等问题，采取D1薄层屋顶绿化、D2花园型屋顶绿化、D3垂直绿化等技术。

技术应用布局

依据每个片区的功能定位和现状资源情况，按照“水网绿环、多轴、多点”的生态结构和生态功能分区，分别在集中建设控制区和生态用地区开展生态园林技术应用布局（附图2–2、附表2–2）。不同片区的生态园林技术应用意向图见附图2–3～附图2–10。

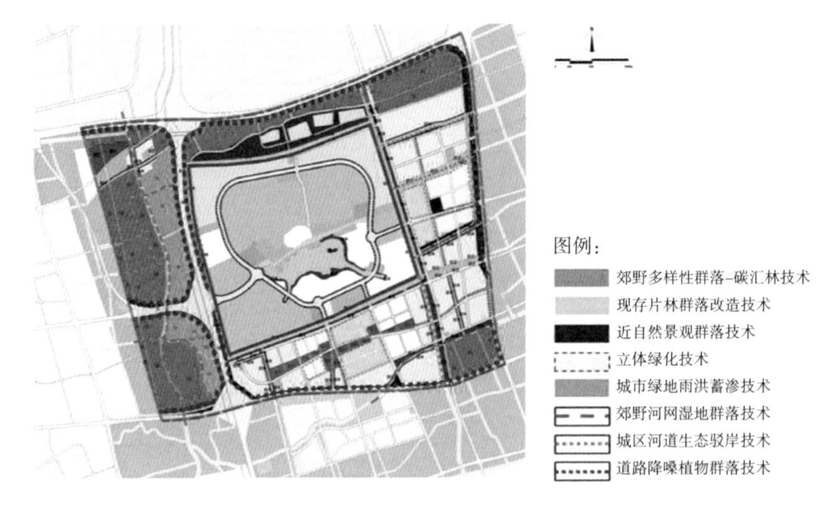

附图2–2　上海国际旅游度假区绿地生态技术应用布局

附表2-2　度假区绿地生态技术的分区应用布局

分区	定位	问题	生态园林技术应用
南一片区	高密度开发区	城市雨洪 水污染 游人密集 景观要求高	A1乡土植物选择、A2复层植物群落、A3 河岸带植物序列构建
			C1雨水花园、C3植被过滤带、C4植草沟、C5透水型铺装、C6雨水收集装置
			D1薄层屋顶绿化、D2花园型屋顶绿化、D3垂直绿化
东片区	高密度开发区	城市雨洪 水污染 交通噪声 游人密集 景观要求高	A1乡土植物选择、A2复层植物群落、A3 河岸带植物序列构建、A4现有绿林地林相改造
			B2降噪型绿林地、B3保健型绿林地
			C1雨水花园、C2滞留型湿地塘、C3植被过滤带、C4植草沟、C5透水型铺装、C6雨水收集装置
			D1薄层屋顶绿化、D2花园型屋顶绿化、D3垂直绿化
北片区	低密度总部区	交通噪声 现有绿林地众多	A1乡土植物选择、A2复层植物群落、A3 河岸带植物序列构建、A4现有绿林地林相改造、A5生物多样性促进技术
			B1林业碳汇技术、B2降噪型绿林地、B3保健型绿林地
			C2滞留型湿地塘、C3植被过滤带、C6雨水收集装置
			D2花园型屋顶绿化、D3垂直绿化
西片区	生态保育区	部分区域水污染严重 交通噪声 现有绿林地众多	A1乡土植物选择、A2复层植物群落、A3 河岸带植物序列构建、A4现有绿林地林相改造、A5生物多样性促进技术
			B1林业碳汇技术、B2降噪型绿林地、B3保健型绿林地
			C2滞留型湿地塘、C3植被过滤带
			D1薄层屋顶绿化
南二片区	低密度开发区		A1乡土植物选择、A2复层植物群落、A3 河岸带植物序列构建、A5生物多样性促进技术
			B1林业碳汇技术、B2降噪型绿林地、B3保健型绿林地
			C2滞留型湿地塘、C3植被过滤带
			D1薄层屋顶绿化、D3垂直绿化

3.1　南一片区——综合娱乐商业区

南片区生态园林技术应用意向图见附图2-3、附图2-4。

附图2-3　南一片区都市景观带生态园林技术应用意向图

（示：复层植物群落、雨水花园、植草沟、植被过滤带、透水型铺装技术的应用。）

附图2-4　南一片区街区/景观道路生态园林技术应用意向图
（示：复层植物群落、雨水花园、植被过滤带、透水型铺装技术的应用。）

3.2　东片区——远期综合开发区

东片区生态园林技术应用意向图见附图2-5、附图2-6。

附图2-5　东片区新建防护绿带生态园林技术应用意向图

（示：乡土植物选择、复层植物群落、降噪型绿林地、植被过滤带技术的应用。）

附图2-6　东片区商业街区/河岸景观带生态园林技术应用意向图

（示：复层植物群落、河岸带植物序列、雨水花园、植草沟、植被过滤带、透水型铺装、雨水收集、薄层屋顶绿化、垂直绿化技术的应用。）

3.3 北片区——高端总部休闲区

北片区生态园林技术应用意向图见附图2-7、附图2-8。

附图2-7 北片区现存片林区生态园林技术应用意向图

（示：现有绿林地林相改造、生物多样性促进、降噪型绿林地、林业碳汇技术的应用。）

附图2-8 北片区总部休闲区生态园林技术应用意向图

（示：乡土植物选择、复层植物群落、河岸带植物序列、保健型绿林地、花园型屋顶绿化、垂直绿化技术的应用。）

3.4　西片区——生态保育旅游区

西片区生态园林技术应用意向图见附图2-9、附图2-10。

附图2-9　西片区郊野公园生态园林技术应用意向图

（示：乡土植物选择、复层植物群落、河岸带植物序列、生物多样性促进、林业碳汇、滞留型湿地技术的应用。）

附图2-10　西片区河流廊道/滨水步道生态园林技术应用意向图

（示：河岸带植物序列、滞留型湿地塘、生物多样性促进技术的应用。）

附录3

中国风景园林学会团体标准《园林绿化用城镇搬迁地土壤质量分级（草案）》

前　　言

根据中国风景园林学会《关于印发〈2019年第一批团体标准制修订计划〉的通知》（景园学字〔2019〕27号）的要求，标准编制组经深入调查研究，认真总结实践经验，并在广泛征求意见的基础上，制定本标准。

本标准的主要技术内容是：1 总则；2 术语；3 质量分级指标体系；4 质量综合评价指数计算方法；5 等级判定方法和应用；6 采样方法。

本标准由中国风景园林学会负责管理，由上海市园林科学规划研究院负责技术内容的解释。执行过程中如有意见或建议，请寄送上海市园林科学规划研究院（地址：上海市龙吴路899号，邮编：200232）。

本标准主编单位：上海市园林科学规划研究院

本标准参编单位：上海市建设用地和土地整理事务中心
中国科学院城市环境研究所
中国城市建设研究院有限公司
同济大学
上海市环境科学研究院
南京林业大学

本标准主要起草人员：张　浪　李跃忠　梁　晶　朱永官　伍海兵　林　涵　张　琪　薛建辉
高　磊　王香春　陈　平　黄沈发　张冬梅　白伟岚　韩继刚　侯斌超
张青青　刘　颂　王云才　曹　林　张维维　刘　伟　蔡文婷

本标准主要审查人员：王磐岩　史学正　徐明岗　罗启仕　王艳春

目　　次

Contents

总　则

1.0.1　为提高园林绿化用城镇搬迁地土壤质量分级的科学性、针对性、规范性，促进城镇搬迁地园林绿化推广应用，制定本标准。

1.0.2　本标准适用于土壤中污染物含量等于或者低于国家标准《土壤环境质量 建设用地土壤污染风险管控标准（试行）》（GB 36600—2018）中建设用地土壤污染风险筛选值和土壤pH为3.5～10.0的园林绿化用城镇搬迁地。

1.0.3　园林绿化用城镇搬迁地土壤质量分级除应符合本标准外，尚应符合国家现行有关标准的规定。

术 语

2.0.1 城镇搬迁地 urban relocated sites

城镇建设区域内，为功能更新作再次开发的建设用地。

2.0.2 园林绿化用城镇搬迁地 urban relocated sites for landscaping

用于园林绿化建设或者治理修复后用于园林绿化建设的城镇搬迁地。

2.0.3 城市困难立地 challenging urban sites

受人为因素干扰后，导致城市所在区域地带性植被主要物种适生条件退化的立地总称。

2.0.4 园林绿化立地条件 site condition for landscaping

影响园林绿化植物生长发育、形态和生理活动等的气候、地质、地貌、土壤、水文、生物等生态环境因子的综合。

2.0.5 土壤质量 soil quality

土壤物理、化学、生物学性质的综合体，指土壤在生态系统边界范围内保持生物生产力、维持环境质量，以及促进植物和动物健康的能力。

2.0.6 土壤质量分级 soil quality grading

选用某些土壤特性作为指标，从数量和质量上评价土壤供应和协调水、肥、气、热的能力，并据此将其相对地划分为若干等级。

2.0.7 土体 soil mass

土壤表面到一定深度土层的空间整体。土体可分为均质、非均质和复杂土体三种类型。

2.0.8 均质土体 homogeneous soil mass

地下水位以上由纯土壤构成的土体。该土体可由表土、心土、底土中的一种或多种构成。

2.0.9 非均质土体 nonhomogeneous soil mass

地下水位以上含有杂填土层的土体。

2.0.10 复杂土体 complicated soil mass

地下水位以上含有不透水层的土体。

2.0.11 表土 top soil

由于耕作、人为改造或天然形成的具有良好结构、肥力尚可的位于土体最上层的土壤。

2.0.12 杂填土 miscellaneous fill soil

人类活动影响及其他因素干扰，导致土体中含有大量建筑垃圾、工业废料或生活垃圾等非土壤类物质的土壤混合物。

2.0.13 不透水层 impervious layer

人类活动影响及其他因素干扰，导致土体中含有大片混凝土、地下空间顶板、硬质地块等隔断植物根系生长的土体层次，亦称“隔水层”。

2.0.14 杂填土埋深 burial depth of miscellaneous fill soil

杂填土的埋藏深度，即杂填土层至地表的距离，单位为厘米（cm）。

2.0.15 不透水层埋深 burial depth of impervious layer

不透水层的埋藏深度，即不透水层至地表的距离，单位为厘米（cm）。

2.0.16 地下水位 groundwater level

地下水面相对于基准面的高度，单位为厘米（cm）。

质量分级指标体系

3.0.1　土壤质量分级指标体系应包括土壤物理性质、土壤化学性质、土体及地下水四方面的立地条件；相关指标应包括容重、非毛管孔隙度、质地、有机质、酸碱度（pH值）、电导率（EC）、表土厚度、杂填土埋深、不透水层埋深和地下水位10个单项指标。

3.0.2　根据园林绿化立地条件优劣，应将单项指标划分为一级、二级、三级、四级和五级；园林绿化用城镇搬迁地土壤质量单项指标分级应符合表3.0.2的规定。

表3.0.2　园林绿化用城镇搬迁地土壤质量单项指标分级

立地条件	单项指标	一级	二级	三级	四级	五级
土壤物理性质	容重/（Mg/m^3）	1.00～1.25	1.25～1.35 或0.90～1.00	1.35～1.55 或0.80～0.90	1.55～1.65 或0.70～0.80	≥1.65 或≤0.70
	非毛管孔隙度/%	10～20	20～25	5～10	3～5	＞ 25 或≤3
	质地	壤土 粉壤土 粉土 砂壤土	砂黏壤土 黏壤土 粉黏壤土	砂黏土 粉黏土	壤砂土	砂土 黏土
土壤化学性质	有机质/（g/kg）	≥30	20～30	12～20	6～12	≤6
	酸碱度（pH）	6.0～7.5	7.5～8.0 或5.5～6.0	8.0～8.5 或4.5～5.5	8.5～9.0 或4.0～4.5	≥ 9.0 或≤ 4.0
	电导率（EC）/（mS/cm）	0.30～0.50	0.10～0.30	0.50～0.70 或0.05～0.10	0.70～0.90	≥ 0.90 或＜0.05
土体	表土厚度/cm	≥50	40～50	30～40	20～30	≤20
	杂填土埋深/cm	≥90	60～90	40～60	20～40	≤20
	不透水层埋深/cm	≥90	70～90	50～70	30～50	≤30
地下水	地下水位/cm	≥150	120～150	80～120	40～80	≤40

注：1. 单项指标的检测方法应符合本标准附录A的规定。
2. 当单项指标的检测结果同属于两个级别的区间范围时，应按更高级别进行评价，一级至五级级别逐渐降低。

质量综合评价指数计算方法

4.0.1　应对表3.0.2中的各单项指标进行标准化处理，并根据各单项指标权重计算土壤质量综合评价指数。

4.0.2　单项指标标准化方法应符合本标准附录B的规定。

4.0.3　项目权重和单项指标权重应符合表4.0.3的规定。

表4.0.3　项目权重和单项指标权重

目标层	项目层	项目权重W_i/%	指标层	单项指标权重W_{ij}/%
园林绿化用城镇搬迁地土壤质量	土壤物理性质	30	容重	9
			非毛管孔隙度	6
			质地	15
	土壤化学性质	35	有机质	18
			酸碱度（pH）	10
			电导率（EC）	7
	土体	25	表土厚度	12
			杂填土埋深	8
			不透水层埋深	5
	地下水	10	地下水位	10

注：项目权重累加等于100%，单项指标权重累加等于100%。

4.0.4　土壤质量综合评价指数应按下式计算：

$$S=\sum_{i=1}^{n}W_iA_i \tag{4.0.4-1}$$

$$A_i=\sum W_{ij}P_i \tag{4.0.4-2}$$

式中：S —— 土壤质量综合评价指数；

W_i —— 项目权重；

A_i —— 项目层分值；

W_{ij} —— 单项指标权重；

P_i —— 单项指标标准化值。

等级判定方法和应用

5.0.1　应根据单个采样点土壤质量评价等级和所有采样点土壤质量评价等级所占比例，确定土壤质量综合评价等级判定和应用方式。

5.0.2　单个采样点土壤质量评价等级的判定应符合下列规定：

1　应按表5.0.2的土壤质量综合评价指数确定每个采样层土壤质量评价等级；

表5.0.2　采样层土壤质量评价等级

质量评价等级	Ⅰ级	Ⅱ级	Ⅲ级	Ⅳ级
土壤质量综合评价指数S	$S \geqslant 1$	$0.5 \leqslant S < 1$	$0.3 \leqslant S < 0.5$	$S < 0.3$

注：每个采样点应包含1～3个采样层。

2　种植木本植物时，应选取不同采样层土壤质量评价等级中“最差等级”作为单个采样点土壤质量评价等级；

3　种植草本植物时，应选取表层土壤质量评价等级作为单个采样点土壤质量评价等级。

5.0.3　土壤质量综合评价等级判定应符合下列规定：

1　应按所有采样点土壤质量评价等级所占比例进行评价，采样点土壤质量评价等级所占比例按下式计算：

$$R_k = \frac{D_k}{D} \times 100\% \tag{5.0.3}$$

式中：R_k——某一土壤质量评价等级所占比例（%）；

D_k——k级采样点数量；

k——分别指Ⅰ级、Ⅱ级、Ⅲ级和Ⅳ级；

D——所有采样点的数量。

2　若R_k大于等于60%，则以对应k级质量评价等级进行判定。

3　若R_k小于60%，则以“最差等级”进行判定。

5.0.4　根据土壤质量综合评价等级，园林绿化用城镇搬迁地的应用方式应符合下列规定：

1　土壤质量综合评价等级为Ⅰ级时，质量为优，可直接用于园林绿化；

2　土壤质量综合评价等级为Ⅱ级时，质量为良，宜进行改良后用于园林绿化；

3　土壤质量综合评价等级为Ⅲ级时，质量为一般，应进行改良后用于园林绿化；

4　土壤质量综合评价等级为Ⅳ级时，质量为差，应改善立地条件后用于园林绿化。

采样方法

6.0.1　采样应遵循下列原则：

1　应遵循全面性原则，采样点应覆盖涉及的所有土地利用类型；

2　应遵循代表性原则，采样点应能代表所辖范围内不同土地利用类型；

3　应遵循随机性原则，采样点的设置应具有随机性；

4　应遵循优先性原则，采样点应根据园林绿化景观要求设置优先顺序。

6.0.2　采样准备工作应符合现行行业标准《土壤环境监测技术规范》（HJ/T 166—2004）、《绿化种植土壤》（CJ/T 340—2016）的规定。

6.0.3　应根据土地利用现状、面积、分布状况等情况确定采样密度，采样密度应符合下列规定：

1　硬质化地面区，每3 000 m^2采一个样品，不足3 000 m^2按一个样品计；

2　非硬质化地面区，每5 000 m^2采一个样品，不足5 000 m^2按一个样品计；

3　若现场土壤分布状况较一致，可降低采样密度。

6.0.4　采样深度的选择应符合下列规定：

1　可采至1 m深或至地下水位处为止。

2　均质土体，采样深度应按表土、心土、底土进行分层取样；若分层不明显，可按0～50 cm、50～100cm、大于100 cm进行取样。

3　非均质土体，若有杂填土层出现，则应以杂填土层为界进行样品采集，其中，杂填土埋深大于60 cm时，应将杂填土上层分两层取样，下层取一个样；杂填土埋深小于60 cm时，应将杂填土层上下层各取一个样。

4　复杂土体，若有不透水层出现，不透水层埋深大于70 cm时，不透水层上层分两层取样，下层可不取样；若不透水层埋深小于70 cm时，应将不透水层上下层各取一个样。

6.0.5　采样方法包括一般采样方法和特殊采样方法，采样要求应符合下列规定：

1　一般采样方法应符合下列规定：

1）不同土层深度均应进行样品采集；

2）表层土壤应采取混合取样的方法，每个采样区按对角线法、梅花点法、棋盘法或蛇形法等由8～10个采样点组成，采集的土壤样品应按四分法留1 kg土样带回实验室备用；

3）非表层土壤应采取单点取样的方法，可挖掘土壤剖面或采用直径5 cm以上的筒状土钻，按不同深度采集样品，采集的土壤样品应按四分法留1 kg土样带回实验室备用。

2 特殊采样方法应符合下列规定：

1）土壤容重和非毛管孔隙度的采样应用环刀取原状土，每个采样单元中至少采集5个重复，采集后用保鲜膜或保鲜袋进行密封后带回实验室；不同采样深度均应进行。

2）地下水位的监测应采用钻井法，每个采样单元随机取2～3个点作为监测点，用土钻钻直径15～20 cm、深2 m的井，30 min后，观测渗水点，测量渗水点与地面的高度；地下水位测量时应在至少雨雪天气2～3 d后进行。

6.0.6 样品的运输、流转和制备应符合现行行业标准《土壤环境监测技术规范》（HJ/T 166—2004）、《绿化种植土壤》（CJ/T 340—2016）的规定。

附录A　单项指标的检测方法

表A.0.1　土壤质量单项指标的检测方法

序号	单项指标	检测方法	方法来源
1	容重	烘干法	《森林土壤水分-物理性质的测定》（LY/T 1215—1999）
2	非毛管孔隙度	烘干法	《森林土壤水分-物理性质的测定》（LY/T 1215—1999）
3	质地	密度计法	《森林土壤颗粒组成（机械组成）的测定》（LY/T 1225—1999）
4	酸碱度（pH）	电位法（2.5：1）	《森林土壤pH值的测定》（LY/T 1239—1999）
5	电导率（EC）	电导法（5：1）	《森林土壤水溶性盐分分析》（LY/T 1251—1999）
6	有机质	重铬酸钾氧化-外加热法	《森林土壤有机质的测定及碳氮比的计算》（LY/T 1237—1999）
7	表土厚度	米尺测定/土钻法、剖面法	
8	杂填土埋深	米尺测定/土钻法、剖面法	
9	不透水层埋深	米尺测定/土钻法、剖面法	
10	地下水位	米尺测定/钻井法	本标准6.0.5条

附录B　单项指标标准化方法

B.0.1　容重（ρ）标准化

当$\rho_i \geqslant 1.65$ Mg/m³或$\rho_i \leqslant 0.70$ Mg/m³时，按公式（B.0.1–1）计算：

$$P_i=0.1 \tag{B.0.1–1}$$

当0.70 Mg/m³＜ρ_i＜0.80 Mg/m³时，按公式（B.0.1–2）计算：

$$P_i=0.1+0.9(\rho_i-0.70)/(0.80-0.70) \tag{B.0.1–2}$$

当0.80 Mg/m³≤ρ_i＜0.90 Mg/m³时，按公式（B.0.1–3）计算：

$$P_i=1+(\rho_i-0.80)/(0.90-0.80) \tag{B.0.1–3}$$

当0.90 Mg/m³≤ρ_i＜1.00 Mg/m³时，按公式（B.0.1–4）计算：

$$P_i=2+(\rho_i-0.90)/(1.00-0.90) \tag{B.0.1–4}$$

当1.00 Mg/m³≤ρ_i≤1.25 Mg/m³时，按公式（B.0.1–5）计算：

$$P_i=3 \tag{B.0.1–5}$$

当1.25 Mg/m³＜ρ_i≤1.35 Mg/m³时，按公式（B.0.1–6）计算：

$$P_i=2+(1.35-\rho_i)/(1.35-1.25) \tag{B.0.1–6}$$

当1.35 Mg/m³＜ρ_i≤1.55 Mg/m³时，按公式（B.0.1–7）计算：

$$P_i=1+(1.55-\rho_i)/(1.55-1.35) \tag{B.0.1–7}$$

当1.55 Mg/m³＜ρ_i＜1.65 Mg/m³时，按公式（B.0.1–8）计算：

$$P_i=0.1+0.9(1.65-\rho_i)/(1.65-1.55) \tag{B.0.1–8}$$

式中：P_i——容重标准化值，无量纲；

ρ_i——容重测定值，单位为兆克每立方米（Mg/m³）。

B.0.2　非毛管孔隙度（a）标准化

当a_i＞25%或a_i≤3%时，按公式（B.0.2–1）计算：

$$P_i=0.1 \tag{B.0.2–1}$$

当3%＜a_i＜5%时，按公式（B.0.2–2）计算：

$$P_i=0.1+0.9(a_i-3)/(5-3) \tag{B.0.2–2}$$

当5%≤a_i＜10%时，按公式（B.0.2–3）计算：

$$P_i=1+(a_i-5)/(10-5) \tag{B.0.2–3}$$

当20%＜a_i≤25%时，按公式（B.0.2-4）计算：

$$P_i=2+(25-a_i)/(25-20) \qquad (B.0.2-4)$$

当10%≤a_i≤20%时，按公式（B.0.2-5）计算：

$$P_i=3 \qquad (B.0.2-5)$$

式中：P_i ——非毛管孔隙度标准化值，无量纲；

a_i ——非毛管孔隙度测定值，单位为100%。

B.0.3　质地标准化

质地标准化应按表B.0.3进行。

表B.0.3　质地标准化

质地类型	壤土 粉壤土 粉土 砂壤土	砂黏壤土 黏壤土 粉黏壤土	砂黏土 粉黏土	砂壤土	砂土 黏土
标准化值	3	2	1.3	1	0.1

B.0.4　酸碱度（pH）标准化

当pH_i≥9.0或pH_i≤4.0时，按公式（B.0.4-1）计算：

$$P_i=0.1 \qquad (B.0.4-1)$$

当4.0＜pH_i＜4.5时，按公式（B.0.4-2）计算：

$$P_i=0.1+0.9(pH_i-4.0)/(4.5-4.0) \qquad (B.0.4-2)$$

当4.5≤pH_i＜5.5时，按公式（B.0.4-3）计算：

$$P_i=1+(pH_i-4.5)/(5.5-4.5) \qquad (B.0.4-3)$$

当5.5≤pH_i＜6.0时，按公式（B.0.4-4）计算：

$$P_i=2+(pH_i-5.5)/(6.5-5.5) \qquad (B.0.4-4)$$

当6.0≤pH_i≤7.5时，按公式（B.0.4-5）计算：

$$P_i=3 \qquad (B.0.4-5)$$

当7.5＜pH_i≤8.0 时，按公式（B.0.4-6）计算：

$$P_i=2+(8.0-pH_i)/(8.0-7.5) \qquad (B.0.4-6)$$

当8.0＜pH_i≤8.5 时，按公式（B.0.4-7）计算：

$$P_i=1+(8.5-pH_i)/(8.5-8.0) \qquad (B.0.4-7)$$

当8.5＜pH_i＜9.0时，按公式（B.0.4-8）计算：

$$P_i=0.1+0.9(9.0-pH_i)/(9.0-8.5) \qquad (B.0.4-8)$$

式中：P_i——pH标准化值，无量纲；

pH_i——pH测定值，无量纲。

B.0.5　电导率（EC）标准化

当EC_i≥0.90 mS/cm或EC_i<0.05 mS/cm时，按公式（B.0.5-1）计算：

$$P_i=0.1 \quad (B.0.5-1)$$

当0.05 mS/cm≤EC_i<0.10 mS/cm时，按公式（B.0.5-2）计算：

$$P_i=1+(EC_i-0.05)/(0.10-0.05) \quad (B.0.5-2)$$

当0.10 mS/cm≤EC_i<0.30 mS/cm时，按公式（B.0.5-3）计算：

$$P_i=2+(EC_i-0.10)/(0.30-0.10) \quad (B.0.5-3)$$

当0.30 mS/cm≤EC_i≤0.50 mS/cm时，按公式（B.0.5-4）计算：

$$P_i=3 \quad (B.0.5-4)$$

当0.70 mS/cm<EC_i<0.90 mS/cm时，按公式（B.0.5-5）计算：

$$P_i=0.1+0.9(0.90-EC_i)/(0.90-0.70) \quad (B.0.5-5)$$

当0.50 mS/cm<EC_i≤0.70 mS/cm时，按公式（B.0.5-6）计算：

$$P_i=1+(0.70-EC_i)/(0.70-0.50) \quad (B.0.5-6)$$

式中：P_i——EC标准化值，无量纲；

EC_i——EC测定值，单位为mS/cm。

B.0.6　其余单项指标（Ci）标准化

当单项指标的测定值C_i≤X_a时，按公式（B.0.6-1）计算：

$$P_i=0.1 \quad (B.0.6-1)$$

当单项指标的测定值X_a<C_i<X_b时，按公式（B.0.6-2）计算：

$$P_i=0.1+0.9(C_i-X_a)/(X_b-X_a) \quad (B.0.6-2)$$

当单项指标的测定值X_b≤C_i<X_c时，按公式（B.0.6-3）计算：

$$P_i=1+(C_i-X_b)/(X_c-X_b) \quad (B.0.6-3)$$

当单项指标的测定值X_c≤C_i<X_d时，按公式（B.0.6-4）计算：

$$P_i=2+(C_i-X_c)/(X_d-X_c) \quad (B.0.6-4)$$

当单项指标的测定值C_i≥X_d时，按公式（B.0.6-5）计算：

$$P_i=3 \quad (B.0.6-5)$$

式中：P_i——除容重、非毛管孔隙度、质地、酸碱度和电导率外，其余单项指标标准化值；

C_i——单项指标测定值，单位应符合表3.0.2相应指标单位；

X_a，X_b，X_c，X_d——单项指标标准化分级应符合表B.0.6的要求。

表B.0.6　单项指标标准化分级

单项指标	X_a	X_b	X_c	X_d
有机质/（g/kg）	6	12	20	30
表土厚度/cm	20	30	40	50
杂填土埋深/cm	20	40	60	90
不透水层埋深/cm	30	50	70	90
地下水位/cm	40	80	120	150

本标准用词说明

1　为了便于在执行本标准条文时区别对待，对要求严格程度不同的用词说明如下：

　1）表示很严格，非这样做不可的用词：正面词采用“必须”；反面词采用“严禁”。

　2）表示严格，在正常情况下均应这样做的用词：正面词采用“应”；反面词采用“不应”或“不得”。

　3）表示允许稍有选择，在条件许可时首先这样做的词：正面词采用“宜”；反面词采用“不宜”。

　4）表示有选择，在一定条件下可以这样做的，采用“可”。

2　本标准中指定应按其他有关标准、规范执行时，写法为：“应符合……的规定”或“应按……执行”。

引用标准名录

1 《土壤环境质量 建设用地土壤污染风险管控标准（试行）》（GB 36600—2018）
2 《绿化种植土壤》（CJ/T 340—2016）
3 《土壤环境监测技术规范》（HJ/T 166—2004）
4 《森林土壤水分-物理性质的测定》（LY/T 1215—1999）
5 《森林土壤颗粒组成（机械组成）的测定》（LY/T 1225—1999）
6 《森林土壤有机质的测定及碳氮比的计算》（LY/T 1237—1999）
7 《森林土壤pH值的测定》（LY/T 1239—1999）
8 《森林土壤水溶性盐分分析》（LY/T 1251—1999）

中国风景园林学会团体标准

园林绿化用城镇搬迁地土壤质量分级（草案）

条文说明

编制说明

为便于广大规划设计、施工、管理、科研、学校等单位有关人员在使用本标准时能正确理解和执行条文规定,《园林绿化用城镇搬迁地土壤质量分级》编制组按章、节、条顺序编写了本标准的条文说明，供使用者参考。

目 次

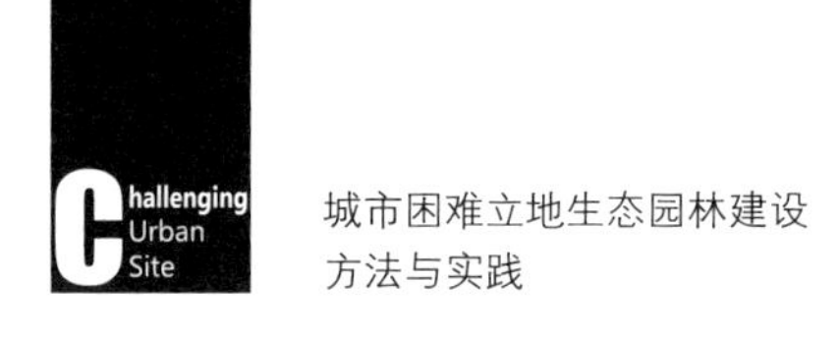

1 总　　则

1.0.1　随着中国城市30多年的快速发展，园林绿化在人居环境改善方面的作用越来越受到重视。城市有限的绿地空间使得以居民动拆迁地、工厂遗址、城中村等为代表的搬迁土地成为城市园林绿化建设的主要土地资源。2015年中央城市工作会议中，将“大力开展生态修复，让城市再现绿水青山”作为重要内容；2017年3月住房和城乡建设部正式出台“生态修复、城市修补”文件。土壤质量与植物的关系，作为城镇搬迁地园林绿化工作的基础，正受到越来越多的关注，但是如何流程化、章程化、标准化地对城镇搬迁地土壤质量进行分级和评价，将是城镇搬迁地用于园林绿化建设的前提。为此，编制组总结城镇搬迁地园林绿化项目中的技术要点，参考国内外相关资料，并广泛征求了各有关方面、有关专家的意见，制定本标准。

1.0.2　国家标准《土壤环境质量 建设用地土壤污染风险管控标准（试行）》（GB 36600—2018）规定了保护人体健康的建设用地土壤污染风险筛选值和管制值，其中，建设用地土壤污染风险筛选值指在特定土地利用方式下，建设用地土壤中污染物含量等于或低于该值的，对人体健康的风险可以忽略；超过该值的，对人体健康可能存在风险，应当开展进一步的详细调查和风险评估，确定具体污染范围和风险水平。建设用地土壤污染风险管制值指在特定土地利用方式下，建设用地土壤中污染物含量超过该值的，对人体健康通常存在不可接受风险，应当采取风险管控或修复措施。而城镇搬迁地作为城镇建设区域内、为功能更新再次开发的建设用地，为了避免这些污染对人体健康的影响，本标准将GB 36600—2018建设用地土壤污染风险筛选值作为前置条件，规定等于或低于GB 36600—2018 建设用地土壤污染风险筛选值的城镇搬迁地才属于本标准范畴；另外，根据植物生长特性，pH小于3.5、pH大于10的土壤不适合园林绿化植物生长，虽然可通过修复改良的手段对其pH进行调节，但其所需的成本或代价较大，因此本标准规定不适用于土壤pH小于3.5、pH大于10的园林绿化用城镇搬迁地。

2 术　　语

2.0.1　城镇搬迁地包括居民动拆迁地、工厂遗址、城中村等城镇区域内，为了功能更新作再次开发的建设用地。

2.0.2　园林绿化用城镇搬迁地属于园林绿化用途的城市困难立地范畴。

2.0.3　城市困难立地包括搬迁地、垃圾填埋场、高架道路、受损湿地等，由于受到人为因素干扰而导致其所在区域地带性植被主要物种适生条件退化的立地总称。

2.0.4　立地是生物的立足之地，是无机界向有机界进行物质交换和能量转化的重要场所，影响植物种植的因素除土壤质量外，还有地下水、土体结构等其他立地条件，因此，本标准引入了“园林绿化立地条件”这一术语。

2.0.5　土壤质量参考《土壤学大辞典》（周建民和沈仁芳主编，科学出版社出版）进行定义。

2.0.6　土壤质量分级目的在于为合理利用土壤、改良土壤和充分发挥土壤潜力提供科学依据。

2.0.7　根据主要参考文献资料（施斌，刘志彬，姜洪涛.土体结构系统层次划分及其意义[J]. 工程地质学报，2007，15（2）：145–153.）进行定义，土体结构系统指由广泛存在于地球表层，经历一定地质历史时期，在各种复杂的自然因素作用下形成的具有固、液、气多相介质、多矿物和特定结构联结的分散体系。土体结构系统划分为土区、土体、土层、土块、土粒、微粒和粒子7个结构层次。其中，土体是由一种以上土层构成的组合体，其性质不等于其中某一土层的性质，也不等于各土层性质的简单迭加，而是土层间相互作用、相互影响的有机整体。根据前期对不同类型搬迁地的调研，发现搬迁地的土体结构大致可分为三种类型，均质土体、非均质土体、复杂土体。

2.0.8　参考文献资料（施斌，刘志彬，姜洪涛.土体结构系统层次划分及其意义[J]. 工程地质学报，2007，15（2）：145–153.）中均质土体指土体性质比较均一、单一土层构成（如沙漠区的砂土土体、西北的黄土土体），而对城镇搬迁地而言，由于受人为扰动明显，性质均一、单一土层构成的土体较少，更多的是在人为作用下房前屋后分布的农田、绿地等，这些区域的土体虽然没有性质均一的土层，但基本均由纯土壤组成，这对后续园林绿化具有重要意义，因此，本标准将此类土体定义为均质土体，表土厚度是影响均质土体的关键因素。

2.0.9　绿化用地或闲置的裸露地，在不同埋深处会出现建筑垃圾或生活垃圾与土壤的混合物，本标准定义这种土体为非均质土体。非均质土体较均质土体更难用于园林绿化，杂填土埋深是影响非均质土体的关键因素。

2.0.10　搬迁地有些区域土体不同深度处含有混凝土层等不透水层，在本标准中将其定义为复杂土体。复杂土体较非均质土体和均质土体更难用于园林绿化，不透水层埋深是影响复杂土体的关键因素。

2.0.11　分析以往绿化、造林等工程案例，从满足木本植物种植的角度出发，认为表土层厚度是影响均质土体的主要因素。表土的定义引用现行行业标准《绿化用表土保护技术规范》（LY/T 2445—2015），为由于耕作、人为改造或天然形成的具有良好结构、肥力尚可的表层土壤。通常位于土体最上层，质地松软，有机质含量高，含有较多的微生物，多伴有植物根系出现等。

2.0.12　非土壤类物质进入或掺杂到土壤中直接改变了土壤的特性，从而影响土壤中的生物及植物的生长。

2.0.13　土体中含有的大片混凝土、地下空间顶板、硬质地块等会阻碍植物根系的生长，通常也被称为“隔水层”。

2.0.14　杂填土在土体中出现的深度是影响非均质土体植物生长的主要因素，即本标准定义的杂填土埋深。

2.0.15　不透水层出现的深度是影响复杂土体植物生长的主要因素，即本标准定义的不透水层埋深。

2.0.16　采用著名学者 Freeze 和 Cherry（Freeze R A，Cherry J A. Groundwater[M]. Englewood Cliffs，NJ：Prentice-Hall，1979.）给予的定义。地下水是指“出现在已经充分饱和了的土层和地质层组中的地下水位以下的水体”，地下水位是指一个面，在这个面上土体的孔隙水压力或流体的压力水头都正好等于0。也就是说，在大气压状态下0压线即为地下水位，具体指地下水面相对于基准面的高度。

3　质量分级指标体系

3.0.1　根据已参与的搬迁地园林绿化实践经验，考虑影响园林绿化植物生长主要障碍因子的前提下，突出城市搬迁地园林绿化土壤质量评价方便、快捷的工程特点，本标准选取了包含土壤物理性质、土壤化学性质、土体及地下水4个方面的立地条件。

其中，土壤物理性质选取容重、非毛管孔隙度和质地3项关键指标。由于土壤容重是一个综合反映土壤结构特征的指标，是评判土壤物理性质好坏的重要指标之一；土壤非毛管孔隙反映土壤滞留和下渗水，发挥土壤水源涵养能力，决定土壤通气透水性的强弱；土壤质地即土壤机械组成，是构成土壤结构体的基本单元，反映土壤保肥蓄水和通透性能，直接影响着土壤松紧度、孔隙数量，进而影响着土壤通气、透气以及土壤环境背景值和能量转化等性能，而机械组成中的砂粒含量，直接影响土壤的透水、通气性能，尤其影响土壤中大孔隙含量。根据长三角地区多年的研究表明，影响城市绿化种植的土壤物理障碍因子主要为容重、非毛管孔隙度及质地，因此选择这3项土壤物理指标基本上可以反映土壤物理特性，而且检测方法较稳定，推广性强。

土壤化学性质选取有机质含量、酸碱度（pH）和电导率（EC）3项关键指标。由于土壤有机质是土壤固相部分的重要组成成分，虽然土壤有机质的含量只占土壤总量的很小一部分，但它对土壤形成、植物营养的供给及土壤物理性质的改善尤其是土壤团粒结构具有重要的促进作用，土壤有机质含量是衡量土壤质量的重要指标之一；土壤酸碱度对土壤肥力及养分的有效性影响较大，直接影响植物的生长和发育；土壤电导率反映了一定水分条件下土壤盐分的实际状况，影响到土壤养分的转化、存在状态及有效性，是限制植物和微生物活性的阈值，是土壤基本化学性质之一。

影响植物生长的立地条件除了土壤本身，其生长的立体空间也是一个重要因子，因此本标准选择了土体。土体是均质的或是中间含有杂填土、不透水层，其均对植物生长具有直接的影响。为了能对均质土体、非均质土体、复杂土体形成定量的评价，本标准根据实践经验，结合土壤学、风景园林学等相关理论知识，分别选取表土层厚度、杂填土埋深、不透水层埋深等作为其相应的评价指标。当然，对于非均质土体、复杂土体而言，除了杂填土埋深、不透水层埋深外，杂填土的深度、不透水层的深度也可影响植物生长。但综合考虑，认为相对于杂填土埋深、不透水层埋深，杂填土的深度、不透水层的深度重要性次之。因此，本标准最终确定采用均质土体、非均质土体和复杂土体3种类型，并选取表土厚度、杂填土层埋深和不透水层埋深3项关键指标作为评价指标。

此外，地下水位高低对园林绿化植物生长也具有重要影响，地下水位太高，植物根系则可能因水饱和而死亡；地下水位太低，植物根系则可能因缺水而死亡。因此，本标准也选取地下水位作为关键评价指标。

3.0.2　表3.0.2单项指标限值主要根据项目调查数据，并参考行业标准《绿化种植土壤》（CJ/T 340—2016）

和“全国第二次土壤养分分级标准（全国土壤普查办公室. 中国土壤[M]. 北京：中国农业出版社，1998.）”进行设置。

对上海城镇搬迁地土壤进行调查，得知：土壤容重介于0.90～1.63 Mg/m^3、非毛管孔隙度介于1.22% ～6.06%、有机质介于2.81～33.2 g/kg、pH介于8.13～9.16等；《绿化种植土壤》CJ/T 340—2016中要求土壤容重小于1.35 Mg/m^3、非毛管孔隙度为5% ～25%、有机质为12～80 g/kg、pH为5.0～8.3、EC为0.15～0.9 mS/cm、质地为壤土类；但考虑植物生长适宜的容重、pH和EC应为中间最佳值，而非最大值或最小值。“全国第二次土壤养分分级标准”中容重、pH值和有机质分级见表1。

表1　全国第二次土壤养分分级标准

分级	容重/（Mg/m^3）	分级	pH	分级	有机质/（g/kg）
过松	＜1.00	强酸	＜4.5	一级	＞40
适宜	1.00～1.25	酸性	4.5～5.5	二级	30～40
偏紧	1.25～1.35	微酸	5.5～6.5	三级	20～30
紧实	1.35～1.45	中性	6.5～7.5	四级	10～20
过紧实	1.45～1.55	碱性	7.5～8.5	五级	6～10
坚实	＞1.55	强碱	8.5～9.0	六级	＜6

另外，《绿化种植土壤》（CJ/T 340—2016）中要求土壤质地为壤质土，虽然土壤质地较难定量，但考虑到砂性土壤有利于园林绿化植物发根，因此本标准结合土壤质地分类三角图，以土壤砂粒含量为基准，对12类土壤进行了分级。

土体相应评价标准的提出，主要结合项目实践和行业标准《园林绿化工程施工及验收规范》（CJJ 82—2012）对乔木、灌木植物种植深度要求进行分级。

地下水位的划分通过多年造林实践，并参考国家标准《育苗技术规程》（GB 6001—1985）、《杨树栽培技术规程》（LY/T 1716—2007）、《鹅掌楸栽培技术规程》（LY/T 2335—2014）、《银杏栽培技术规程》（LY/T 2128—2013）等10项行业标准，《桂花生产技术规程》（DB32/T 1588—2010）、《广玉兰育苗技术规程》（DB3201/T 033—2003）、《无公害林产品生产技术规程 无患子》（DB51/T 1233—2011）等24项地方标准的基础上提出的。

表3.0.2“注2”主要针对本表中单项指标相同数字级别划分进行界定，如容重二级“0.9～1.0 Mg/m^3”与三级“0.8～0.9 Mg/m^3”中均包含0.9 Mg/m^3，对于这种情况，容重0.9 Mg/m^{3}应按二级进行评价。

4 质量综合评价指数计算方法

4.0.2 多指标的综合评价体系中，由于单项指标的性质不同，通常具有不同的量纲和数量级。当各指标间的水平相差很大时，如果直接用原始指标值进行分析，就会突出数值较高的指标在综合评价中的作用，相对削弱数值水平较低指标的作用。因此，为了保证结果的可靠性，需要对原始指标数据进行标准化处理。

数据标准化方法有多种，归结起来可以分为直线型方法（如极值法、标准差法）、折线型方法（如三折线法）、曲线型方法（如半正态性分布）。但鉴于不同单项指标对植物生长的影响不同，如pH、EC、容重等指标与植物生长呈抛物线关系，即这些指标对植物生长发育均有一个最佳适宜范围，超过该适宜范围，随着偏离程度的增大，对植物生长的影响越不利，直到达到某一限值，会导致植物出现死亡等现象；而有机质、非毛管孔隙度、表土厚度、杂填土埋深、不透水层埋深、地下水位等指标，与植物生长可能呈“S”型关系，即在一定范围内，这些指标与植物生长正相关。因此，根据单项指标的性质，形成了不同的标准化方法。

4.0.3 由于一块搬迁地是否适宜植物种植，是各单项指标综合作用的结果，因而在对各单项指标进行单独评价后，需要采用一定的方法将单项指标的评价结果转换成由各单项指标构成的综合评价结果。科学的综合评价方法应同时考虑各单项指标的权重。当前关于权重的计算方法较多，如主成分分析法、聚类分析法、因子分析法、指数和法、判别分析法、模糊数学法和因子加权综合法等，不同计算方法之间往往有很大的不同，甚至结果会出现相异。考虑到目前影响园林绿化植物生长的几大因子的重要性，对标准化后的各单项指标通过专家打分法给予了不同权重，最终确定每个指标的权重，如在调查问卷中专家对土壤中的有机质含量赋予了较高的分数，一致认为有机质在这10项指标中最重要。

5　等级判定方法和应用

5.0.1　由于对某一区域或地块的城镇搬迁地区域土壤质量的判定，是由不同采样点结果构成的，而每个采样点的结果是由不同土层结果构成，因此，需要根据土壤质量综合评价方法中的计算公式，算出搬迁地中的每个采样点的每一采样层土壤质量综合评价指数，根据种植植被类型确定每个采样点的土壤质量等级，再确定每个等级所占的比例，从而确定该搬迁地的综合评价等级，根据最终评价的等级确定其应用的方式。

5.0.2　鉴于本标准评价指标涉及土壤物理性质、土壤化学性质、土体、地下水等方面，其中由于受分层采样的影响，每个采样点不同土层土壤质量评价结果不同，可能有2个或3个评价结果；而土体类型、地下水则不受土层影响，每个采样点只有1个评价结果。因此，对某一采样点土壤质量进行综合评价时，应同时考虑未来的种植规划，如种植木本植物，涉及的土层比较深，则应按该采样点不同土层土壤质量“最差等级”进行判定；如种植草本植物，由于草本植物根系浅，表层土壤质量对其影响最大，因此应以表层土壤质量评价等级进行判定。

5.0.3　对某一区域或地块的搬迁地土壤质量进行综合评价时，是不同采样点结果的综合所得，应按所有采样点土壤质量评价等级所占比例进行评价。举例说明如下：对一块搬迁地采集5个采样点，根据本标准计算得出土壤质量评价等级为“Ⅱ级（良）”的有4个采样点，即80%采样点评价等级为Ⅱ级（良），高于60%，则该搬迁地土壤质量综合评价等级为“Ⅱ级（良）”；若土壤质量评价等级为“Ⅱ级（良）”的有2个采样点，土壤质量评价等级为“Ⅲ级（一般）”的有2个采样点，土壤质量评价等级为“Ⅳ级（差）”的有1个采样点，所有土壤质量评价等级均低于60%，则评价等级以“最差等级”进行判定，即该搬迁地土壤质量综合评价等级为“Ⅳ级（差）”。

6 采样方法

6.0.3 由于某一区域或地块城镇搬迁地区域可能有建设用地的硬质化地面，也可能有园林绿化植被生长区，还可能有农作物生长区，因此为了对这些土壤都进行调查评价再利用，本标准对硬质化地面区、非硬质化地面区进行了区分。其中由于农用地经过了植物生长，其土壤性质相对较稳定，采样密度按5 000 m^2采一个样品设置，建设用地和未利用地相对较为复杂，采样密度按3 000 m^2采一个样品设置。

6.0.4 采样深度的设置考虑了均质土体、非均质土体和复杂土体对植物的影响。

Challenging
Urban
Site

附录4

立体绿化（屋顶绿化、垂直绿化）适生植物名录

序号	植物名称	学名	立体绿化类型				成形高度
			屋顶	垂直	棚架	沿口	
1	玉竹	*Polygonatum odoratum*	√	√			20～50 cm
2	吉祥草	*Reineckea carnea*	√	√		√	20～30 cm
3	山菅	*Dianella ensifolia*	√	√			30～50 cm
4	阔叶山麦冬	*Liriope muscari*	√	√			30～40 cm
5	非洲天门冬	*Asparagus densiflorus*	√	√		√	10～20 cm
6	羊齿天门冬	*Asparagus filicinus*	√	√		√	30～50 cm
7	散斑竹根七	*Disporopsis aspersa*	√	√			40 cm
8	金娃娃萱草	*Hemerocallis fulva* 'Golden Doll'	√	√		√	30 cm
9	玉龙草	*Ophiopogon japonicus* 'Nanus'	√	√		√	5～10 cm
10	黑沿阶草	*Ophiopogon planiscapus*	√	√		√	5～10 cm
11	狭叶玉簪	*Hosta fortunei*	√	√		√	50～80 cm
12	紫萼	*Hosta ventricosa*	√	√		√	50～80 cm
13	金叶过路黄	*Lysimachia nummularia* 'Aurea'	√	√		√	5～10 cm
14	紫脉过路黄	*Lysimachia rubinervis*	√	√		√	5～10 cm
15	花叶凤梨薄荷	*Mentha suaveolens* 'Variegata'	√	√		√	30～60 cm
16	花叶活血丹	*Glechoma hederacea* 'Variegata'	√	√	√	√	5～10 cm
17	多花筋骨草	*Ajuga multiflora*	√	√		√	10～20 cm
18	匍匐迷迭香	*Rosmarinus officinalis* 'Prostratus'	√	√		√	50 cm
19	迷迭香	*Rosmarinus officinalis*	√	√		√	80 cm
20	金叶牛至	*Origanum vulgare* 'Aureum'	√	√		√	30～60 cm
21	白花牛至	*Origanum vulgare* var. *gracile*	√	√		√	50～80 cm
22	丹参	*Salvia miltiorrhiza*	√	√		√	30 cm
23	石蚕	*Teucrium chamaedrys*	√	√		√	50 cm
24	齿叶薰衣草	*Lavandula dentata*	√	√		√	50 cm
25	西班牙薰衣草	*Lavandula stoechas*	√	√		√	50～60 cm
26	牛至	*Origanum vulgare*	√	√		√	30～60 cm
27	红花酢浆草	*Oxalis corymbosa*	√	√		√	10～20 cm
28	三角紫叶酢浆草	*Oxalis triangularis*	√	√		√	20～25 cm
29	绿冰三叶草	*Trifolium repens* 'Green Ice'	√	√		√	20～25 cm
30	紫三叶	*Trifolium repens* 'Purpurascens Quandrifolium'	√	√		√	20～25 cm

续表

序号	植物名称	学名	立体绿化类型				成形高度
			屋顶	垂直	棚架	沿口	
31	紫叶矾根	*Heuchera micrantha* 'Palace Purple'	√	√		√	30～60 cm
32	虎耳草	*Saxifraga stolonifera*	√	√		√	20～30 cm
33	粉花丛生福禄考	*Phlox subulata* 'Purple Beauty'	√	√		√	10～15 cm
34	富贵草	*Pachysandra terminalis*		√			30 cm
35	五彩络石	*Trachelospermum jasminoides* var. *variegate*	√	√	√	√	10 cm
36	花叶络石	*Trachelospermum jasminoides* 'Flame'	√	√	√	√	10 cm
37	黄金锦络石	*Trachelospermum asiaticum* 'Ougon Nishiki'	√	√	√	√	10 cm
38	络石	*Trachelospermum jasminoides*	√	√	√	√	10 cm
39	花叶蔓长春花	*Vinca major* 'Variegata'	√	√	√	√	10 cm
40	蔓长春花	*Vinca major*	√	√	√	√	10 cm
41	罂粟葵	*Callirhoe involucrata*	√	√		√	30 cm
42	花叶如意草	*Farfugium japonicum* 'aureo-maculatum'	√	√			70 cm
43	大吴风草	*Farfugium japonicum*	√	√			70 cm
44	黄金艾蒿	*Artemisia vulgaris* 'Variegata'	√			√	80～150 cm
45	情人菊	*Argyranthemum frutescens* 'Golden Queen'	√			√	80～100 cm
46	黄金菊	*Euryops pectinatus*	√			√	80～100 cm
47	地被菊	*Chrysanthemum* cv.	√	√		√	20 cm
48	金球菊	*Ajania pacifica*	√	√		√	30 cm
49	羽叶蓼	*Polygonum runcinatum*	√	√			60 cm
50	头花蓼	*Polygonum capitatum*		√			20～30 cm
51	千叶吊兰	*Muehlenbeckia complexa*	√	√		√	10 cm
52	红脉酸膜	*Rumex sanguineus*	√	√			40～60 cm
53	美丽月见草	*Oenothera speciosa*	√			√	40～60 cm
54	美女樱	*Glandularia* × *hybrida*	√	√		√	20 cm
55	铁筷子	*Helleborus thibetanus*	√				30～50 cm
56	地被火棘	*Pyracantha fortuneana* 'Gloden Charmer'	√				50 cm
57	龙芽草	*Agrimonia pilosa*	√			√	40～60 cm
58	黄花委陵菜	*Potentilla chrysantha*	√	√		√	10～15 cm
59	匍枝叶忍冬	*Lonicera japonica* 'Maigrun'	√				30～40 cm

续表

序号	植物名称	学名	立体绿化类型				成形高度
			屋顶	垂直	棚架	沿口	
60	变色龙鱼腥草	*Houttuynia cordata* 'Chameleon'	√	√		√	10～20 cm
61	蕺菜	*Houttuynia cordata*	√	√		√	10～20 cm
62	紫叶鸭儿芹	*Cryptotaenia japonica* 'Atropurpurea'	√	√		√	30～50 cm
63	疏花仙茅	*Curculigo gracilis*	√				40 cm
64	鹤草	*Silene fortunei*	√	√		√	20～40 cm
65	瞿麦	*Dianthus superbus*	√	√		√	30～50 cm
66	迪奥卡蝇子草	*Silene dioica*	√	√		√	30 cm
67	羽瓣石竹	*Dianthus plumarius*	√	√		√	20～30 cm
68	金叶石菖蒲	*Acorus gramineus* 'Ogan'	√	√		√	20 cm
69	斑叶扶芳藤	*Euonymus fortunei* var. *radicans*	√				30 cm
70	速铺扶芳藤	*Euonymus fortunei* 'Darts Blanket'	√				30 cm
71	斑叶加拿利常春藤	*Hedera canariensis* 'Variegata'	√	√	√	√	10～20 cm
72	加拿利常春藤	*Hedera canariensis*	√	√	√	√	10～20 cm
73	常春藤	*Hedera nepalensis* var. *sinensis*	√	√	√	√	10～20 cm
74	匍茎婆婆纳	*Veronica morrisonicola*	√			√	10 cm
75	吊竹梅	*Tradescantia zebrina*	√	√		√	15 cm
76	白花紫露草	*Tradescantia fluminensis*	√				60 cm
77	白雪姬	*Tradescantia sillamontana*	√				20 cm
78	紫竹梅	*Tradescantia pallida*	√	√			30 cm
79	金叶紫露草	*Tradescantia ohiensis* 'Sweet Kate'	√				60 cm
80	射干	*Belamcanda chinensis*	√				1～1.5 m
81	香根鸢尾	*Iris pallida*	√				40～60 cm
82	花叶聚合草	*Symphytum* 'Goldsmith'	√	√		√	30～50 cm
83	聚合草	*Symphytum officinale*	√	√		√	30～50 cm
84	贯众	*Cyrtomium fortunei*	√	√		√	25～30 cm
85	皇冠鹿角蕨	*Platycerium coronarium*	√	√			30～40 cm
86	珠芽狗脊	*Woodwardia prolifera*	√	√			70～100 cm
87	蜈蚣凤尾蕨	*Pteris vittata*	√	√			30～100 cm
88	欧洲凤尾蕨	*Pteris cretica*	√	√			50～70 cm

续表

序号	植物名称	学名	立体绿化类型				成形高度
			屋顶	垂直	棚架	沿口	
89	圆盖阴石蕨	*Davallia teyermannii*	√				20 cm
90	杭州鳞毛蕨	*Dryopteris hangchowensis*	√				40 cm
91	东方荚果蕨	*Pentarhizidium orientale*	√				1 m
92	芭蕉	*Musa basjoo*	√				2 ~ 4 m
93	阔叶补血草	*Limonium gerberi*	√				20 ~ 40 cm
94	火炬花	*Kniphofia uvaria*	√				80 ~ 100 cm
95	万年青	*Rohdea japonica*	√				30 ~ 50 cm
96	斑点蜘蛛抱蛋	*Aspidistra elatior* var. *punctata*	√				50 cm
97	蜘蛛抱蛋	*Aspidistra elatior*	√				50 cm
98	百里香	*Thymus mongolicus*	√				20 ~ 30 cm
99	糙苏	*Phlomis umbrosa*	√			√	80 ~ 150 cm
100	分药花	*Perovskia abrotanoides*	√				1 ~ 1.5 m
101	黄芩	*Scutellaria baicalensis*	√				30 cm
102	藿香	*Agastache rugosa*	√				50 ~ 150 cm
103	荆芥	*Nepeta cataria*	√				80 ~ 150 cm
104	美国薄荷	*Monarda didyma*	√				1 ~ 1.5 m
105	甘牛至	*Origanum majorana*	√				40 ~ 60 cm
106	红衣女士朱唇	*Salvia coccinea* 'Lady in Red'	√				1 m
107	瓜拉尼鼠尾草	*Salvia guaranitica*	√				1 m
108	天蓝鼠尾草	*Salvia uliginosa*	√				1 m
109	绵毛水苏	*Stachys byzantina*	√	√			60 cm
110	夏枯草	*Prunella vulgaris*	√	√			20 ~ 30 cm
111	假荆芥风轮菜	*Calamintha nepeta*	√	√			30 ~ 50 cm
112	艳山姜	*Alpinia zerumbet*	√				60 ~ 90 cm
113	大花秋葵	*Hibiscus grandiflorus*	√				1 ~ 1.5 m
114	蜀葵	*Alcea rosea*	√				2 m
115	杏叶沙参	*Adenophora petiolata* subsp. *hunanensis*	√				40 ~ 80 cm
116	大滨菊	*Leucanthemum maximum*	√				60 ~ 70 cm
117	朝雾草	*Artemisia schmidtiana*	√				40 cm

续表

序号	植物名称	学名	立体绿化类型				成形高度
			屋顶	垂直	棚架	沿口	
118	高杆金光菊	*Rudbeckia* 'Herbstsonne'	√				60 ~ 150 cm
119	黑心金光菊	*Rudbeckia hirta*	√				40 ~ 100 cm
120	金鸡菊	*Coreopsis basalis*	√				40 ~ 100 cm
121	玫红金鸡菊	*Coreopsis rosea*	√	√		√	40 ~ 60 cm
122	剑叶金鸡菊	*Coreopsis lanceolata*	√				40 ~ 100 cm
123	马兰	*Aster indicus*	√	√			30 ~ 50 cm
124	银叶菊	*Senecio cineraria*	√	√			30 ~ 50 cm
125	银香菊	*Santolina chamaecyparissus*	√	√			20 ~ 30 cm
126	皇冠蓍草	*Achillea millefolium* 'Coronation Gold'	√				40 ~ 60 cm
127	丝叶蓍草	*Achillea setacea*	√				40 ~ 60 cm
128	蓍	*Achillea millefolium*	√				30 ~ 40 cm
129	宿根天人菊	*Gaillardia aristata*	√				60 cm
130	酒红宿根天人菊	*Gaillardia aristata* 'Burgunder'	√				30 ~ 50 cm
131	芳香万寿菊	*Tagetes lemmonii*	√				80 ~ 100 cm
132	雪艾	*Cineraria maritima*	√	√			30 ~ 60
133	勋章菊	*Gazania rigens*	√				20 ~ 30 cm
134	粉花荷兰菊	*Aster novae-angliae* 'Barr's Pink'	√	√			50 ~ 80 cm
135	第一夫人松果菊	*Echinacea purpurea* 'Primadonna'	√				60 ~ 80 cm
136	草原火松果菊	*Echinacea purpurea* 'Prairie Splendor'	√				60 ~ 80 cm
137	九头狮子草	*Peristrophe japonica*	√	√			20 ~ 50 cm
138	刺苞老鼠簕	*Acanthus leucostachyus*	√				1 ~ 1.5 m
139	蓝花草	*Ruellia simplex*	√				80 ~ 100 cm
140	红蓼	*Polygonum orientale*	√	√			1 ~ 1.5 m
141	千鸟花	*Gaura lindheimeri*	√				60 ~ 80 cm
142	山桃草	*Oenothera macrocarpa*	√				1 ~ 2 m
143	柳叶马鞭草	*Verbena bonariensis*	√				1 ~ 1.5 m
144	清香木	*Pistacia weinmanniifolia*	√	√			30 ~ 50 cm
145	打破碗花花	*Anemone hupehensis*	√				60 ~ 100 cm
146	地榆	*Sanguisorba officinalis*	√				1 ~ 1.5 m

续表

序号	植物名称	学名	立体绿化类型				成形高度
			屋顶	垂直	棚架	沿口	
147	水鬼蕉	*Hymenocallis littoralis*	√				50～60 cm
148	三色紫娇花	*Tulbaghia violacea* 'Tricolor'	√				30～50 cm
149	紫娇花	*Tulbaghia violacea*	√				30～50 cm
150	毛地黄钓钟柳	*Penstemon digitalis*	√				60 cm
151	红花钓钟柳	*Penstemon barbatus*	√				60 cm
152	穗花	*Pseudolysimachion spicatum*	√				40～50 cm
153	假龙头花	*Physostegia virginiana*	√				60～80 cm
154	宿根亚麻	*Linum perenne*	√				60～100 cm
155	庭菖蒲	*Sisyrinchium rosulatum*	√				20～30 cm
156	智利豚鼻花	*Sisyrinchium striatum*	√				30 cm
157	雄黄兰	*Crocosmia* × *crocosmiiflora*	√				30～40 cm
158	花菖蒲	*Iris ensata* var. *hortensis*	√				30～40 cm
159	德国鸢尾	*Iris germanica*	√				40～60 cm
160	白花黄菖蒲	*Iris pseudacorus* 'Alba'	√				40～60 cm
161	鸢尾	*Iris tectorum*	√				
162	马蔺	*Iris lactea*	√				30～40 cm
163	西伯利亚鸢尾	*Iris sibirica*	√				40～50 cm
164	溪荪	*Iris sanguinea*	√				40～50 cm
165	凤尾丝兰	*Yucca gloriosa*	√				70～150 cm
166	‘金边’凤尾丝兰	*Yucca gloriosa* 'Variegata'	√				70～150 cm
167	柔软丝兰	*Yucca filamentosa*	√				70～150 cm
168	澳洲朱蕉	*Cordyline australis*	√				60～100 cm
169	金线柏	*Chamaecyparis pisifera* 'Filifera Aurea'	√	√			1.5～5 m
170	洒金铺地柏	*Juniperus procumbens* 'Aurea'	√				
171	蓝剑柏	*Juniperus scopulorum* 'Blue Arrow'	√				2 cm
172	龙柏	*Juniperus chinensis* 'Kaizuca'	√				5～7 m
173	球柏	*Juniperus chinensis* 'Globosa'	√				30～40 cm
174	圆柏	*Juniperus chinensis*	√				5～7 m
175	柽柳	*Tamarix chinensis*	√				3～6 m

续表

序号	植物名称	学名	立体绿化类型				成形高度
			屋顶	垂直	棚架	沿口	
176	水果蓝	*Teucrium fruticans*	√			√	1～1.5 cm
177	山麻杆	*Alchornea davidii*	√				1.5～2 m
178	龟甲冬青	*Ilex crenata* var. *convexa*	√				40～50 cm
179	金边枸骨	*Ilex aquifolium* 'Aurea marginata'	√				1.5～2 m
180	无刺枸骨	*Ilex cornuta* 'National'	√				1.5～2 m
181	河北木蓝	*Indigofera bungeana*	√				1～2 m
182	美丽胡枝子	*Lespedeza thunbergii* subsp. *formosa*	√				1～2 m
183	龙爪槐	*Styphnolobium japonicum* 'Pendula'	√				2～3 m
184	伞房决明	*Senna corymbosa*	√				2 m
185	木蓝	*Indigofera tinctoria*	√				1 m
186	鹰爪豆	*Spartium junceum*	√				1～3 m
187	紫荆	*Cercis chinensis*	√				2～5 m
188	杜鹃	*Rhododendron simsii*	√				1～1.5 m
189	金边胡颓子	*Elaeagnus pungens* 'Aurea'	√				3～4 m
190	金心胡颓子	*Elaeagnus pungens* 'Maculata'	√				3～4 m
191	大花山梅花	*Philadelphus inodorus* var. *grandiflorus*	√				1.5～3 m
192	金叶山梅花	*Philadelphus incanus* 'Aurea'	√				1.5～3 m
193	粉花溲疏	*Deutzia rubens*	√				1～2 m
194	雪球冰生溲疏	*Deutzia gracilis* 'Nikko'	√	√			50～100 cm
195	栎叶绣球	*Hydrangea quercifolia*	√				1～2 m
196	银边八仙花	*Hydrangea macrophylla* 'Otakas'	√				80～150 cm
197	黄杨	*Buxus sinica*	√				80～100 cm
198	夹竹桃	*Nerium oleander*	√				2～3 m
199	红花檵木	*Loropetalum chinense* var. *rubrum*	√				1 m
200	小叶蚊母树	*Distylium buxifolium*	√				1～2 m
201	海滨木槿	*Hibiscus hamabo*	√				1～2 m
202	木芙蓉	*Hibiscus mutabilis*	√				2～3 m
203	木槿	*Hibiscus syriacus*	√				2～3 m
204	戟叶孔雀葵	*Pavonia hastata*	√				1～1.5 m

续表

序号	植物名称	学名	立体绿化类型				成形高度
			屋顶	垂直	棚架	沿口	
205	香根菊	*Baccharis halimifolia*	√				1～1.5 m
206	蜡梅	*Chimonanthus praecox*	√				2～3 m
207	罗汉松	*Podocarpus macrophyllus*	√				5～7 m
208	海州常山	*Clerodendrum trichotomum*	√				
209	马缨丹	*Lantana camara*	√	√			60～80 cm
210	单叶蔓荆	*Vitex rotundifolia*	√				1.5～3 m
211	穗花牡荆	*Vitex agnus-castus*	√				2～5 m
212	花叶莸	*Caryopteris clandonensis* 'Summer Sorbet'	√	√			60～80 cm
213	莸	*Caryopteris divaricata*	√	√			60～80 cm
214	紫珠	*Callicarpa bodinieri*	√				1.5～2 m
215	醉鱼草	*Buddleja lindleyana*	√				1.5～2 m
216	马桑	*Coriaria nepalensis*	√				1.5～2.5 m
217	含笑花	*Michelia figo*	√				2～3 m
218	连翘	*Forsythia suspensa*	√				1.5～2 m
219	美国金钟连翘	*Forsythia* × *intermedia*	√				1.5～2 m
220	木犀	*Osmanthus fragrans*	√				3～5 m
221	花叶刺桂	*Osmanthus heterophyllus* 'Aureo-marginatus'	√				2～3 m
222	金森女贞	*Ligustrum japonicum* var. *Howardii*	√				1～1.5 m
223	金叶女贞	*Ligustrum* × *vicaryi*	√				1～1.5 m
224	银姬小蜡	*Ligustrum sinense* var. *variegatum*	√	√			1～1.5 m
225	矮探春	*Jasminum humile*	√				1～1.5 m
226	红枫	*Acer palmatum* 'Atropurpureum'	√	√			2～3 m
227	羽毛槭	*Acer palmatum* var. *dissectum*	√	√			2～3 m
228	复色矮紫薇	*Lagerstroemia indica* 'Bicolor'	√				1～1.5 m
229	紫薇	*Lagerstroemia indica*	√				2～3 m
230	水麻	*Debregeasia orientalis*	√				1～4 m
231	金边六月雪	*Serissa japonica* 'Variegata'	√				60～90 cm
232	细叶水团花	*Adina rubella*	√				2～3 m
233	栀子	*Gardenia jasminoides*	√	√			1～3 m

续表

序号	植物名称	学名	立体绿化类型				成形高度
			屋顶	垂直	棚架	沿口	
234	金叶风箱果	*Physocarpus opulifolius* var. *luteus*	√				2 ~ 3 m
235	宝塔火棘	*Pyracantha* 'Orange Charmer'	√				1.5 ~ 2 m
236	黄果火棘	*Pyracantha crenatoserrata* 'Gold Rush'	√				1 ~ 1.5 m
237	小丑火棘	*Pyracantha fortuneana* 'Harlequin'	√				1 ~ 1.5 m
238	鸡麻	*Rhodotypos scandens*	√				50 ~ 200 cm
239	梅	*Armeniaca mume*	√				3 ~ 5 m
240	红叶李	*Prunus cerasifera* f. *atropurpurea*	√				5 ~ 7 m
241	皱皮木瓜	*Chaenomeles speciosa*	√				2 m
242	垂丝海棠	*Malus halliana*	√				3 ~ 7 m
243	缫丝花	*Rosa roxburghii*	√				2 m
244	月季花	*Rosa chinensis*	√				1.5 ~ 2 m
245	石楠	*Photinia serratifolia*	√				1 ~ 4 m
246	石榴	*Punica granatum*	√				3 ~ 5 m
247	桃	*Amygdalus persica*	√				3 ~ 5 m
248	绣线菊	*Spiraea salicifolia*	√	√		√	
249	脂粉绣线菊	*Spiraea japonica* 'Anthony Waterer'	√	√		√	1 ~ 1.5 m
250	红花绣线菊	*Spiraea* × *bumalda*	√	√		√	1 ~ 1.5 m
251	金山绣线菊	*Spiraea* × *bumalda* 'Goalden Mound'	√	√			1 ~ 1.5 m
252	金焰绣线菊	*Spiraea* × *bumalda* 'Coldfiame'	√	√			1 ~ 1.5 m
253	珍珠绣线菊	*Spiraea thunbergii*	√			√	1 ~ 1.5 m
254	平枝栒子	*Cotoneaster horizontalis*	√	√		√	30 ~ 40 cm
255	珊瑚豆	*Solanum pseudocapsicum* var. *diflorum*	√	√			60 ~ 80 cm
256	枸杞	*Lycium chinense*	√				60 ~ 100 cm
257	地中海荚蒾	*Viburnum tinus*	√				2 ~ 3 m
258	绣球荚蒾	*Viburnum macrocephalum*	√				2 ~ 3 m
259	鬼丑紫叶接骨木	*Sambucus nigra* 'Guicho Purple'	√				3 ~ 5 m
260	海仙花	*Weigela coraeensis*	√				1.5 ~ 2 m
261	红王子锦带花	*Weigela florida* 'Red Prince'	√				1.5 ~ 2 m
262	斑叶锦带花	*Weigela florida* 'Variegata'	√				1.5 ~ 2 m

续表

序号	植物名称	学名	立体绿化类型				成形高度
			屋顶	垂直	棚架	沿口	
263	金叶锦带花	*Weigela florida* 'Rubidor'	√				1.5～2 m
264	金叶大花六道木	*Abelia × grandiflora* 'Francis Mason'	√				1.5～2 m
265	毛核木	*Symphoricarpos sinensis*	√				1.5 m
266	白雪果	*Symphoricarpos albus*	√				1.5 m
267	金花忍冬	*Lonicera chrysantha*	√				1.5 m
268	金银忍冬	*Lonicera maackii*	√				2～4 m
269	蓝叶忍冬	*Lonicera korolkowi*	√				2 m
270	蝟实	*Kolkwitzia amabilis*	√				3 m
271	滨柃	*Eurya emarginata*	√				1～1.5 m
272	茶梅	*Camellia sasanqua*	√				40～60 cm
273	冬红短柱茶	*Camellia hiemalis*	√				1～2 m
274	山茶	*Camellia japonica*	√				1～2 m
275	红瑞木	*Cornus alba*	√				1～1.5 m
276	花叶青木	*Aucuba japonica* var. *variegata*	√				40～60 cm
277	桃叶珊瑚	*Aucuba chinensis*	√				40～60 cm
278	少脉雀梅藤	*Sageretia paucicostata*	√				2～4 m
279	日本五针松	*Pinus parviflora*	√				2～4 m
280	菲油果	*Acca sellowiana*	√				2～5 m
281	多花红千层	*Callistemon speciosus*	√				1.5～2 m
282	柳叶红千层	*Callistemon salignus*	√				1.5～2 m
283	红千层	*Callistemon rigidus*	√				1.5～2 m
284	花叶香桃木	*Myrtus communis* 'Variegata'	√				80～200 cm
285	香桃木	*Myrtus communis*	√				80～200 cm
286	美丽金丝桃	*Hypericum bellum*	√				30～50 cm
287	金丝梅	*Hypericum patulum*	√				50～80 cm
288	火焰卫矛	*Euonymus alatus* 'Compactus'	√				40～60 cm
289	小卫矛	*Euonymus nanoides*	√				1～3 m
290	八角金盘	*Fatsia japonica*	√				1～1.5 m
291	通脱木	*Tetrapanax papyrifer*	√				1～3.5 m

续表

序号	植物名称	学名	立体绿化类型				成形高度
			屋顶	垂直	棚架	沿口	
292	熊掌木	*Fatshedera lizei* × *Fatshedera lizei*	√				1～1.5 m
293	火焰南天竹	*Nandina domestica* 'Firepower'	√				30～60 cm
294	南天竹	*Nandina domestica*	√				50～100 cm
295	宽苞十大功劳	*Mahonia eurybracteata*	√				50～100 cm
296	阔叶十大功劳	*Mahonia bealei*	√				50～100 cm
297	花红日本小檗	*Berberis thunbergii* 'Harleguin'	√				40～80 cm
298	金叶日本小檗	*Berberis thunbergu* 'Aurea'	√				40～80 cm
299	彩叶杞柳	*Salix integra* 'Hakuro Nishiki'	√				1～1.5 m
300	金边瑞香	*Daphne odora* 'Aureomariginat'	√				1～1.5 m
301	重瓣麦李	*Cerasus glandulosa* f. *albiplena*	√				3～5 m
302	蒲苇	*Cortaderia selloana*	√				1.7～2 m
303	矮蒲苇	*Cortaderia selloana* 'Pumila'	√				1.3～1.5 m
304	玫红蒲苇	*Cortaderia selloana* 'Rosea'	√				1.7～2 m
305	花叶蒲苇	*Cortaderia selloana* 'Silver Comet'	√				1.7～2 m
306	红色男爵白茅	*Imperata cylindrica* 'Red Baron'	√	√			30～40 cm
307	罗斯特柳枝稷	*Panicum virgatum* 'Heavy Metal'	√				90～120 cm
308	重金柳枝稷	*Panicum virgatum* 'Heavy Mental'	√				90～120 cm
309	‘晨光’芒	*Miscanthus sinensis* 'Morning Light'	√				120～150 cm
310	斑叶芒	*Miscanthus sinensis* 'Zebrinus'	√				120～150 cm
311	玲珑芒	*Miscanthus sinensis* 'Ferner Osten'	√				90～120 cm
312	银边芒	*Miscanthus sinensis* var. *Variegatus*	√				120～150 cm
313	克莱因芒	*Miscanthus sinensis* 'Kleine Silberspinne'	√				120～150 cm
314	细叶芒	*Miscanthus sinensis* 'Gracillimus'	√				120～150 cm
315	须芒草	*Andropogon yunnanensis*	√				90～120 cm
316	丝带草	*Phalaris arundinacea* var. *picta*	√				40～60 cm
317	小盼草	*Chasmanthium latifolium*	√	√			70～90 cm
318	金边大米草	*Spartina anglica* 'Aureomarginata'	√				70～90 cm
319	蓝羊茅	*Festuca glauca*	√	√			20～30 cm
320	绿羊茅	*Festuca* sp.	√	√			30～50 cm

续表

序号	植物名称	学名	立体绿化类型				成形高度
			屋顶	垂直	棚架	沿口	
321	花叶燕麦草	*Arrhenatherum elatius* f. *variegatum*	√	√			20～30 cm
322	细茎针茅	*Stipa tenuissima* 'Pony Tails'	√				30～50 cm
323	小兔子狼尾草	*Pennisetum alopecuroides* 'Little Bunny'	√	√			30～50 cm
324	东方狼尾草	*Pennisetum orientale*	√				70～90 cm
325	‘阔叶’狼尾草	*Pennisetum alopecuroides* 'Moudry'	√				70～90 cm
326	羽状狼尾草	*Pennisetum ruppelliamium*	√				70～90 cm
327	蓝滨麦	*Elymus magellanicus*	√				70～90 cm
328	棕叶狗尾草	*Setaria palmifolia*	√				70～90 cm
329	柠檬草	*Cymbopogon citratus*	√				70～90 cm
330	棕叶薹草	*Carex kucyniakii*	√	√			30～50 cm
331	细叶薹草	*Carex duriuscula* subsp. *stenophylloides*	√				30～50 cm
332	‘金丝’薹草	*Carex oshimensis* 'Evergold'	√				30～50 cm
333	条穗薹草	*Carex nemostachys*	√				30～50 cm
334	棕榈叶苔草	*Carex muskingumensis*	√				30～50 cm
335	灯心草	*Juncus effusus*	√				50～70 cm
336	荻	*Miscanthus sacchariflorus*	√				120～150 cm
337	卡开芦	*Phragmites karka*	√				120～150 cm
338	车前	*Plantago asiatica*	√				50～70 cm
339	锦绣苋	*Alternanthera bettzickiana*	√	√			20～30 cm
340	岩白菜	*Bergenia purpurascens*	√	√			10～15 cm
341	八宝	*Hylotelephium erythrostictum*	√	√			15～20 cm
342	杂交费菜	*Phedimus hybridus*	√	√			10～15 cm
343	凹叶景天	*Sedum emarginatum*	√	√			10～15 cm
344	薄雪万年草	*Sedum hispanicum*	√	√			5～10 cm
345	佛甲草	*Sedum lineare*	√	√			5～10 cm
346	反曲景天	*Sedum rupestre*	√	√			5～10 cm
347	垂盆草	*Sedum sarmentosum*	√	√		√	5～10 cm
348	藓状景天	*Sedum polytrichoides*	√	√			5～10 cm
349	紫花八宝	*Hylotelephium mingjinianum*	√	√			5～10 cm

续表

序号	植物名称	学名	立体绿化类型				成形高度
			屋顶	垂直	棚架	沿口	
350	棒叶落地生根	*Bryophyllum delagoense*	√				30～50 cm
351	火祭	*Crassula capitella*	√	√			20～30 cm
352	玉蝶	*Echeveria glauca*	√				20～30 cm
353	瓦松	*Orostachys fimbriata*	√	√			5～10 cm
354	子持莲华	*Orostachys boehmeri*	√	√			5～10 cm
355	金边龙舌兰	*Agave americana* var. *marginata*	√				50～70 cm
356	仙人掌	*Opuntia dillenii*	√				50～70 cm
357	白花葱	*Allium yanchiense*	√				20～30 cm
358	大花葱	*Allium giganteum*	√				70～90 cm
359	地锦	*Parthenocissus tricuspidata*	√				30～50 cm
360	葡萄风信子	*Muscari botryoides*	√	√			10～20 cm
361	蛇鞭菊	*Liatris spicata*	√				30～50 cm
362	白及	*Bletilla striata*	√				30～50 cm
363	水生美人蕉	*Canna* × *generalis*	√				90～120 cm
364	红花美人蕉	*Canna coccinea*	√				90～120 cm
365	黄花美人蕉	*Canna indica* var. *flava*	√				90～120 cm
366	紫叶美人蕉	*Canna warscewiezii*	√				90～120 cm
367	粉美人蕉	*Canna glauca*	√				90～120 cm
368	百子莲	*Agapanthus africanus*	√				90～120 cm
369	朱顶红	*Hippeastrum rutilum*	√				50～70 cm
370	忽地笑	*Lycoris aurea*	√				50～70 cm
371	中国石蒜	*Lycoris chinensis*	√				50～70 cm
372	长筒石蒜	*Lycoris longituba*	√				50～70 cm
373	石蒜	*Lycoris radiata*	√				50～70 cm
374	夏雪片莲	*Leucojum aestivum*	√				30～50 cm
375	粉叶羊蹄甲	*Bauhinia glauca*			√		
376	云实	*Caesalpinia decapetala*			√		
377	紫藤	*Wisteria sinensis*			√		
378	多花紫藤	*Wisteria floribunda*			√		

续表

序号	植物名称	学名	立体绿化类型				成形高度
			屋顶	垂直	棚架	沿口	
379	网络鸡血藤	*Callerya reticulata*			√		
380	常春油麻藤	*Mucuna sempervirens*			√		
381	杠柳	*Periploca sepium*			√		
382	‘总统’铁线莲	*Clematis* 'The President'			√		
383	紫铃铛铁线莲	*Clematis* 'Rooguchi'			√		
384	‘小步舞曲’铁线莲	*Clematis* 'Minuet'			√		
385	‘紫云’铁线莲	*Clematis* 'Ziyun'			√		
386	‘格恩西岛’铁线莲	*Clematis* 'Guernsey Gream'			√		
387	小叶葎	*Galium asperifolium* var. *sikkimense*			√		
388	木通	*Akebia quinata*			√		
389	三叶木通	*Akebia trifoliata*			√		
390	野迎春	*Jasminum mesnyi*			√		
391	素方花	*Jasminum officinale*			√		
392	花叶地锦	*Parthenocissus henryana*			√		
393	五叶地锦	*Parthenocissus quinquefolia*			√		
394	花叶蛇葡萄	*Ampelopsis glandulosa* 'Variegata'			√	√	
395	木香花	*Rosa banksiae*			√		
396	单瓣白木香	*Rosa banksiae* var. *normalis*			√		
397	忍冬	*Lonicera japonica*			√		
398	红白忍冬	*Lonicera japonica* var. *chinensis*			√		
399	金脉金银花	*Lonicera japonica* cv.			√		
400	薜荔	*Ficus pumila*			√		
401	斑叶薜荔	*Ficus pumila* 'Variegata'			√		
402	南蛇藤	*Celastrus orbiculatus*			√		
403	西番莲	*Passiflora caerulea*			√		
404	凌霄	*Campsis grandiflora*			√		
405	厚萼凌霄	*Campsis radicans*			√		
406	宽萼苏	*Ballota pseudodictamnus*	√	√			30 ~ 40 cm
407	彩叶草	*Coleus hybridus*	√	√			30 ~ 40 cm

续表

序号	植物名称	学名	立体绿化类型				成形高度
			屋顶	垂直	棚架	沿口	
408	回回苏	*Perilla frutescens* var. *crispa*	√	√			30 ~ 40 cm
409	美丽日中花	*Lampranthus spectabilis*	√	√			10 ~ 20 cm
410	紫叶狼尾草	*Pennisetum setaceum* 'Rubrum'	√	√		√	50 ~ 70 cm
411	红点草	*Hypoestes phyllostachya*	√	√			10 ~ 20 cm
412	大花马齿苋	*Portulaca grandiflora*	√	√			10 ~ 20 cm
413	斑叶土人参	*Talinum paniculatum* 'Variegatum'	√	√		√	30 ~ 50 cm
414	萼距花	*Cuphea hookeriana*	√	√			30 ~ 50 cm
415	朝天椒	*Capsicum annuum* var. *conoides*	√				10 ~ 30 cm
416	血苋	*Iresine herbstii*	√	√			10 ~ 20 cm
417	紫叶番薯	*Ipomoea batatas* 'Black Heart'	√	√		√	
418	金叶甘薯	*Ipomoea batatas* 'Golden Summer'	√	√		√	
419	鹿角海棠	*Astridia velutina*	√	√			10 ~ 20 cm
420	观音莲	*Sempervivum tectorum*	√	√			5 cm
421	皮德蒙特蒿	*Artemisia pedemontana*	√	√			5 ~ 10 cm
422	黄花新月	*Othonna capensis*	√	√		√	
423	银香菊	*Santolina chamaecyparissus*	√	√			10 ~ 20 cm
424	艾伦银香菊	*Santolina villosa*	√	√			10 ~ 20 cm
425	腊菊	*Helichrysum petiolare*	√	√			10 ~ 20 cm
426	齿叶半插花	*Hemigraphis repanda*	√	√			10 cm
427	绿萝	*Epipremnum aureum*		√			20 ~ 30 cm
428	花烛	*Anthurium andraeanum*		√			30 ~ 50 cm
429	白鹤芋	*Spathiphyllum kochii*		√			20 ~ 40 cm
430	黛粉芋	*Dieffenbachia picta*		√			30 ~ 50 cm
431	金钻蔓绿绒	*Philodendron tatei* 'Congo'		√			30 ~ 50 cm
432	春羽	*Philodendron selloum*		√			50 ~ 60 cm
433	孔雀竹芋	*Calathea makoyana*		√			20 ~ 40 cm
434	波浪竹芋	*Calathea rufibarba*		√			25 ~ 50 cm
435	花叶竹芋	*Maranta bicolor*		√			20 ~ 40 cm
436	变叶木	*Codiaeum variegatum*		√			20 ~ 30 cm

续表

序号	植物名称	学名	立体绿化类型				成形高度
			屋顶	垂直	棚架	沿口	
437	一品红	*Euphorbia pulcherrima*		√			20～30 cm
438	老人须	*Tillandsia usneoides*		√			70 cm
439	姬凤梨	*Cryptanthus acaulis*		√			15～25 cm
440	水塔花	*Billbergia pyramidalis*		√			30～40 cm
441	网纹草	*Fittonia albivenis*		√			5～15 cm
442	泡叶冷水花	*Pilea nummulariifolia*		√			5～15 cm
443	圆叶椒草	*Peperomia obtusifolia*		√			20～30 cm
444	西瓜皮椒草	*Peperomia argyreia*		√			10～20 cm
445	短叶虎尾兰	*Sansevieria trifasciata* var. *Hahnii*		√			15～25 cm
446	吊兰	*Chlorophytum comosum*		√			20～30 cm
447	袖珍椰子	*Chamaedorea Elegans*		√			20～30 cm
448	巢蕨	*Asplenium nidus*		√			30～40 cm
449	合果芋	*Syngonium podophyllum*		√			20～30 cm
450	肾蕨	*Nephrolepis cordifolia*		√			30～40 cm
451	皱叶椒草	*Peperomia caperata*		√			10～20 cm
452	波士顿蕨	*Nephrolepis exaltata* var. *bostoniens*		√			15～25 cm
453	翠云草	*Selaginella uncinata*		√			10～15 cm

附录5

上海市主要类型城市困难立地的空间演变特征

城市化使得土地资源紧缺日益成为城市生态环境建设的重要限制性因素。在城市发展依托存量用地更新背景下，城市困难立地生态园林建设正在成为城市生态建设的主要途径。城市化水平和自然地理区位共同决定了城市困难立地的类型、规模与布局。上海作为东部沿海岸线与长江入海口交汇的超大型城市，其城市困难立地主要以退化型城市困难立地——城镇搬迁地为主，其次为沿海岸线分布自然型城市困难立地——盐碱地，也分布少量的受损湿地或水域、垃圾填埋场和立体绿化空间等城市困难立地，这也是东部沿海高度城市化区域城市困难立地类型的代表性特征。

本部分针对上海市主要的城市困难立地类型（退化型城市困难立地——城镇搬迁地），分别对已建绿地中的生态园林化城市困难立地以及已批未建规划绿地和规划生态空间中的潜在城市困难立地（附图5-1），进行回溯、识别与分析，通过梳理上海已建绿地中的生态园林化城市困难立地变化情况，不同区域已批未建规划绿地和规划生态空间的潜在城市困难立地差异情况，分析上海城市困难立地数量与空间的演变动态，从而为城市困难立地的科学开发与利用提供数据支撑。

附图5-1　上海市中心城区域和城市开发边界范围示意图

1

上海市中心城区域内已建绿地中的生态园林化城市困难立地

1.1　中心城区域内的公园绿地建设情况

根据历年《上海市统计年鉴》，对2003年以来的上海市土地出让数据、新建公园绿地数据进行了统计分析。结果表明，2006年以来上海市土地出让面积增幅急剧减缓，总体呈下降趋势，城市减量化发展特征极为明显。其中，公园绿地面积增幅也呈现下降趋势。2013年以后，土地出让面积增幅继续下降，但是公园绿地面积增幅逐年上升（附图5–2）。上述变化趋势反映了上海土地利用政策的重大调整，即城市绿地建设逐步转变为以存量土地资源更新利用为主的模式。

附图5–2　上海市土地出让面积与新建公园绿地面积增幅变化情况（2003—2018年）

1.2　中心城区域内公园绿地中的生态园林化城市困难立地

通过上海市中心城区域历年已建公园绿地、历史航片等数据分析，对基于城市困难立地生态园林建设的公园绿地进行了动态回溯与识别。

结果表明，从时间维度看，2008—2018年，上海全市历年新增公园绿地中生态园林化城市困难立地的面积占比平均达77%。其中，2013年以来，生态园林化城市困难立地占比总体呈现逐年上升趋势，并在2018年达到历年最高（85.1%）（附图5–3）。各行政区的情况基本类似，近年来生态园林化城市困难立地在已建公园绿地中的比例都在快速增长，尤其是静安区、黄浦区、长宁区（中心城区域内）和徐汇区（中心城区域内）等老城区内的城市困难立地生态园林化比例已达到了很高的水平（附图5–4）。

从空间维度看，中心城区域内生态园林化城市困难立地在已建公园绿地中的比例在空间分布上呈现从中心向外围逐渐降低的趋势（附图5-4）。

总体而言，截至2018年底，上海中心城区域内已建成公园绿地5 035 hm^2，其中由城市困难立地生态园林化建设的公园绿地面积为2 424 hm^2，占比为48%。由此可见，上海城市困难立地生态园林化建设已经成为中心城区域内公园绿地建设的主要途径和方式。

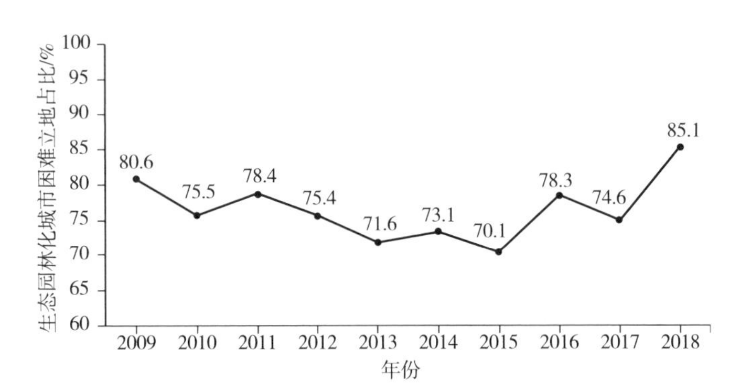

附图5-3　中心城区域生态园林化城市困难立地在当年新增公园绿地中的比例变化情况

附图5-4　2008年与2018年中心城公园绿地中的城市困难立地比例分析

此外，分析还表明，城市困难立地生态园林建设对于提升绿地服务范围也有着重要的作用。2018年上海中心城区域的建成公园绿地中，3 000 ㎡以上公园绿地服务半径对周边居住区的覆盖比例达86%，其中生态园林化城市困难立地的服务半径对周边居住区的覆盖比例为70%；4 hm^2以上公园绿地服务半径对周边居住区的覆盖比例达93%，其中生态园林化城市困难立地服务半径对周边居住区的覆盖比例为69%。

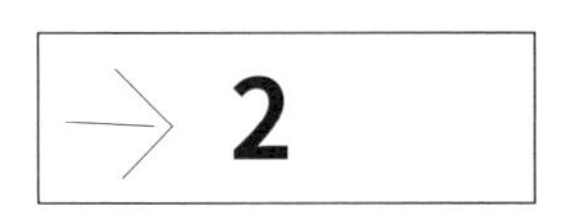

2 上海市规划绿地和规划生态空间中的潜在城市困难立地

利用上海市已批未建规划绿地和规划生态空间［《上海市生态空间规划（2016—2040年）》、上海市现状用地航片（2019年）、上海市重要生态空间中低效用地（2019年）］等数据进行潜在城市困难立地的识别，分别对中心城区域内已批未建规划绿地和中心城区域外规划生态空间内的潜在城市困难立地进行分析，从而为城市困难立地生态园林建设策略提供基础数据支撑。

2.1　中心城区域内已批未建规划绿地中的潜在城市困难立地

分析结果表明，中心城区域内已批未建规划绿地中，工业用地、居住用地、商服用地、交通用地（道路、停车场）等潜在城市困难立地面积占比达76.21%。各行政区潜在城市困难立地面积及其在全市的占比见附表5–1所示，其中浦东新区和宝山区潜在城市困难立地面积占比较高，分别达29.99%和27.56%。

附表5–1　上海市各行政区已批未建规划绿地中的潜在城市困难立地面积

行政区	城市困难立地面积/hm^2	占比/%
嘉定区	31.72	1.26
黄浦区	40.53	1.61
长宁区	57.91	2.30
虹口区	79.72	3.17
徐汇区	88.67	3.52
静安区	138.07	5.49
闵行区	148.91	5.92
杨浦区	194.37	7.73
普陀区	288.02	11.45
宝山区	693.28	27.56
浦东新区	754.62	29.99
总计	2 515.83	100

城镇搬迁地是上海的主要城市困难立地类型，主要包括了工业仓储用地，居住、商业服务、公共管理服务、交通运输等非工业用地，以及未利用地、空闲地等其他用地，可以分别确定为城镇搬迁地中的第一类、第二类和第三类潜在城市困难立地。其中，工业仓储用地等第一类城镇搬迁地的生态园林建设难度最大，未利用地、空闲地等第三类城镇搬迁地的生态园林建设难度最低。分析结果显示，中心城区域内已批未建规划绿地中的潜在城市困难立地以第一类和第二类城镇搬迁地为主，占比分别为35%和50%（附图5–5）。从各行政区的角度来看，宝山区已批未建规划绿地中的潜在城市困难立地以工业仓储用地等第一类城镇搬迁地为主，其他各行政区以居住用地等第二类城镇搬迁地为主（附图5–6）。

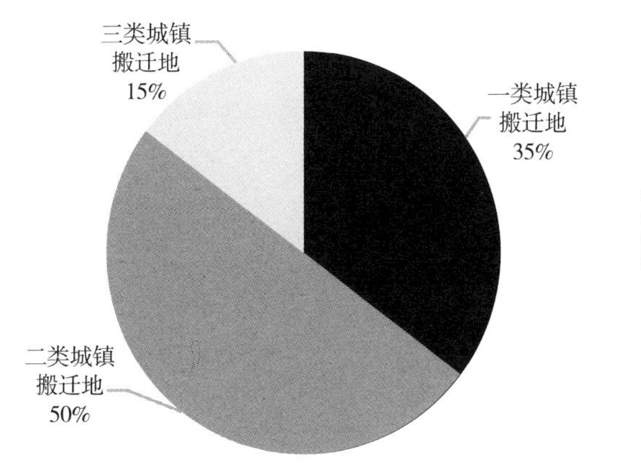

附图5–5　中心城区域已批未建规划绿地内潜在城市困难立地的分类统计

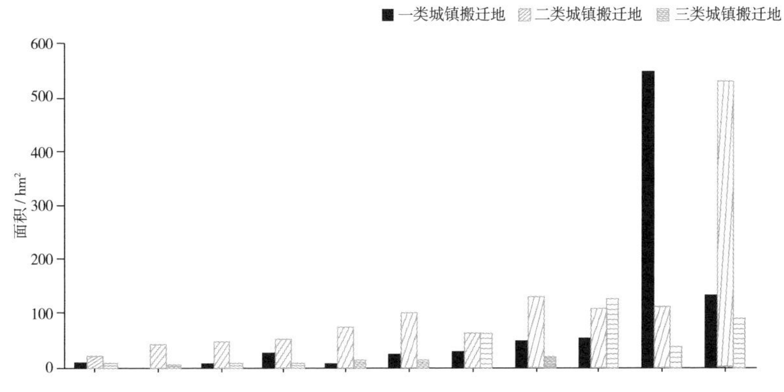

附图5–6　各行政区已批未建规划绿地内潜在城市困难立地的分类统计

从空间分布情况来看，中心城区域已批未建规划绿地内的潜在城市困难立地主要分布于内、外环之间靠近外环一侧，且沿苏州河和黄浦江呈带状集中分布（附图5-7）。同时，已批未建规划绿地中的潜在城市困难立地与“上海主城区绿地网络规划”（《上海市城市总体规划（2017—2035年）》）中生态廊道（如黄浦江、苏州河生态廊道）、楔形绿地等具有较高的重合度，也与上海市中心城滨河老工业更新区域高度重合。这进一步说明了潜在城市困难立地生态园林化对城市生态环境建设的重要意义。

附图5-7　中心城区域内潜在城市困难立地的空间分布

（注：黄色线为外环线，蓝色线为内环线；绿色圆点表示潜在城市困难立地，圆点越大，代表面积越大。）

2.2　中心城区域外规划生态空间中的潜在城市困难立地

截至2019年，上海城市开发边界外潜在城市困难立地（主要指减量化用地，即城市搬迁地）总面积为42 344.02 hm^2，占城市开发边界外总面积的10.50%。其中，工矿仓储用地等第一类城市搬迁地面积较少，为12 572.60 hm^2；（农村）居民点等第二类城市搬迁地面积较大，为29 771.41 hm^2。因此，未来城市开发边界外潜在城市困难立地生态园林建设总量较大，是今后城市郊野生态空间建设的土地资源。

生态红线内的工矿仓储用地等第一类城市搬迁地与（农村）居民点等第二类城市搬迁地较少，生态保育区和生态走廊内均以（农村）居民点等第二类城市搬迁地占比较大。不同行政区内潜在城市困难立地的面积和类型都有所不同，其中崇明区和浦东新区潜在城市困难立地面积较大，分别占全市总量的25%和18%；另外，崇明区、浦东新区、奉贤区、青浦区、金山区和闵行区等（农村）居民点等第二类城市搬迁地占比较大，嘉定区、宝山区和松江区工矿仓储用地等第一类城市搬迁地占比较大。从全市空间分布来看，工矿仓储用地等第一类城市搬迁地较为集中，靠近中心城区，（农村）居民点等第二类城市搬迁地则较为分散，分布在城市外围（附图5–8）。

附图5–8　城市开发边界外潜在城市困难立地分布

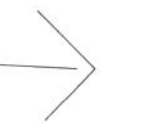

3

城市困难立地在上海市生态城市建设中的地位和作用

目前，基于城市困难立地生态园林化的绿地建设占比正在逐步提高，在可以预见的未来，这一比例将继续提高。因此，城市困难立地生态园林建设将使得城市绿地面积的大幅增加成为可能，对上海生态城市建设具有重要意义，城市困难立地已成为上海生态园林建设的战略性土地资源。

另外，在目前快速逆城市化或城市更新时期，利用城市困难立地进行生态园林建设，能够有效提高绿地服务半径对居住区的覆盖比例，赋予城市空间全新的生态、文化、游憩等城市功能，为居民提供更多的城市景观、休闲场所以及社会交往和防灾避难空间，进一步提升土地资源综合利用效率，进一步提升城市绿地社会效益，进一步提升城市社会经济发展活力。因此，城市困难立地生态园林建设是促进上海城市有机更新与提升城市活力的重要抓手。